高等职业教育粮食类专业教材

中国轻工业“十四五”规划立项教材

智能化粮情检查

主　编

黎海红　余永婷

中国轻工业出版社

图书在版编目（CIP）数据

智能化粮情检查 / 黎海红，余永婷主编. —北京：中国轻工业出版社，2024.8
ISBN 978-7-5184-4559-2

Ⅰ. ①智… Ⅱ. ①黎… ②余… Ⅲ. ①粮食贮藏 — 食品监测 Ⅳ. ① S379

中国国家版本馆 CIP 数据核字（2023）第 180115 号

责任编辑：王宝瑶　　责任终审：李建华　　设计制作：锋尚设计
策划编辑：张　靓　　责任校对：朱燕春　　责任监印：张　可

出版发行：中国轻工业出版社（北京鲁谷东街5号，邮编：100040）
印　　刷：艺堂印刷（天津）有限公司
经　　销：各地新华书店
版　　次：2024年8月第1版第1次印刷
开　　本：787 × 1092　1/16　印张：16.25
字　　数：350千字
书　　号：ISBN 978-7-5184-4559-2　定价：58.00元
邮购电话：010-85119873
发行电话：010-85119832　010-85119912
网　　址：http://www.chlip.com.cn
Email：club@chlip.com.cn

230614J2X101ZBW

本书编写人员

主　　编　黎海红（山东商务职业学院）
　　　　　余永婷（山东商务职业学院）

副 主 编　张豫麒（山东商务职业学院）
　　　　　翟玮玮（江苏食品药品职业技术学院）
　　　　　商永辉（东营市财金粮食产业有限公司）

参　　编　田林双（江苏财经职业技术学院）
　　　　　高玉树（北京首都农业集团有限公司）
　　　　　张庆霞（河南工业贸易职业学院）
　　　　　阙勇平（广西工商职业技术学院）
　　　　　许方浩（江苏省连云港工贸高等职业技术学校）
　　　　　王毓川（青岛国信现代农业集团有限公司）

本书配套数字资源的获取与使用

本教材配套数字资源已上线超星学习通数字教材，师生可通过学习通APP获取本书配套的PPT课件、微课视频、在线测验等。

下载学习通，注册并登录

首页→应用中心→数字教材→搜索教材名称

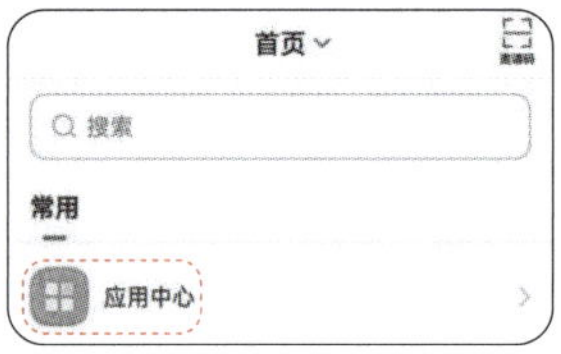

教师端

教师建课→学生扫码进班→开展混合式教学

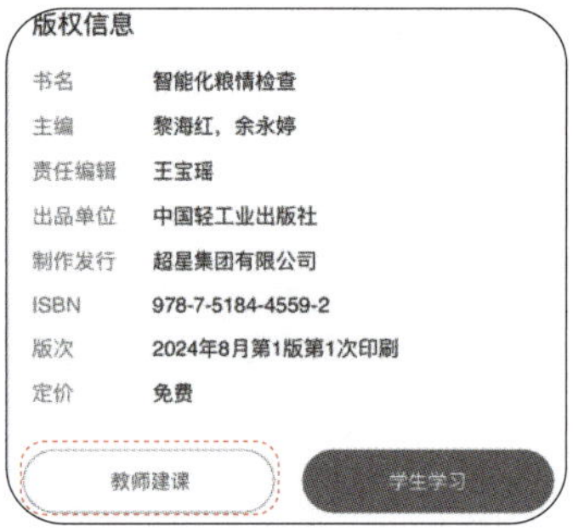

学生端

学生学习→选择自学或加入班级

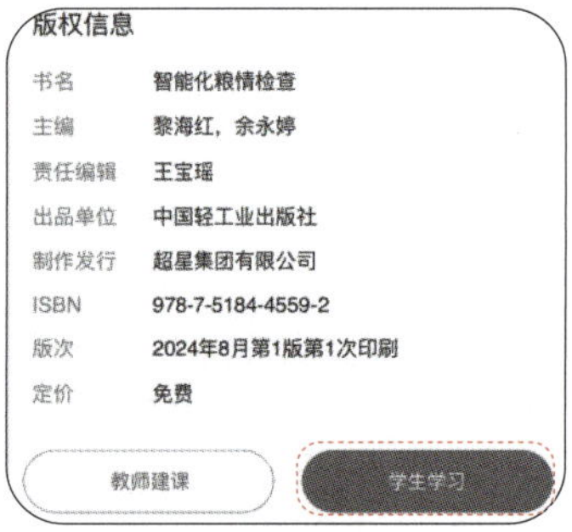

前 言

粮食安全是世界和平与发展的重要保障，是构建人类命运共同体的重要基础，关系到人类永续发展和前途命运。习近平总书记强调，粮食安全是“国之大者”，深入贯彻落实藏粮于地、藏粮于技战略，大力推进农业机械化、智能化，全方位夯实粮食安全根基，确保中国人的饭碗牢牢端在自己手中。智能化粮情检查在科技储粮、绿色储粮、安全储粮方面不断开拓创新，通过数字化、集成化、智能化、系统化、可视化电子技术实现粮食储藏过程中对粮情变化的实时检测、对检测数据进行分析及预测、对异常粮情提出处理建议和控制措施等，为粮食安全储备提供科学依据和强有力的技术保障。

“智能化粮情检查”作为粮食储运与质量安全专业核心课程，承接粮油信息化运输与出入库作业等专业课程，同时为后续智能化粮情控制与处理等课程奠定基础。本教材以习近平新时代中国特色社会主义思想为指导，以社会主义核心价值观为引领，以职业院校优质教育资源和校企专家队伍为依托，主要内容包含检查储粮温湿度、检测储粮气体、检查储粮害虫、检查鼠雀、检测粮油质量和品质与农户储粮六个项目，能够满足智慧粮食、智慧粮库数的智化发展需求，有助于实现粮情智慧化管理。

本教材适合高等职业教育粮食类及相关专业的学生使用，也可作为粮农食品安全评价等“1+X”职业技能等级证书培训教材，同时可供粮油保管、粮油产品加工、粮油质量检验等从业人员参考。其中农户储粮内容通俗易懂、可操作性强，也可作为农民学习的参考书使用，赋能乡村人才培养，助力乡村振兴。

本教材由黎海红、余永婷主编，具体编写分工如下：绪论和项目一由黎海红、高玉树执笔；项目二张豫麒、商永辉执笔；项目三由张庆霞、王毓川执笔；项目四由翟玮玮、阙勇平执笔；项目五由余永婷、许方浩执笔；项目六由黎海红、余永婷、张豫麒、田林双执笔。感谢所有为本书出版提供大力支持和帮助的同志，并向所有参考文献的作者表示感谢！

由于编者的时间和水平有限，书中可能存在某些疏漏或不妥之处，恳请广大读者批评指正。

目　录

绪论

中国是一个拥有14亿多人口的农业大国。农业是我国国民经济的基础，粮食生产作为农业生产的主体，直接影响国民经济的发展和人民生活的稳定。因此，保证粮食安全尤为重要，粮食的安全生态储藏是提高粮食质量、减少粮食损耗的重要途径。

活页笔记

一、粮情检查的目的

粮食在保管过程中的变化趋势与速率，不仅取决于粮食的自身好坏，还取决于储粮生态环境的优劣。储粮生态环境主要由三部分构成：一是以储粮为主体组成的粮堆环境，二是储粮仓房内部环境，三是储粮仓房外部环境。粮情则是指在储藏过程中，粮食及其生态环境的状态与变化情况。

粮情检查目的在于了解储粮及其环境的真实状态和变化趋势，以提供正确的治理、优化决策。粮情检查是粮食保管的基础工作，粮情检查技术是粮食保管人员必备的一项基本功。规范的粮情检查不仅是正确地采集相关数据、发现表象，更重要的是正确地对采集的数据、表象进行综合分析，以准确诊断储粮态势，准确判定其病灶与病源，便于选择最有利的条件，使用最快捷的方法，最大限度地降低成本，达到储粮保管最理想的效果。粮情检查技术水平的高低和粮情检查质量的优劣，对储粮保管工作的主动性、有效性和经济性起着关键作用。

活页笔记

二、粮情检查种类

（1）常规检查　按相关技术规程的要求对粮情进行的日常检查。

（2）重点检查　主要是在非正常天气，如雨雪天气、气温骤升骤降天气、台汛期、高温期、季节转换期等，对疑点如高水分区、易渗漏区、易结露区、害虫繁衍区、高杂区、易受外界环境影响区域等进行检查。

（3）专项检查　主要是对某些作业过程的跟踪检查，如通风、烘干、晾晒、熏蒸、倒仓等作业或进行项目试验时，在其开始、中间和结束时，分别采集相关数据。

三、粮情检查内容

1. 储粮情况

（1）质量指标　如品种、年份、容重、出糙率、不完善粒、整精米率、水分、色泽、气味等。

（2）品质指标　如脂肪酸值、品尝评分值等。

（3）工艺指标　如面筋率、面筋延伸度等。

（4）卫生指标　如重金属含量、药剂残留量、黄曲霉毒素含量等。

2. 粮堆情况

（1）水分分布　包括通过粮堆各部位水分检测，得出粮堆内高低水分的差异值、水分梯度、高水分区的部位及范围、粮堆的平均水分及其变化情况等。

（2）温度分布　包括通过粮堆各部位温度检测，得出粮堆内高低温的差异值与梯度，高低温区的部位及范围，粮堆及分层、各沿墙周边的平均温度及其变化情况等。

（3）害虫分布　包括仓内粮堆和仓内门窗、角缝处及铺盖物等的害虫种类、密度、分布及变化情况。

（4）微生物分布　包括粮堆的微生物种类及分布情况，重点对高温、高水、高杂区进行检查。

（5）杂质分布　包括粮堆杂质含量、组成及分布情况，特别是有机杂质含量和分布情况。

（6）其他　包括霉变、吸湿、板结等发生与变化情况，鼠、雀发生情况、堆垛情况等。

活页笔记

3. 环境情况

（1）仓外环境　包括大气温度、湿度与天气（晴、阴、风、雨、霜、雪）等。

（2）仓内温、湿　包括仓内空间、屋面、上下弦板、隔层、墙体等不同方位的温度、湿度及变化情况。

（3）门窗　包括门窗、通排风口的完好情况、启闭情况，密闭、隔热情况，防虫、雀、鼠装置情况等。

（4）密闭　包括粮面密闭方法与时间情况，选用密闭材料质量与完好情况，搭缝焊接与铺设情况，沿墙压槽严实情况等。

（5）压盖　包括选用压盖材料的种类、规格、导热性能、有无污染与完好情况，压盖方法与时间情况，铺设质量情况等。

（6）仓顶　包括仓顶的防渗漏、隔热等情况。

（7）仓墙　包括仓墙的防渗漏、挂膜、隔热情况。

（8）其他　包括包装垛、包围散垛的堆装情况、电器电路的完好情况等。

四、粮情检查程序

（一）制订方案

为避免粮情检查的盲目性、随意性，在着手粮情检查前，应根据检查的对象、季节、性质等不同需求，本着必要、有效、经济的原则，科学制订检查方案，有针对性地选定检查的项目，明确检查的目标、时间和方法。在制订检查方案时，既要防止遗漏必要的检查，也要避免不必要的无效检查，还要避免选用错误的检查方法。

（二）信息采集

信息采集是对体现粮情的各类相关数据、现象的收集工作，是粮情检查中工作量最大的一项基础工作。信息采集的质量决定着粮情检查的成效。信息采集有以下特性。

1. 全面性

由于粮堆状况较为复杂，且难以直观采集，必须通过众多相互关联的信息才能构成形象反映，仅凭少数孤立、片面的信息数据往往会造成误判。为准确了解粮食的储藏状态并推断其发展趋势，在决定信息采集项目

活页笔记

时，不能只选择能够明显反映粮堆现象的单一类别，还应考虑到有着密切联系的相关类别，选择的范围不仅限于粮堆，还应包含对粮堆有重要影响的相关环境。

2. 代表性

信息采集的不应是一般象征性数据，而应当是具有代表性、足以反映粮堆真实情况和对粮堆有直接影响的环境数据。在选点、操作时应正确规范，防止采集错误数据。

3. 系统性

由于粮情是随着时间变化的，所以仅有静止的数据较难判断其变化情况及发展趋势。因此，粮情检查不但要采集一时的数据，而且需要采集储藏阶段的相关过程数据。

4. 时效性

如果采集的信息已经过时或采集的相关信息数据不在同一时段，则很难正确反映粮堆状态。因此，采集的数据应及时规范记录，并及时检查，对遗漏、错误的数据应尽可能及时补采，以免影响对粮情的评议分析质量。

5. 针对性

信息采集应本着必要、经济原则，在考虑信息采集范围时，面要宽，以免漏采相关的重要信息而造成遗憾，但信息并不是越多越好，而应有针对性地选定采集项目和采集时间，防止采集无效数据，避免人力、物力的浪费。

（三）数据整理

数据整理是对信息采集到的大量、零乱的数据，加以筛选、归纳，以便于正确、形象地体现粮情。通过数据整理，对信息采集的数据进行认真审核判别，剔除错误数据，增补漏采数据，使数据完整无误，然后加以分类整合。

1. 数据审核

（1）无效判别审核　根据反映粮情的必要性对数据进行审核筛选，将重复、无代表性的数据剔除。无效数据不一定是无效采集的数据，有的是在具体体现粮情时，这种数据已无登录必要。

（2）错误判别审核　通过审核数据，将明显反常的数据给予剔除或纠正。出现反常数据的原因主要有：设备故障、检测操作失误、记录错误等。

（3）漏缺判别审核　将无效、错误数据剔除后，根据系统反映粮情的

活页笔记

需要，审核有无确实需要的数据发生漏采或漏登，能予补采或补登的，及时增补。由于数据时效性较强，所以数据审核工作应在数据采集后及时进行，以利补救，否则极可能影响数据的完整性，加大分析判断的难度。

2. 数据分类归纳

对于审核后完整无误的数据，根据了解粮情的需要，通过表格、坐标曲线图等表示方法，将同类或相关类别的数据分别进行归纳。

（四）粮情分析

粮情分析是对经过整理、归纳的数据与现象，进行认真细致地单项纵横比较、综合逻辑推理，提出依据，找出成因，去伪存真，对粮情的现状和趋势作出准确判断的过程。粮情分析宜采取组织保粮人员集体评议的方式进行，集思广益，既能提高分析的准确性，又能使保粮人员全面了解储粮情况，还能有效锻炼并提高队伍水平。

1. 现状分析

（1）不良症状分析　通过整理归纳数据的绝对值、比较值、综合值，对储粮不良症状发生的可能性，以及可能发生症状的表现、种类、程度进行分析，得出初步判定。

（2）安全隐患分析　通过整理归纳数据的绝对值、比较值、综合值，对储粮安全隐患发生的可能性，及可能发生隐患的表现、种类、程度进行分析，得出初步判定。

（3）粮情稳定分析　通过整理归纳数据的绝对值、比较值、综合值，对粮情稳定的可能性，及粮情稳定的表现、种类、程度进行分析，作出初步判定。

2. 趋势分析

（1）不良趋势分析　通过整理归纳数据的绝对值、比较值、综合值，对储粮不良趋势发生的可能性，及可能发生不良趋势的表现、种类、程度进行分析，作出初步判定。

（2）稳定趋势分析　通过整理归纳数据的绝对值、比较值、综合值，对粮情稳定趋势的可能性，及粮情稳定趋势的表现、种类、程度进行分析，作出初步判定。

3. 成因分析

在对现状、趋势提出分析判定后，还应对其形成的原因进行分析。这不仅可以加大判定力度，增强判定的准确性，还可以加深对判定的

活页笔记

认识，以便有的放矢地针对源头采取治本处理，有利于提高处理的正确性。

（1）内在因素　主要是通过粮堆的历史与现状、品种特性、粮堆组成因子的变化规律等，分析判定结果的形成原因。

（2）环境因素　主要通过天气、仓房等环境因子对粮堆的影响作用，分析判定结果的形成原因。

（3）技术因素　主要通过通风、熏蒸、烘干晾晒、密闭隔热等技术处理对粮堆的影响作用，分析判定结果的形成原因。

（五）结论建议

结论建议是对粮情分析得出的判断与推测做出结论，并针对粮情结论提出应采取的相应措施。处理建议应遵循有效、经济的原则，建议提出多项，便于优化选择实施。

1. 粮情结论

（1）根据粮情评议的初步判定及剖析的成因，分别作出储粮发生不良症状、储粮存有安全隐患、储粮粮情稳定、储粮不良趋势和储粮稳定趋势的结论。

（2）在作出发生不良症状、安全隐患及不良趋势结论的同时，确定其种类、表现、部位、程度、成因及危害。

（3）对作出稳定结论的应确定其表现及依据。

2. 处理建议

（1）检查处理　根据粮情结论，为慎重确定或完善结论需要，提出再次采集或补充采集相关数据的意见，并明确提出采集项目、采集时间和采集方法。

（2）不良症状处理　根据粮情结论，提出对发生的不良症状进行处理的意见，明确处理的范围、方法和时间。

（3）安全隐患处理　根据粮情结论，提出对安全隐患进行处理的意见，明确对症或预防处理的范围、方法和时间。

（4）不良趋势处理　根据粮情结论，提出对不良趋势进行处理的意见，明确加强检查或预防处理的范围、方法和时间。

（5）粮情稳定处理　根据粮情结论，提出针对稳定粮情的处理意见，合理调整检查的范围、方法和时间等，以便在保证储粮安全的前提下，减少因检查对粮堆产生的不良影响，同时减少检查工作量。

活页笔记

五、我国粮情检查的发展历史

粮食储藏期间，由于储粮自身的生命活动及环境因子的影响，粮情不断发生变化。通过粮情检查了解粮情变化趋势，及时发现储粮安全隐患，采取有效措施，才能确保储粮安全。

中国作为一个产粮、用粮、储粮的大国，在粮食存储方面具有悠久的历史。中国粮情检查的发展历史，大致可以分为以下三个阶段。

第一个阶段：古代粮食存储阶段。在中国灿烂文明的发展过程中，因为受限于粮食的产量，所以古代对于粮食的重视程度要远远高于现代。古代在粮食保存方面，大多数是通过晾晒之后，放置于通风的地方，这样粮食一般都可以保存比较久。

第二个阶段：近代粮食存储阶段。在民国时期，国家已经开始建立大型粮仓，这时期战伐不断、政权不稳，农业生产遭到很大破坏，粮食产量很低，导致粮食严重短缺，因此粮食储藏技术及仓房的建设发展迟缓。中华人民共和国成立时，我国库容量仅有1260万吨，而且大多数仓房非常简陋，常为砖木结构和竹木结构，每仓的仓容量只有3万～6万公斤（1公斤=1kg）。同时还有一部分仓房是利用祠堂、庙宇改造的，储藏条件均不能达标。

中华人民共和国成立时，中国粮仓库容量仅60亿斤（1斤=0.5kg），这些“粮仓”小而分散，而且潮湿多虫鼠，难以满足粮食安全存储的要求。虫害、霉害、鼠雀害时有发生，各地粮食损失非常严重。1952年，浙江省余杭县成立“保粮委员会”，全县开始组织创建“无虫”粮仓，时任余杭县城关粮库副主任兼保管员的汪柏铭和同事们吃住在粮库，他们秉承着“宁流千滴汗，不坏一粒粮”的原则，在中国率先创建“四无粮仓”。“四无”即无虫、无霉、无鼠雀、无事故。

20世纪80年代，改革开放不断深入，粮食产量日益提高，旧有的粮仓已经不能满足储粮需求。1990年，中国抓住当年粮食丰收的机遇，为解决农民卖粮难问题，开始建设专项粮食储备。

第三个阶段：现代粮食的安全储藏阶段，这个阶段最重要的就是防治害虫，抑制微生物。中华人民共和国成立初期，中国的粮食储藏主要通过人工进行杀虫，后来则使用低剂量化学药剂。如今，中国粮食储藏正向“绿色、生态、智能、高效”的阶段转型。通过低温、氮气有效控制虫害发生，可以避免使用化学药剂，实现绿色储藏。不仅是绿色储粮，粮食的

活页笔记

流向往往涉及粮食储备的真实性、可靠性。通过“智慧粮库系统”可以便捷地使用手机或控制中心的大屏，实时了解粮仓内的粮情。

随着时代的进步、科技的迅猛发展，单纯地依靠人工经验的传统粮情监测方法，已经无法满足现代社会的需求。由于影响粮情的因素较多，粮情复杂多变等，要想实现快速准确地粮情检测着实困难。不过，诸多新兴现代科学技术，如传感器技术、半导体物理学技术、电解质物理学技术以及信息融合技术等的快速发展，为粮堆中粮情检测技术的研究提供了新的科学依据。

六、粮情测控系统应用现状及发展

粮食的安全生态储藏是提高粮食质量、减少粮食损耗的重要途径。粮情监测是保证粮储安全的关键技术之一。粮情直接或者间接地反映了粮食的状态。若能既准确又快速地检测出粮堆中的粮食参数，如粮食温度湿度、粮食含水率、粮堆中各气体浓度等，并将各个参数及时地反馈给控制系统，控制系统就可以及时进行判断以及控制操作，从而减少储藏环节中的粮食损耗。

近年来，我国新建的大型粮库基本上配备了现代化的粮情测控系统，大大提升了国家粮食储备体系的科技含量、信息化水平，成为科学保粮的关键技术之一。

（一）粮情测控系统工作原理

粮情测控系统是利用计算机、传感器、通信等现代电子技术对粮食储备过程中的粮情变化进行实时检测，并可以进行数据传输、存储、分析预测报警、自动控制保粮设备适时运行的系统，其主要功能结构如图0–1所示。

1. 粮情检测系统类型

粮情检测系统（设备）按结构可划分为三种常见组成形式，第一种类型是由计算机、测控主机、测控分机、分线器（采集器）和测温电缆组成；第二种类型是由计算机、测控主机、测控分机、测温电缆组成；第三种类型是由计算机、测控分机、分线器（采集器）、测温电缆组成。

2. 粮情检测系统工作原理

粮情检测系统工作原理按照GB/T 26882.1—2011《粮油储藏　粮情测控系统　第1部分：通则》要求，主要检测粮堆温度和仓内温湿度及大

活页笔记

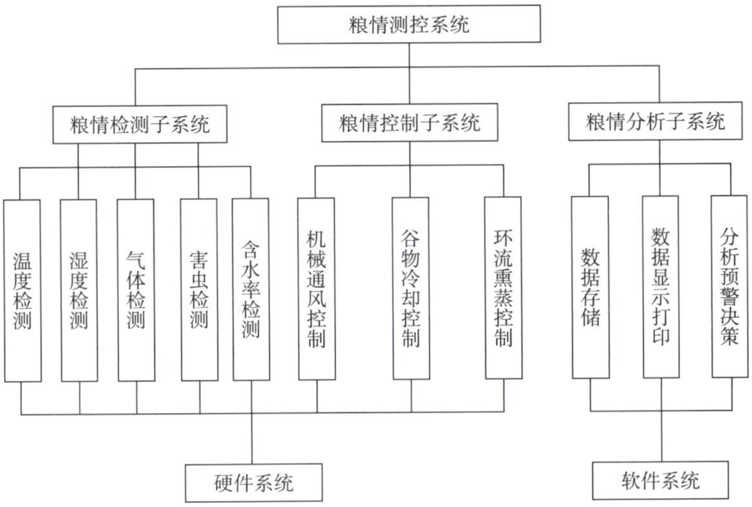

图0-1　粮情测控系统

气温湿度等基本参数。其工作过程是把传感器所感应到的信号变化，通过测温电缆、分线器、测控分机、测控主机传到主控机房的计算机上，保管人员在主控机房的计算机上可随时观察到粮堆内外温湿度的变化情况。

（1）传感器　传感器也称换能器、变换器，通常连接于分线器上，是把被测量的某物理量（或信号）按一定规律转换为与其对应的另一种物理量（或信号）的装置。用于粮情检测粮堆气体的传感器和害虫检测的传感器有温度传感器、湿度传感器、粮食水分传感器等。目前比较常用且技术比较成熟的是温度传感器。温度传感器又分为热敏电阻传感器、导体温度传感器、数字温度传感器等类型。

（2）分线器　分线器是连接测控分机和检测传感器的电子元件，通过分线器内的多路开关依次接通检测传感器。分线器常见的有信号调理型、信号采集型和智能型。分线器一般安装在仓房内，因此，分线器应具备抗干扰、防腐蚀能力，尤其是要具备良好的抗磷化氢熏蒸的能力。

（3）测控分机　测控分机是连接测控主机和分线器的桥梁，主要作用是接收主机信号，选择有关的分线器，将检测信号处理后经通信电缆送至主机。测控分机一般安装在仓房外面，因此应具备抗干扰、防腐蚀、防雷击能力，并要求分线器模数转换精度高、准确、稳定。

（4）测控主机　测控主机连接微机和测控分机、接收微机指令、控制检测分机进行数据采集。当工作人员通过微机向分机下达命令时，首先将信号通过串口传给主机。主机经过分析将命令下传给指定测控分机，分机

活页笔记

执行命令后把检测数据经过主机上传给微机。测控主机实质是一台通信控制机，兼有巡测定时启动和数据保存功能，其核心是单片机，配备定时器、存储器及外围接口芯片。测控主机一般安装在粮库的主控室内，应具有较强的远距离通信能力、定时准确、有一定的存储容量和较强的防雷击能力。

（5）微型计算机　微型计算机也称上位机，安装在粮库的主控制室内。粮油保管人员通过人机对话，向测控主机下传任务和参数。主机用“点名”方式向指定的分机下传任务和参数。分机接到任务和参数后，自动执行任务，并将执行结果报告主机，主机回传到计算机，由微型计算机完成数据的处理、储存、显示、打印等任务。

（二）粮情测控系统研究现状

国外早在20世纪60年代就有使用粮情监控系统来保证储粮安全相关方面的研究。霍尼韦尔国际公司的工程师Hughes等使用氯化锂Dunmore型元素法快速测定小麦面粉的水分，将温湿度传感器插入测量样品中，再由之前建立的等温关系曲线得到样品含水率。经研究人员测试，在10%~15%的含水率范围内，测量精度可达0.2%。

1976年，美国科学家William T.Eng发明了适用于粮仓的电子温度监控器，选用多个硅二极管作为测量元件，按一定的排列方式布置在粮仓内，通过电缆连接到外部监控单元，显示单元可以显示出各点的温度值。该装置还具有自动报警功能，当任何单个传感器达到或超过预先设定的温度值就会启动报警功能。

近年来，国外农业发达国家已朝着虫霉发生情况、粮仓内粉尘及其他挥发性气体检测的方向发展。2015年加拿大曼尼托巴大学Mohammad Asef等人提出了通过完整的三维矢量电磁成像系统监控储粮腐坏情况，该系统使用有限元法对比度源反演（MORFEM-CSI）算法重建谷物颗粒的完整三维电解质地图，储粮的任何腐坏都可在电解质图中显示，这一系统可以远程监控粮仓。2015年，美国阿肯色大学助理教授Griffiths Atungulu提出了一种基于平衡水分含量（EMC）的新型布线和传感器技术，能准确评估谷物品质，包括大米产量（MRY）、水稻产量（HRY）、米的颜色和黏性，并且能有效监测霉菌毒素，特别是黄曲霉毒素的生成。

我国粮情监测技术与国外相比发展较晚，市面上大多数粮情监控系统都是以节点的形式布置温湿度传感器，再根据预先设定的温度阀值判断是否进行通风降温等操作。某些地区的粮库甚至还是依靠人工检测，即有专门的粮情巡检员，定时用“铁探子”对粮仓粮情进行检测，工作效率与检测精度较低，随机性强，并不能客观反映真实粮情。

20世纪70年代以前，我国粮库基本上没有现代化的粮情检测设备，更谈不上粮情测控系统，主要使用粮库专用温度计、扦样器、分样器等传统工具来进行粮情检测，劳动强度大，精度低，不能及时发现存在的隐患，易造成不必要的损失。20世纪80年代以后，随着电子元器件制造技术的发展，计算机性价比进一步提高，新型传感器、单片机、个人计算机（PC机）、新型通信方式等开始逐渐应用于粮情测控领域，出现了真正意义上的现代粮情测控系统，大致可以分为以下几代系统。

第一代粮情测控系统，以粮食温度为主要检测指标，以单片机为控制核心，结合热敏电阻等电子测温元件组成集中式粮情测控系统。在该系统中，数据均以模拟信号形式传输，每个测温点均需对应1根通信线，具有成本高、线阻误差大、系统工作不稳定、精度低、故障率高等缺点，不仅只能进行数据的实时显示，还不具备自动存储、分析等功能，需要粮库工人依据实时数据，结合个人经验来手动控制通风机等保粮设备。该种类型的粮情测控系统已经基本上被淘汰。

第二代粮情测控系统，普遍采用个人计算机（PC机）作为控制核心，引进分线器技术，仓内布线大大减少；采用矩阵布线方式，传感器布局更加合理；采用DOS操作系统，软件界面友好，已初步具有数据显示、储存、打印等功能。这类系统由于所采集、传输的信号仍是模拟量，故仍有工作不稳定、抗干扰能力差的缺点，软件功能也较为简单。目前，国内只有少部分粮库仍在使用此类型系统。

第三代粮情测控系统，是以温度（DS18B20）、湿度等数字化粮情传感器的应用为典型特征的系统，其检测指标逐渐增多，传感器节点逐渐朝多功能集成化方向发展，粮库内信号全部以数字量形式传输，采用CAN总线、RS485总线等先进通信方式，小型数字化粮情测控网络逐渐形成，开始采用WINDOWS操作系统，软件功能更加完善，信息化程度更高。目前，国内绝大部分粮库均采用此类粮情测控系统。

第四代粮情测控系统，以无线传感器网络技术（蓝牙、通用分组无线业务、无线通信等）的应用为典型特征。在该系统中，大量微型无线粮情传感器被自由地散布在粮堆内，自主采集周围的粮情参数，通过无线自组网络将数据逐步传输到中心节点，再将其传输到系统上位主机或云

活页笔记

端服务器，进行数据的存储、显示、分析、判断，控制相应保粮设备的运行。该类型系统技术先进，无需电缆连接，传感器节点以微型电池供电，可任意放置于粮堆内，持续工作数年。但是，目前国内只有极少数科研单位和高科技企业在试验使用本类型系统，估计近年内会大规模推广应用。

随着国家一系列政策措施的推出，我国在粮情监测方面也取得了一些成绩。相继研究开发出基于嵌入式的先进的精简指令集计算机（ARM）、通用分组无线业务（GPRS）、互联网（Internet）或无线通信（Zigbee）其中一种或数种技术相结合的无线粮情测控系统。这种系统都是以节点的方式布置温湿度传感器，以各节点的粮情推测出整个粮堆粮情分布情况。由于是无线系统，安装较为方便。后来又在基于嵌入式技术的无线粮情测控系统的基础上，提出以食品平衡干基含水率（EMC）模型预测粮食实时含水率，并通过试验验证改进等温吸湿ChunPfost模型具有较为准确的粮食水分预测精度。此外，在基于无线传感器网络协议（EZMAC Improved）通信协议的无线粮情监控系统的研发基础上，完成了虫害传感器的开发，目前该系统已在徐州国家粮库投入运行。结合电容层析成像技术（ECT），在粮仓外表面上安装8个电容极板，组成传感器阵列，实时检测粮仓粮食水分，该系统具有非侵入、非辐射、响应速度快等特点。河南工业大学张元在研究RIS-K2型雷达的基础上，根据粮食电磁特性，将跨孔雷达探测技术应用于粮仓内，提出了反射透射式粮仓储粮水分的电磁波检测方法，搭建了室外检测粮食水分的测控系统。

（三）国内粮情测控系统存在的问题

随着科技的进一步发展，国内粮情测控系统逐步完善，现有系统已初步具备粮食温湿度检测、自动报警、数据自动存储、报表自动生成、粮情曲线自动绘制等众多功能，极大地提高了我国粮食储备体系的现代化水平，大大减轻了粮食工作者的劳动强度。但是，由于受到投资成本、技术等一系列条件限制，国内大部分粮情测控系统存在以下问题。

一是系统检测参数单一。目前大多数粮仓内使用的粮情检测系统都是根据国家颁布的传感器布置原则安装布置测温电缆和湿度传感器，系统能够对粮食水分、虫害范围、霉变状况、仓内粉尘和粮食品质等进行检测的不多。检测结果仅有温度和湿度参数，很难正确全面反映粮食真实状态。

二是系统功能单一。很多测控系统都不含有智能专家系统模块来根据

活页笔记

粮情分析决策，只是简单地根据预先设定的温度和湿度阀值启动报警功能，甚至某些系统的通风降温设备仍需要人工开启。造成这个问题的因素与系统能够获得的检测参数过少有很大的关系。

三是各检测单元分离，造成系统布线繁杂。根据国家标准，每个粮仓内都会布置多个温度、湿度、水分、气体传感器等，这些传感器都是由不同生产厂家生产，彼此并不能联立。如此一个粮情测控系统中含有温度测量系统、湿度测量系统、水分检测系统、气体检测系统等多个子系统，系统搭建、维修都会异常困难。

（四）粮情测控系统的发展趋势

1. 数据检测全面化

未来粮情测控系统所能检测的粮情数据将不再局限于粮堆内的温度、湿度等，还将包括粮食含水率、粮堆内相关气体（CO_2、PH_3、O_2）浓度、霉菌、害虫种类及密度等影响粮食安全的各种参数。在粮情参数全面检测的基础上，进一步实现多数据融合，建立粮库环境参数与粮食品质之间的动态函数曲线，使粮情测控系统能够实时监测粮食品质变化，为安全储粮、延缓粮食陈化、提高粮食品质提供可靠的技术保证。

2. 传感器数字化、集成化

随着传感器技术快速发展，未来粮情测控单元必将把粮食温度、湿度、含水率、气体、霉变、害虫等多种数字化传感器以通用化模块的形式集成在一个电子芯片上，实现多功能集成化综合测控。同时，每个测控节点均可作为一个独立的电脑端站点（ PC 站点），各有一个独立的代码，以现场总线或者无线通信方式构成一个数字化通信和控制网络，避免了信号干扰，提高系统工作的稳定性和可靠性。

3. 粮情控制自动化、智能化

未来粮情测控系统将建立更加完善的粮情数据分析决策数学模型，能够自动实现粮情数据信息收集、处理、综合分析和管理，实现超温、超湿、霉变和害虫等的自动报警，同时，辅以机械通风、环流熏蒸等系统，按照机械通风技术规程、磷化氢环流熏蒸技术规程等，自动判断机械熏蒸通风条件，及时把握通风时机，合理选择通风方式，准确决策通风时间，对多个有不同熏蒸通风目的的库房进行实时同步通风，并根据粮库内粮情参数的实时变化，随时调整熏蒸通风参数及其进程，实现粮情控制的自动化、智能化。

活页笔记

4. 系统标准化

未来粮情测控系统软、硬件接口将逐步实现标准化，所有生产厂家都必须按照国家或行业制定的统一技术标准生产硬件设备，并在统一的软件信息平台上编制测控系统软件，使其结构形式统一，具有通用性、开放性、可升级性，便于企业间公平竞争和技术进步，有利于实现粮情管理网络化。

5. 系统管理网络化

未来的粮情测控系统将在数字化、多功能集成化、智能化、标准化的基础上实现粮情管理网络化。整个系统以分散在各地的小型粮库粮情测控系统网络为基础，通过网络（ Internet ）连接形成局域网和广域网，实现远程数据传输、粮情状态实时查询、设备监控、分级管理，各级粮食管理部门可以随时远程查询所属库点的粮食数量以及粮情状况。同时，国家粮食和物资储备局等高级粮食管理部门也可以通过下属各级管理部门的局域网及时获得全国各级粮库的粮情信息，以便进行更加有效的行业监管。

粮情检查是掌握粮情变化、确保储粮安全的重要手段。通过对储粮的安全检查，才能使保管人员能够准确掌握粮食在现阶段储藏环境下的状况，为更好地储藏粮食提供合理的依据。

项目一

检查储粮温湿度

学习导入

“国以民为本，民以食为天”“兵马未动，粮草先行”，这些都充分说明粮食对国家的重要性。我国是人口大国，也是粮食消耗大国，正确处理人口与粮食之间的关系是国家稳定与发展的前提。我国粮食多数分布在全国各地的粮库之中，保障粮库内粮食的长期安全储藏已成为关系到国计民生的头等大事。

粮食在储藏期间由于本身的生命活动和环境条件的影响，会不断发生变化。为了准确掌握粮情变化，保证粮食安全储藏，必须做好粮情检查。在粮食保管过程中，进行粮情检查，即对粮食的质量、品质状态和对粮食安全具有影响作用的环境情况的检查，可以了解粮食真实的储藏状态，减少储粮事故的发生，切实保证储粮数量真实、质量良好、储藏安全、管理规范的良好储粮环境。

粮情检查主要包括检测温度、湿度、水分、粮堆气体、储粮害虫和鼠雀等。本项目温度检查包括气温、仓温和粮温，通过对温度的检测，掌握粮食在储粮期间的变化规律。本项目共设置了检测储粮温度，检测储粮湿度，检查粮堆结露，分析粮油发热霉变的原因和分析储粮温度、湿度和水分变化的原因五个学习任务。

活页笔记

- 项目一 检查储粮温湿度
  - 任务一 检测储粮温度
    - 粮食的热特性
      - 温度的概念
      - 粮堆的导热性
      - 粮堆温度变化规律
      - 粮堆热特性与粮食储藏的关系
    - 人工检测粮温常用的仪器设备
      - 粮温计
      - 数字式电子测温仪
    - 粮温检测期限
    - 人工检测设置粮堆测温点的原则
    - 任务1-1　布置气温检测点
    - 任务1-2　布置仓温检测点
    - 任务1-3　布置人工粮温检测点
    - 任务1-4　使用温度计或粮温计检测气温、仓温和粮温
    - 任务1-5　使用数字式电子测温仪检测气温、仓温、粮温
    - 任务1-6　绘制“三温”曲线图
  - 任务二 检测储粮湿度
    - 储粮环境的湿度变化
      - 湿度的概念
      - 储粮湿度的变化规律
    - 人工检测储粮湿度的仪器
    - 任务2-1　检测气湿、仓湿和粮堆湿度
    - 任务2-2　使用毛发湿度计检测仓湿、气湿
    - 任务2-3　绘制仓湿、气湿曲线图
    - 任务2-4　使用计算机粮情检测系统检测温湿度
  - 任务三 检查粮堆结露
    - 任务实施
      - 粮堆结露的定义和预测
      - 粮堆结露的原因和类型
  - 任务四 分析粮油发热霉变的原因
    - 粮堆发热
      - 粮堆发热的判断
      - 粮堆发热的原因
      - 粮堆发热的过程和类型
      - 发热粮的处理
    - 储粮霉变
      - 储粮霉变过程
      - 储粮霉变的类型
      - 霉变对储粮品质的影响
      - 劣变指标的测定
      - 储粮霉变的预防
      - 储粮霉变的处理
    - 任务实施
  - 任务五 分析储粮温度、湿度和水分变化的原因
    - 任务5-1　分析储粮温度变化的原因
      - 影响粮温变化的因素
      - 任务实施
    - 任务5-2　分析储粮湿度和水分变化的原因
      - 粮食的吸湿性
      - 粮堆的湿热扩散
      - 任务实施

活页笔记

任务一
检测储粮温度

知识目标

1. 掌握与储粮相关的温度的概念。
2. 掌握粮堆的导热特点、粮食的热特性与粮食储藏的关系。
3. 了解人工检测储粮温度的仪器设备。

能力目标

1. 能够使用标准温度计、干湿球湿度计、温湿度表检测仓内外温湿度。
2. 能够使用粮温计、数字式测温仪检测粮堆温度。
3. 能够利用检温结果绘制“三温”曲线图。

素质目标

1. 了解粮食储藏的安全问题，查阅《中华人民共和国粮食安全保障法》，树立正确的国家粮食安全观。

2. 通过布置气温、仓温和粮温检测点，培养良好的劳动习惯，树立勤劳严谨的意识。

3. 通过学习使用仪器检查气温、仓温和粮温，培养团队协作意识，形成规范的操作习惯。

储粮通风机配置合理性评价与通风条件判断

学习情境描述

粮食储藏的安全问题一直是一个复杂而又重要的问题。粮食在存储期间严重损耗的原因主要是气候、环境和通风条件等因素的变化，导致粮仓内部的温度及湿度发生变化，产生不利于粮食储藏的气体和微生物等。

粮温是人们监测粮食储藏状态信息的重要指标之一，也是粮情信息化最关键的指标。利用粮温信息，了解水分和虫害情况的变化，并据此采取相应的储粮技术措施。研究粮温要从储粮系统环境特征出发。国内外不少学者都把粮库结构作为一个生态系统来研究。粮食陈化劣变特性、微生物病虫害发生繁殖规律是储粮生态系统研究和了解的内容。温度随环境变化波动最大，因此掌握粮仓温度变化、研究其变化规律是保持储粮生态系统

活页笔记

稳定和安全储粮的重要措施。

本任务分解如下：	
任务1-1	布置气温检测点
任务1-2	布置仓温检测点
任务1-3	布置人工粮温检测点
任务1-4	使用温度计或粮温计检测气温、仓温和粮温
任务1-5	使用数字式电子测温仪检测气温、仓温、粮温
任务1-6	绘制“三温”曲线图

任务资讯

一、粮食的热特性

（一）温度的概念

温度是表示物体冷热程度的物理量，微观上反映物体分子热运动的剧烈程度。用来量度物体温度数值的标尺称温标。它规定了温度的读数起点（零点）和测量温度的基本单位。目前国际上常用的温标有摄氏温标（℃）、华氏温标（℉）和热力学温标（K）。

摄氏温标又称百分温标，把纯水的冰点定为0℃，沸点定为100℃，将0～100℃分为100等份，每1等份为1℃。华氏温度规定标准大气压下纯水的冰点为32℉，沸点为212℉，中间分成180等份，每1等份称为1℉。热力学温标（K）是一种绝对温标，也称开尔文温标，将-273.15℃定为0K。以℉代表华氏温度，℃代表摄氏温度，K代表绝对温度，则三种温标之间的换算关系是：$℉=\frac{9}{5}℃+32$，$K=℃+273.15$。

（二）粮堆的导热性

粮堆的导热性

粮堆内外之间和粮堆内部时刻进行着热的传递和交换，粮堆传递热量的性能就称为导热性。这种热传递和热交换受粮堆成分的影响。粮堆对热的传导很慢，是热的不良导体。虽然粮堆中空气流动有助于热的传导，但因粮堆处于相对静止状态，内部空气对流很缓慢，因此，整个粮堆导热性是很差的。粮堆温度变化总是落后于外界温度，也落后于仓温，而深层粮

活页笔记

温又落后于表层粮温。

1. 粮堆传热的基本方式

和其他物质一样，粮堆传递热量也是靠传导、对流和辐射三种方式进行的，这三种方式总是相互伴随而存在的。粮堆热量传递主要是传导和对流。传导是通过粮粒和粮粒直接接触的热能传递；空气的对流则是因为粮堆的各层点之间温度不同而发生的，热空气密度小而上升，将热量传到温度较低的粮层中去，所以对流是粮堆孔隙中空气的热传递的主要形式。实际上，粮堆内部的热传递是传导和对流联合作用的结果。

粮堆内传热方向总是从高温部位流向低温部位的。我们将室温的粮食装入玻璃方缸中至三分之一高处，然后用同量的粮食加热到50℃左右，倒入该器皿中的中层，最后将室温的粮食装到该器皿的上层，测量各层的粮温随时间变化情况，如表1-1所示。

表1-1　粮堆中的导热现象

粮层	粮层深度/cm	试验开始温度/℃	经过下列时间后温度的变化/℃				
			5min	10min	20min	30min	45min
室温的粮食（上层）	4	19	23	28	31	32	32
加热的粮食（中层）	4	50	48	44	41	39	38
室温的粮食（下层）	4	19	22	23	24	25	26

注：表中数据说明粮堆导热很慢；上层比下层受热快，说明对流是粮堆传热主要方式。

2. 热导率及导热量

导热性的存在是粮堆与环境进行热量交换的基础，粮堆的导热性具体表现为粮温的变化。保粮工作者可以根据这一物理性质来掌握粮温变化规律。

热导率是指1m厚的粮层在上层和底层的温度相差1℃或1K时，在1s内通过1m^{2}的粮堆表面面积的热量，常用λ表示。

热导率的公式为：

$$\lambda = \frac{Q \cdot h}{A \cdot T\,(t_1 - t_2)}$$

式中　λ——热导率，W/（m·K）；

Q——导热量，J；

h——粮层厚度，m；

$t_1 - t_2$——上层与底层的温度差，℃；

A——传热面积，m^2；

T——传热时间，s。

活页笔记

此式来自热力学定律，是由傅立叶定律推导而来的。热导率的数值大，则导热能力大，例如，铜的热导率为340W/（m·K），是热的良好导热体。粮食的热导率只有0.12～0.20W/（m·K），是热的不良导体。粮食的热导率还受粮食含水量影响。各种物质的热导率见表1-2。

表1-2　　某些物质的热导率（λ）　　单位：W/（m·K）

物质名称	粮食	空气	水	铜	铁	木材
λ	0.12～0.20	0.0217	0.51	260～340	40～60	0.1～0.4

粮堆导热量（Q）的多少取决于一系列的因素，除了热导率外，还有温差、传热面积、粮层厚度和传热时间等，都影响着粮堆的热状态。

导热量的基本公式——傅立叶方程式如下：

$$Q=\lambda\frac{t_1-t_2}{h}A\cdot T$$

这个公式对导热过程有着普遍意义，导热特点也可用这个公式进行分析。

从傅立叶定律分析，影响粮堆导热量的因素如下。

（1）受热粮层与低温粮层的温差（即t_1-t_2）　温差是影响导热量多少的因素，也是导热的必要条件。只有产生温差，才能发生热量的传导；各层温差越大，导过的热量越多。在生产实践中，粮堆内外各层点间温度总是不均衡的，这就使高温处的热传往低温处。

（2）粮堆高度　从傅立叶方程式中可以证明：粮堆高度越高，传热行程越长，单位时间内通过的热量就越少。在生产实践中，为了延缓粮温上升，将低温粮堆成大堆，增加堆高，减少热向内的传递；将高温粮堆成小堆，降低高度，扩大面积，加速热的散发，降低粮温。

（3）传热面积　传热面积越大，传导热量也越多。因此，高温粮常采用粮面趟沟，增大面积，加速散热，这是降低粮温的常用方法。传热时间越久导过的热量也就越多。低温粮堆应缩小粮面以保冷，安全粮入仓后必须平整粮面，以减少高温对粮堆的侵入。

（4）粮堆含水量　由于粮食水分的热导率大于粮食的热导率，导热量随着含水量的增加而增大。由于空气湿度增大，水分增加，从而使热导率也增大，即导热性能增强。因此，为了储粮安全，必须严格控制粮食水分。

（三）粮堆温度变化规律

在粮油储藏中，温度的概念包括大气温度（气温）、仓内温度（仓温）、

活页笔记

粮堆温度（粮温），简称“三温”。温度是储粮的重要生态因子，也是储粮粮情变化的重要参数。粮温变化是粮堆热量变化的具体反映，是显示粮油储藏稳定状态的主要指标之一。在粮食干燥无虫的情况下，粮堆生物体的活动极其微弱，所产生的热量对粮温变化无显著影响，正常的粮温是随着外界温度的变化而变化的，即气温变化影响仓温，仓温变化影响粮温。粮堆中温度的变化情况比较复杂，但也有一定的周期性变化规律。了解和掌握这一变化规律，有助于正确分析判断储粮是否处于稳定状态。

1. 气温变化

气温在一昼夜之间发生的变化称为日变，正常情况下，日变的最高值发生在午后2时前后，最低值发生于日出之前。一昼夜间气温最高值与最低值之差，称为气温的日变振幅。

气温在一年各月间发生的变化称为年变，年变的最高月份通常发生在7～8月，最低月份发生在1～2月。最热月份的平均气温与最冷月份的平均气温之差，称为年变振幅。气温高低取决于地理位置，不同纬度地区的温度年变不尽相同。

粮堆温度变化规律和粮堆热特性与粮食储藏的关系

2. 仓温变化

仓温变化主要受气温的影响，也有日变和年变。仓温日变的最高值与最低值通常较气温日变的最高值与最低值迟1～2h。在一年中，气温上升季节，仓温低于气温，气温下降季节，仓温高于气温。

仓温变化的日变振幅及年变振幅通常较气温的变化振幅小，即仓温最高值低于气温的最高值，仓温的最低值高于气温的最低值。在空仓或在包装储藏的仓库中，仓温高低有分层现象，上部仓温较高，下部仓温较低。

仓温的变化受围护结构即仓房的隔热性能的影响。一般铁皮仓、木板仓受外界温度影响较大；砖木结构、水泥仓受外界温度影响较小。在高温季节，外墙与仓顶刷白的仓房，仓温要比未刷白的低2～3℃；仓内吊顶的要比未吊顶的仓温低3～5℃。

3. 粮温变化

粮食是热的不良导体，粮堆中空气的自然对流又很微弱，因此，粮温的变化尽管也受外温影响，但有其特殊的规律。粮温受气温的影响是由表及里、从外到内、逐步而缓慢地向纵深发展的，因此，正常的粮温变化远远滞后于气温和仓温变化。

（1）粮温的日变　粮温的日变也有最低值和最高值，其出现的时间比仓温最低值和最高值的出现迟1～2h。通常能观察到的粮温日变的部位仅

活页笔记

限于粮堆表层至30cm深处；再深处粮温的变化不明显。一般情况下，粮堆表面以下15cm处，日变为0.5～1℃。常见的“三温”日变曲线如图1-1所示。

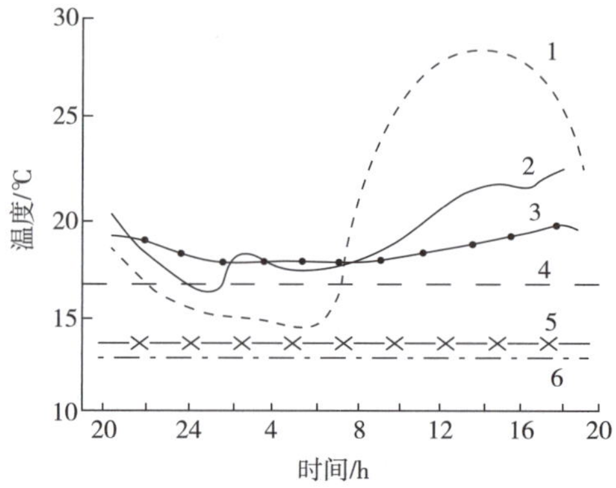

1—气温；2—仓温；3—距粮面16cm处粮温；4—距粮面35cm处粮温；5—距粮面110cm处粮温；6—距仓底35cm处粮温。

图1-1 “三温”日变曲线图

（2）粮温的年变　粮温的年变是明显的，它随气温的变化而变化，但慢于气温变化的速度。即在气温上升季节，粮温逐渐上升，但低于气温；在气温下降季节，粮温也逐渐下降，但高于气温。一般粮温年变化的最低值与最高值的出现较气温年变化的最低值和最高值推迟1～2个月，地下仓可能推迟2～3个月。粮温最高值出现在8～9月，最低值出现于2～3月。3月以后开始升温，9月以后则开始降温。可见，在某一地区，气温、仓温、表层粮温都呈现周期性日变化、年变化规律，有时周期性不很规则。常见的“三温”年变曲线如图1-2所示。

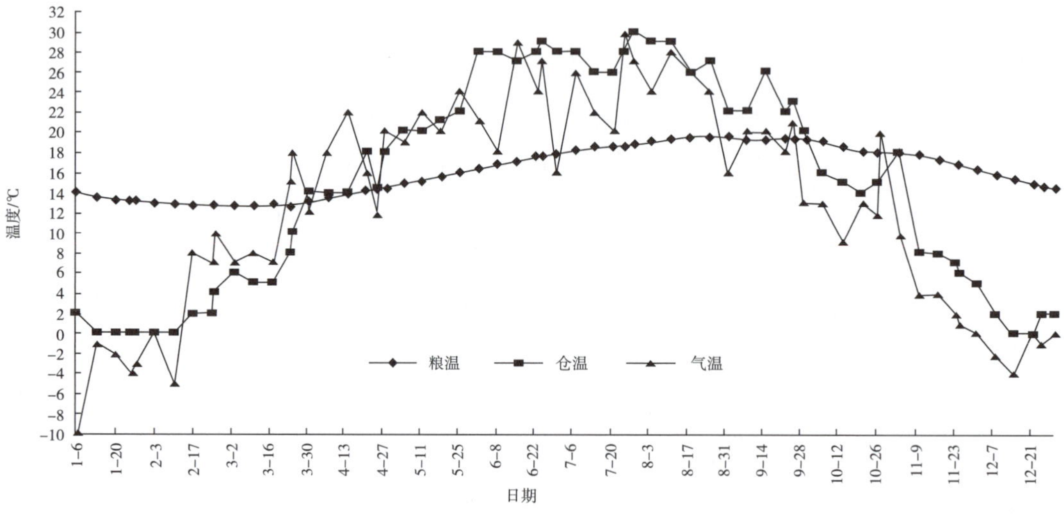

图1-2 “三温”年变曲线图

（四）粮堆热特性与粮食储藏的关系

粮堆是热的不良导体，热量传入、传出粮堆很慢，这导致粮堆温度分

活页笔记

层，粮温变化总是滞后于外温，粮堆越大内部受环境温度影响越小。

（1）有利方面　利用粮堆导热性不良的特性采取高低温储粮（控温储藏），如冬天东北地区、西北地区冷冻的粮食低温入仓，能够使粮食保持低温至第二年5月；而南方各省晒热的小麦进行热密闭储存，可以达到高温杀虫的作用。由于粮堆主要靠对流传热，所以通风是降低储粮温度的最有效方式。

（2）不利方面　由于粮食导热性不良，对于不正常的高温粮堆，热量难以散发，会加速粮食品质的劣变。如果粮堆中滋生微生物或害虫，它们呼吸产生的热量在粮堆中容易积累，造成积热难散，导致粮食发热。另外，储粮温度在正常情况下，总是比外温变化幅度小。在低温季节，粮温高于外界温度。在高温季节，粮温低于外界温度。这极易导致粮堆产生湿热扩散现象，使粮堆结露变质，如不及时处理，会造成较大的损失。

二、人工检测粮温常用的仪器设备

1. 粮温计

粮温计又称检温探子，用于机动设点检测粮温。粮温计有杆状和直角两种结构形式（图1-3）。杆状粮温计的端部采用锥形铁管作保护套，内装玻璃质酒精或水银温度计，侧面有铁槽观察孔，以便观察温度的升降，根据需要在铁管上旋接适当的长铁杆。杆状粮温计既可用于散装粮，也可用于包装粮。测温时，只需将锥形尖端插入相应检测点，经10～15min后拔出，即可读数。直角粮温计仅用于袋装粮，其外形呈直角形，内装玻璃质直角温度计，长的一端细长，端部锥形，可插入粮袋；短的一端粗大，可观察温度，兼作手柄。直角粮温计使用时将锥形尖端插入麻袋或从面袋缝口处插入，经10～15min后从手柄处直接读取温度数值。

检测粮温设备、原则和测温点布置原则

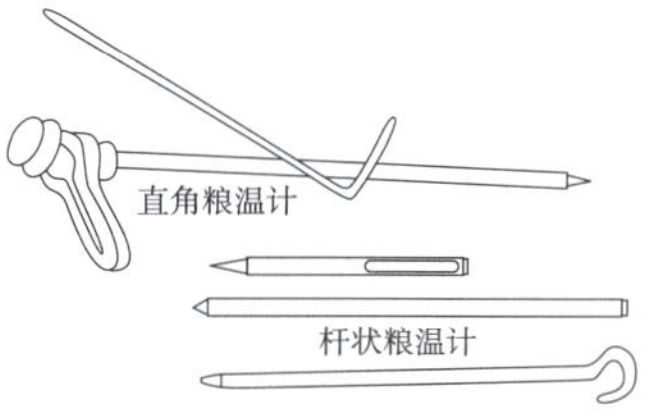

图1-3　粮温计

2. 数字式电子测温仪

数字式电子测温仪用于人工定点检测粮温。它采用不平衡电桥原理，通过温度传感器，把随温度变化的电压量转变成数字量，由数码管直接显示出来，从而实现对温度的数字测量，如图1-4所示。数字式电子测温仪由测温表和测温探头两部分组成。测温表

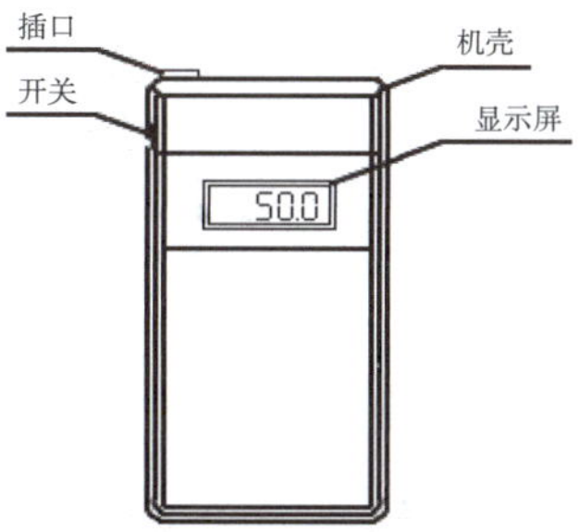

图1-4　数字式电子测温仪

活页笔记

一般由大规模集成电路和少量分立元件及数码管等组成；测温探头一般采用热敏电阻或温敏二极管作传感器，根据需要制作成杆式或电缆式，传感器置于测温杆或测温电缆中，测温前把测温杆或测温电缆预埋或插入粮堆内，留出引线插头供测量时使用。测温时将测温仪与电缆插头对接，按下电源开关可显示电缆上、中、下各测点温度数值。

数字式电子测温仪是用于测量空间环境温度的常用仪器，也用于校正其他的测温仪器。

3. 百叶箱作用及其构造

（1）百叶箱的作用　百叶箱是一种安置温度、湿度仪器并使其免受太阳直接辐射，又保持适当通风的白色百叶式箱体，如图1–5所示，作用是防止太阳对仪器的直接辐射和地面对仪器的反射辐射，保护仪器免受强风、雨、雪等的影响，并使仪器感应部分有适当的通风，能真实地感应外界空气温度和湿度的变化。

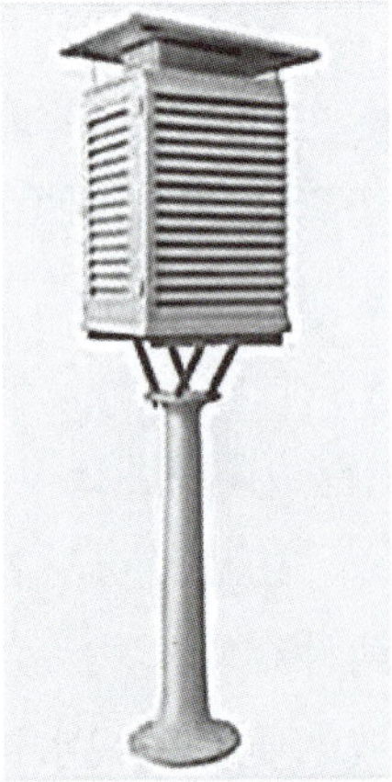

图1–5　百叶箱

（2）百叶箱的构造　百叶箱通常由木质和玻璃钢两种材料制成。

木制百叶箱分为大小两种：小百叶箱内部高537mm、宽460mm、深290mm，用于安装干湿球湿度计、毛发湿度计；大百叶箱内部高612mm、宽460mm、深460mm，用于安装温度计、湿度计或铂电阻温度传感器和湿敏电容湿度传感器。

木制百叶箱的四壁由两层薄的木板条组成，外层百叶条向内倾斜，内层百叶条向外倾斜，呈“人”字形，百叶条与水平的交角45°。箱底由三块木板组成，每块宽110mm，中间一块比边上两块稍高一些。箱盖有两层。整个百叶箱内外都是白色。把百叶箱外表面漆成白色，可以反射部分投射在百叶箱上的阳光。百叶箱的门朝北开，是为了防止观测时阳光直接照射箱内的仪器。这样的结构，使得百叶箱内具有很好的通风性能，同时又使箱内仪器不受太阳直接照射和雨雪的影响，从而保障了空气温度、湿度观测数据的代表性。

三、粮温检测期限

粮堆温度15℃及以下时，安全粮食和油料（安全水分、无虫和基本无虫粮）15d内至少检测1次，半安全粮食和油料（半安全水分或一般虫粮）10d内至少检测1次，危险水分粮食和油料5d内至少检测1次；粮温高于

活页笔记

15℃时，安全粮7d内至少检测1次，半安全粮5d内至少检测1次，危险水分粮油每天至少检测1次。新收获的粮食、油料收购入仓后，3个月内要适当增加检测次数，对可能出现问题的部位要经常人工进仓抽检粮温。

四、人工检测设置粮堆测温点的原则

人工检测房式仓时，应分区设点，每区不超过100m^2，各区设中心点与四角共5个点作为监测点，两区界限上的2个点共用。粮堆高度在2m以下的，分上、下两层设点；粮堆高度在2～4m的，分上、中、下三层设点；粮堆高度在4～6m时，分四层设点；粮堆高度在6m以上的酌情增加层数。上层、下层检测点应分别设在距粮面、底部0.3m处；中间层检测点垂直均等设置；粮堆四周检测点距墙壁0.3m。

包装粮、地下仓和简易储粮设施检测点参照上述原则设置。

处于后熟期，水分和杂质分布不均匀、局部有害虫的粮食和油料，应设置机动检测点。

任务1-1　布置气温检测点

◆ 任务目标

温度是储粮的重要生态因子，也是储粮粮情变化的重要参数。通过学习，能科学正确地布置气温检测点。

布置气温检测点

◆ 任务准备

序号	名称	规格	数量	备注
1	百叶箱		2只	包括百叶箱架
2	温度计	-10～50℃	2个	
3	温度传感器		2个	配有测温连接线

◆ 任务实施

气温气湿检测点应设置于库区内空旷地带的百叶箱中心位置，百叶箱中心距离地面约1.5m高。

1. 操作步骤

（1）检查所需工具：温度计或者温度传感器、百叶箱。

（2）选择气温气湿检测点位置。

百叶箱与温湿度传感器

活页笔记

（3）安置百叶箱。

（4）将温度计（或温度传感器）、干湿球温度计（或湿度传感器）悬挂在百叶箱内。

2. 注意事项

（1）检测点必须设置在库区内空旷地带的百叶箱中。

（2）百叶箱应该通风、透气性能良好；在雨天时，雨水不能渗漏到百叶箱里面；在晴天时，光线不能直接辐射到百叶箱里面。

（3）百叶箱中心距离地面高度要适宜。

（4）检测气温气湿的温度计、温度传感器、湿度传感器或干湿球湿度计应该悬挂在百叶箱中心位置，不能随意摆放在百叶箱内。

（5）检测仪器不能放置在百叶箱以外的其他地方，如仓外门、窗附近阳光直射的地方。

◆ 任务评价

班级：　　　　姓名：　　　　学号：　　　　成绩：

评价任务		布置气温检测点			考核时间：10min			
序号	评价内容	评价要点	配分	评分标准	检测结果	扣分	得分	备注
1	准备工作	放置百叶箱	—	鉴定站完成，考生不记分				
2	操作前提	气温检测点布置原则	10分	口述不正确扣10分，不完整扣5分				
3	操作过程	选择气温检测点位置	20分	选择不正确扣20分				
		设置百叶箱	20分	口述设置要求，不正确扣20分，不完整扣10分				
		放置温度计或温度传感器	20分	放置不正确扣20分				
4	操作结果	将温度计或温度传感器悬挂在百叶箱中	20分	悬挂高度不正确扣20分				
5	使用工具	熟练规范使用检测仪器	10分	损坏测温表扣10分；测温表使用不熟练扣5分；操作结束后不归位扣5分，扣完为止				
6	安全及其他	遵守国家法规或企业规定	—	违规一次总分扣5分；严重违规停止操作			—	
		在规定时间内完成操作	—	每超时1min总分扣5分，超时3min停止操作			—	
合计			100分					

说明：学生违章操作或发生事故须停止操作

活页笔记

任务1-2　布置仓温检测点

◆ 任务目标

气温变化影响仓温变化，了解仓温变化规律，掌握正确布置仓温检测点的方法。

◆ 任务准备

序号	名称	规格	数量	备注
1	粮仓		1栋	模拟粮仓或装有粮食的实仓
2	温度传感器		2个	配有测温连接线
3	温度计	-10～50℃	2个	
4	挂钩		2只	普通金属钩

◆ 任务实施

1. 仓温仓湿检测点布置原则

（1）平房仓每个仓间内设1个点，位于粮面（设计装粮面）上空间的中心位置，距粮面约1m高处。

（2）立筒仓每个独立的单仓或星仓内设1个点，位于粮面上空间的中心位置。

（3）浅圆仓每个独立的单仓内设1个点，位于粮面上空间的中心位置。

2. 操作步骤

（1）选择装粮实仓1栋。

（2）准备挂钩、温度计或温度传感器各1个。

（3）确定仓温仓湿检测点位置。

（4）设置仓温仓湿检测点的挂钩。

（5）在仓内悬挂温度计或温度传感器、湿度传感器或干湿球湿度计。

3. 注意事项

（1）仓温仓湿检测点不能设置在仓房门窗附近和仓墙上。

（2）检测仓温仓湿的温度计或温度传感器、湿度传感器或者干湿球湿度计应该悬挂在粮面上空间中心位置，不能随意摆放在仓内或粮堆上。

（3）检测仪距离粮面的高度要适宜。

（4）检测点周围不应有照明灯具及其他热源。

◆ 任务评价

班级：　　　　姓名：　　　　学号：　　　　成绩：

评价任务		布置仓温检测点			考核时间：10min			
序号	评价内容	评价要点	配分	评分标准	检测结果	扣分	得分	备注
1	准备工作	选择装粮实仓一栋	—	鉴定站完成，考生不记分				
2	操作前提	仓温检测点布置原则	10分	口述不正确扣10分，不完整扣5分				
3	操作过程	选择仓温检测点位置	20分	选择不正确扣20分				
		设置挂钩	20分	没有用挂钩扣20分				
		放置温度计或温度传感器	20分	放置不正确扣20分				
4	操作结果	放置温度计或温度传感器悬挂在仓内	20分	悬挂高度不正确扣20分				
5	使用工具	熟练规范使用检测仪器	10分	损坏测温表扣10分；测温表使用不熟练扣5分；操作结束后不归位扣5分，扣完为止				
6	安全及其他	在规定时间内完成操作	—	每超时1min总分扣5分，超时3min停止操作			—	
合计			100分					

说明：学生违章操作或发生事故须停止操作

任务1-3　布置人工粮温检测点

◆ 任务目标

了解粮仓内粮温变化规律，掌握正确布置粮温检测点的方法。

◆ 任务准备

序号	名称	规格	数量	备注
1	粮仓		2个	模拟粮仓或装有粮食的实仓
2	测温杆		2根	或测温电缆
3	钢筋	直径10mm、长3m	1根	下端部带金属钩
4	皮尺	30m	1个	
5	记录纸	A4	1张	每人1张

活页笔记

◆ 任务实施

1. 粮温监测点布置原则

房式仓人工检测粮温时，应分区设点，每区不超过100m^2，各区设中心与四角共5个点作为检测点，两区界线上的2个点为共有点。

粮堆高度在2m以下的，分上、下两层；粮堆高度2～4m的，分上、中、下三层；粮堆高度4～6m时，分四层；粮堆高度6m以上的酌情增加层数。

上层、下层检测点应分别设在距粮面、底部0.3m处；中间层检测点垂直均等设置；四周检测点距墙壁0.3m。

2. 操作步骤

（1）测量粮堆尺寸。

（2）根据人工测温的布点要求及粮面尺寸，绘制粮温检测点位置平面示意图。

（3）根据人工测温的布点要求及粮堆高度，确定粮堆垂直方向粮温检测点位置。

（4）将测温杆插入或用电缆送入器将测温电缆送入已确定粮堆内的粮温检测点的位置。

3. 注意事项

（1）粮温检测点布置要符合规程要求，不能直接设置在粮面、仓底、仓墙上。

（2）向粮堆内插测温杆时要用力均匀，不得损坏测温杆。

（3）在粮堆内布置测温电缆时，可用电缆送入器将电缆带入粮堆相应的温度检测点，用力要均匀，不能损坏测温电缆。

◆ 任务评价

班级：　　　　姓名：　　　　学号：　　　　成绩：

评价任务		布置粮温检测点			考核时间：20min			
序号	评价内容	评价要点	配分	评分标准	检测结果	扣分	得分	备注
1	准备工作	选择装粮实仓1栋	—	鉴定站完成，不记考生分				
2	操作前提	粮温检测点布置原则	10分	口述不正确扣10分，不完整扣5分				
3	操作过程	丈量粮堆尺寸	20分	未丈量尺寸扣20分				
		绘制检测点平面示意图	20分	绘制不正确扣20分，不完整扣10分				

续表

评价任务		布置粮温检测点			考核时间：20min			
序号	评价内容	评价要点	配分	评分标准	检测结果	扣分	得分	备注
3	操作过程	确定粮堆垂直方向检测点位置	10分	位置不正确扣10分				
		插测温杆或测温电缆	20分	插测温杆深度错误扣20分				
4	操作结果	测温杆或测温电缆正确布置在粮堆中	10分	与粮面、仓底、仓墙的间距不正确，则每一项扣2分				
5	使用工具	数量规范使用检测仪器	10分	测温杆使用不熟练扣5分；操作结束后不归位扣5分；损坏测温杆和测温电缆扣10分				
6	安全及其他	在规定时间内完成操作	—	每超时1min总分扣5分，超时3min停止操作			—	
合计			100分					
说明：学生违章操作或发生事故须停止操作								

任务1-4　使用温度计或粮温计检测气温、仓温和粮温

◆ 任务目标

了解和掌握“三温”变化规律，有助于正确分析判断储粮是否处于稳定状态；能使用温度计或粮温计正确检测气温、仓温、粮温，完成“三温”检查记录表填写。

◆ 任务准备

序号	名称	规格	数量	备注
1	粮仓		1厫间	模拟粮仓或装有粮食的实仓
2	粮温计		5个	
3	温度计	-10～50℃	2个	
4	百叶箱		1个	

◆ 任务实施

1. 操作步骤

（1）布置检测气温、仓温、粮温的温度计或粮温计。

（2）熟悉温度计或粮温计的使用方法。

活页笔记

（3）使用温度计检查气温，并做记录。

（4）使用温度计检查仓温，并做记录。

（5）使用粮温计或粮温计检查粮堆中待测位置的粮温，并做记录。

2. 注意事项

（1）取出温度计或粮温计后应立即读取温度示值。

（2）不能用手直接接触温度计或粮温计的感温球。

（3）不能用温度计或粮温计来检测超过其检测范围的物体温度，防止玻璃质破裂。

（4）粮温计插到粮堆里面以后要稳定一段时间（不少于10min），避免因其在插入粮堆过程中摩擦生热，影响粮温计所测粮温的准确性。在表1-3中记录"三温"检查结果。

表1-3　"三温"检查记录表

仓房及货位号：　　　　　　　　　　　　　　　　检查时间：　年　月

检查时间			气温/℃	仓温/℃	粮温/℃				其他部位粮温/℃			检查人	备注
月	日	时			上	中	下	平均					

保管员：

◆ 任务评价

班级：　　　　　　姓名：　　　　　　学号：　　　　　　成绩：

评价任务		使用温度计或粮温计检测气温、仓温和粮温			考核时间：20min			
序号	评价内容	评价要点	配分	评分标准	检测结果	扣分	得分	备注
1	准备工作	布置检测气温、仓温、粮温温度计或粮温计	—	鉴定站完成，考生不记分				
2	操作前提	了解温度计的使用	10分	口述温度计使用注意事项，不正确扣10分，不完整扣5分				
3	操作过程	检查气温	10分	操作不正确扣10分				
		检查仓温	10分	操作不正确扣10分				
		检查粮温	50分	操作不正确每点扣10分				
4	操作结果	记录检测结果	10分	记录不正确或有涂改的，每处扣2分，扣完为止				

续表

评价任务		使用温度计或粮温计检测气温、仓温和粮温			考核时间：20min			
序号	评价内容	评价要点	配分	评分标准	检测结果	扣分	得分	备注
5	使用工具	熟练规范使用检测仪器	10分	损坏测温计扣10分；测温表使用不熟练扣5分；操作结束后不归位扣5分，扣完为止				
6	安全及其他	在规定时间内完成操作	—	每超时1min总分扣5分，超时3min停止操作			—	
合计			100分					
说明：学生违章操作或发生事故须停止操作								

任务1-5　使用数字式电子测温仪检测气温、仓温、粮温

◆ 任务目标

能使用数字式电子测温仪正确检测粮仓内气温、仓温、粮温，完成“三温”检查记录表填写。

◆ 任务准备

序号	名称	规格	数量	备注
1	粮仓		1廒间	模拟粮仓或装有粮食的实仓
2	数字式电子测温表		1个	配套干电池
3	测温电缆	分上、中、下3个点	7根	或者电子测温杆
4	百叶箱		1个	

◆ 任务实施

数字式电子测温仪

1. 操作步骤

（1）阅读说明书，熟悉电子测温仪的使用方法。

（2）检查数字式电子测温仪工作是否正常，安装好电池。

（3）使用数字式电子测温仪测气温。

（4）使用数字式电子测温仪测仓温。

（5）使用数字式电子测温仪测粮温。

（6）填写“三温”检查记录表。

（7）整理仪器设备，取出数字式电子测温表的电池。

活页笔记

2. 注意事项

（1）检查数字式电子测温表工作是否正常时，可用一根完好的测温杆实测各点温度，不能只打开测温表电源空测检查。

（2）数字式电子测温表使用完毕后，要把电池取出。

（3）用磷化氢熏蒸杀虫前，要把电子测温杆从粮堆取出，并和电子测温表一同拿出仓外，防止电子元件被腐蚀。在表1-4中记录“三温”检查结果。

表1-4　“三温”检查记录表

仓房及货位号：　　　　检查时间：　年　月

检查时间			气温/℃	仓温/℃	粮温/℃				其他部位粮温/℃			检查人	备注
月	日	时			上	中	下	平均					

保管员：

◆ 任务评价

班级：　　　　姓名：　　　　学号：　　　　成绩：

评价任务		使用数字式电子测温仪表检测气温、仓温、粮温			考核时间：20min		
序号	评价内容	评价要点	配分	评分标准	检测结果	扣分	备注
1	准备工作	布置检测气温、仓温、粮温的测温电缆	—	鉴定站完成，不记考生分			
2	操作前提	安装电池	5分	电池安装不正确扣5分			
		检查测温表	5分	未检查测温表扣5分			
3	操作过程	检查气温	10分	检查不正确扣10分			
		检查仓温	10分	检查不正确扣10分			
		检查粮温	50分	检查不正确每点扣10分			
4	操作结果	记录检测结果	10分	记录不正确或有涂改的，每处扣1分，扣完为止			
5	使用工具	熟练规范使用检测仪器	10分	损坏测温表扣10分；测温表使用不熟练扣5分；操作结束后不归位扣5分，扣完为止			
6	安全及其他	在规定时间内完成操作	—	每超时1min总分扣5分，超时3min停止操作			—
合计			100分				
说明：学生违章操作或发生事故须停止操作							

活页笔记

任务1-6 绘制“三温”曲线图

◆ 任务目标

在某一地区，气温、仓温、（表层）粮温（即“三温”）都呈现一种周期性日变、年变规律，正确绘制“三温”曲线图，了解和掌握这一变化规律。

◆ 任务准备

序号	名称	规格	数量	备注
1	坐标纸		一张	
2	一年气温检测记录数据	每周记录1次	1份	连续记录1年
3	一年仓温检测记录数据	每周记录1次	1份	连续记录1年
4	一年粮温检测记录数据	每周记录1次 分层记录	1份	连续记录1年，各层平均粮温
5	彩色笔	红、黑、蓝	3支	红、黑、蓝各1支

注：粮温检测记录包括上层、中层、下层和平均粮温。

◆ 任务实施

1. 操作步骤

（1）在田字格坐标纸上，根据要求设置坐标轴，确定时间与温度的尺标。

（2）绘制坐标：在横坐标每小格上标示检测时间；在纵坐标每小格上标示按一定差值递增的温度值。

（3）根据粮情检测记录，分别将气温、仓温、粮温数值的对应点在坐标纸上标出。

（4）分别把相邻时间检测的气温、仓温、粮温点用曲线连接起来形成各自的变化曲线。“三温”曲线图示例如图1-6所示。

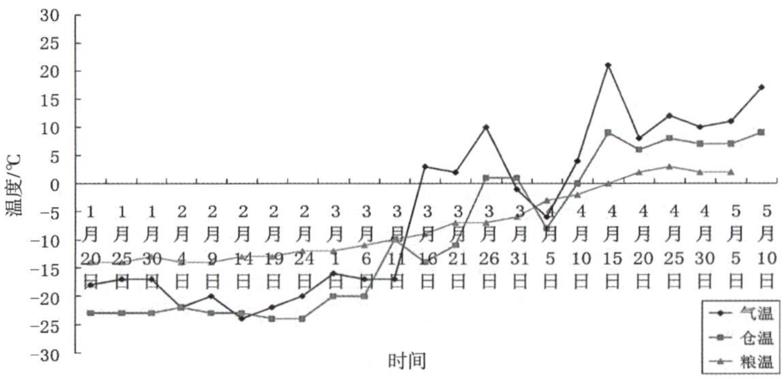

图1-6 “三温”曲线图示例

活页笔记

2. 注意事项

（1）“三温”曲线图上的气温、仓温、粮温点要用不同的符号标出。

（2）“三温”曲线图上的气温、仓温、粮温要用不同类型的线条连接。

◆ 任务评价

班级： 姓名： 学号： 成绩：

评价任务		绘制“三温”曲线图			考核时间：25min			
序号	评价内容	评价要点	配分	评分标准	检测结果	扣分	得分	备注
1	准备工作	准备资料	—	鉴定站完成，考生不记分				
2	操作前提	阅读资料，了解粮情状况	5分	提问“三温”中粮温选择哪种粮温平均值，回答不正确扣5分				
3	操作过程	选坐标纸	5分	未选坐标纸扣5分				
		绘制坐标	10分	绘制不正确扣10分				
		绘制气温曲线	10分	绘制不正确扣10分				
		绘制仓温曲线	10分	绘制不正确扣10分				
		绘制上层粮温曲线	10分	绘制不正确扣10分				
		绘制中层粮温曲线	10分	绘制不正确扣10分				
		绘制下层粮温曲线	10分	绘制不正确扣10分				
		绘制平均粮温曲线	10分	绘制不正确扣10分				
4	操作结果	用不同的符号标出各点	10分	符号无区别扣10分				
		用不同温度曲线用不同颜色表示	10分	线条无区别扣10分				
5	安全及其他	在规定时间内完成操作	—	每超时1min总分扣5分，超时3min停止操作			—	
		合计	100分					
否定项说明：无								

任务二

检测储粮湿度

知识目标

1. 掌握储粮环境湿度变化。
2. 了解人工检测储粮温湿度的仪器设备。

能力目标

1. 能够使用干湿湿度计、毛发湿度表检测仓内外湿度。
2. 能够利用检湿结果绘制仓湿、气湿曲线图。

活页笔记

■ 素质目标

1. 通过学习使用干湿球湿度计和毛发湿度计检查仓湿、气湿，培养严谨的科学素养。

2. 通过学习绘制仓湿、气湿曲线图，培养精益求精的工匠精神。

学习情境描述

水是生物内部各种生化反应的介质，粮粒内部的各种新陈代谢活动必须在有水分的情况下才能进行，粮堆湿度大、水分高，可导致其呼吸作用加剧，代谢活动旺盛，消耗干物质速度加快，从而使储粮稳定性大为降低。湿度大，水分高也会降低储粮对害虫与微生物的抗性。储粮害虫一般最适湿度在70%～75%，对粮食水分的要求一般为13%～13.5%。如果粮堆内的空气相对湿度保持在65%以内，保持与其平衡的水分，就可以抑制粮食上几乎全部微生物的活动。从储粮管理来说，以湿度抑制微生物的生长比温度更有意义，也就是说控制储粮水分是抑制储粮中虫、霉活动的关键因素。

粮食在安全储藏中对粮堆温湿度及水分的控制要求极高。粮仓内粮食的湿度、杂质、害虫等因素会引起粮仓内粮食温度的升高，温度过高会导致粮食生命活动加速，粮食易出现结块坏死而严重影响粮食的正常储藏和运输。随着我国粮食产量逐年递增，各种粮库仓储量不断增大，不同粮库储粮条件参差不齐，粮库内粮堆大、粮层深，粮食湿热迁移强度大，容易出现发热和结露现象，且难以被发现，从而导致粮堆发生霉变，对储备的粮食造成重大损失。

湿度的概念及储粮湿度的变化规律

本任务分解如下：	
任务2-1	检测气湿、仓湿和粮堆湿度
任务2-2	使用毛发湿度计检测仓湿、气湿
任务2-3	绘制仓湿、气湿曲线图
任务2-4	使用计算机粮情检测系统检测温湿度

任务资讯

一、储粮环境的湿度变化

（一）湿度的概念

湿度是反映空气干湿程度的物理量，湿度的表示方法有绝对湿度和相

活页笔记

对湿度两种。

1. 绝对湿度

绝对湿度是指每立方米空气中实际含有水汽量，用ρ_s表示，单位为g/m³。空气中水汽含量越多，水汽压力就越大，所以绝对湿度也可以用水汽压力表示，单位是Pa。

在一定温度下，每立方米空气中所能容纳的最大限度水汽量称饱和湿度，也称饱和水汽量，用ρ_b表示。空气中能容纳的最大水汽量限度随温度升高而增加。

不同温度下空气饱和水汽量与饱和水汽压参见表1-5。

表1-5 空气饱和水汽量与饱和水汽压

温度/℃	饱和水汽压/Pa	饱和水汽量/（g/m³）	温度/℃	饱和水汽压/Pa	饱和水汽量/（g/m³）	温度/℃	饱和水汽压/Pa	饱和水汽量/（g/m³）
-20	104	1.078	4	813	6.330	28	3784	26.981
-19	113	1.170	5	872	6.761	29	4010	28.447
-18	127	1.269	6	935	7.219	30	4248	30.036
-17	139	1.375	7	1001	7.703	31	4498	31.702
-16	152	1.489	8	1073	8.215	32	4760	33.446
-15	167	1.611	9	1148	8.857	33	5037	35.272
-14	183	1.882	10	1228	9.329	34	5326	37.183
-13	200	1.942	11	1313	9.934	35	5630	39.183
-12	219	2.032	12	1403	10.574	36	5949	41.274
-11	240	2.192	13	1499	11.249	37	5284	43.461
-10	261	2.363	14	1599	11.961	38	6634	45.746
-9	285	2.548	15	1705	12.712	39	7001	48.133
-8	312	2.741	16	1819	13.504	40	7386	50.625
-7	340	2.949	17	1939	14.388	41	7778	53.800
-6	371	3.171	18	2065	15.217	42	8199	56.700
-5	403	3.407	19	2198	16.143	43	8639	59.300
-4	439	3.658	20	2340	17.117	44	9101	62.300
-3	477	3.926	21	2474	18.142	45	9583	65.400
-2	519	4.211	22	2645	19.220	46	10085	68.800
-1	563	4.513	23	2812	20.353	47	10612	72.200
0	611	4.835	24	2986	21.554	48	11160	75.700
1	656	5.176	25	3170	22.795	49	11735	79.400
2	705	5.538	26	3356	24.108	50	12334	83.200
3	757	5.922	27	3569	25.486	100	101325	597.400

活页笔记

2. 相对湿度

相对湿度是指一定温度条件下，每立方米空气中实际水汽量（绝对湿度）占同温度下饱和水汽量（饱和湿度）的百分比，通常用RH表示。仓储管理中所用的湿度一般指的是相对湿度：

$$RH（\%）= \frac{\rho_s}{\rho_b} \times 100$$

式中 ρ_s——某温度下空气的绝对湿度，g/m^3；

ρ_b——同温度下空气的饱和湿度，g/m^3。

相对湿度反映了空气中实际含有的水汽接近饱和状态的程度，因此相对湿度可直接表示空气的干湿程度。在一定温度下，空气中实际含水汽量越大，相对湿度就越大；而在空气中实际含水量相同的情况下，温度越高，相对湿度越低。

（二）储粮湿度的变化规律

粮食储藏中的湿度也有“三湿”之称，即大气湿度（气湿）、仓内湿度（仓湿）和粮堆空隙中空气湿度（粮湿）。

1. 气湿变化

气湿变化也有日变和年变之分。因为相对湿度与温度成负相关，所以气湿的日变与气温日变相反，即在一昼夜中日出之前气湿最高，14时前后达最低值。气湿日变还与天气、季节变换有关。气湿的年变，一般最热月湿度最低，最冷月湿度最高，但在浙江等沿海省份，夏季受海洋季风的影响，湿度高于冬季，特别是4～6月梅雨季节，是高温高湿季节，而冬季由于受西北地区干冷空气影响，则属于低温低湿季节。

2. 仓湿变化

仓湿变化与气湿的变化规律基本一致，只是一日中比气湿变化的时间略迟，变幅也小。但仓湿的变化并不完全取决于气湿变化，在密闭性能较好的仓房内，仓湿变化受仓温变化、储粮含水量大小及仓房防潮隔热性能的影响较大。

3. 粮堆湿度的变化

粮堆表层受仓湿变化的影响，粮堆中湿度变化与水分变化规律基本一致，一般以低温部位及高水分部位湿度最大。

粮食入仓后的水分变化，除了仓房漏雨、仓墙、地坪渗漏及由温差导

活页笔记

致的结露等原因外，均为大气湿度变化所引起的，即大气湿度影响仓内湿度，仓内湿度影响粮堆湿度，粮堆湿度影响粮食含水量。这种影响又受粮食温度制约，主要是由于粮食的吸湿性及湿热扩散导致的。

由于粮堆湿敏元件不理想，粮堆内湿度目前还不能检测，实践中只检测空间环境湿度，即大气湿度和仓内湿度，简称“二湿”。

二、人工检测储粮湿度的仪器

1．干湿球湿度计

（1）干湿球湿度计的构造及原理　干湿球湿度计用于检测空间环境的温湿度（大气和仓房的温湿度）。它主要由干球温度计、湿球温度计、水槽、滚筒式相对湿度检查表等组成，湿球温度计的下端包裹有一条纱布，纱布的一端浸在水槽里，使湿球经常保持润湿状态。由于湿球纱布上的水分不断蒸发，带走一定热量，使温度降低，所以，湿球示度较低，干、湿二球示度就产生了差别。当空气内水汽达到饱和或接近饱和状态时，湿球纱布上的水不再蒸发或蒸发很少，干、湿球示度没有差别或相差很小；如果空气干燥，湿球水汽蒸发快，示度降低大，干、湿球示度差也大。所以，根据干、湿球示度相差的大小，便可查出当时的相对湿度。

人工检测储粮湿度的仪器

（2）干湿球湿度计的使用方法　使用干湿球湿度计时，先查看干球和湿球示度（℃），算出两者的差值，然后转动滚筒，使这一差值对准铝罩缺口，再在铝罩上找出湿球示度的刻度所对应的滚筒上的数字，即为当时的相对湿度。不同类型的干湿球湿度计的湿度检测方法有所不同，具体方法需见其使用说明。

也可根据查看的干、湿球示度差和湿球示度，查表1–6得出较精确的相对湿度值，例如，当时湿球示度为13℃，而干球示度为16℃，相差3℃，则相对湿度为71%。

当气温降至0℃以下时，湿球有时会结冰有时不结冰，这时虽然干、湿球示度差相同，但结冰与不结冰时所表示的相对湿度却不一样。因为湿球结冰时要放出热量，表示的湿度要小些。因此，在0℃以下，湿球结冰时应查表1–7，而湿球不结冰时则应查表1–8。

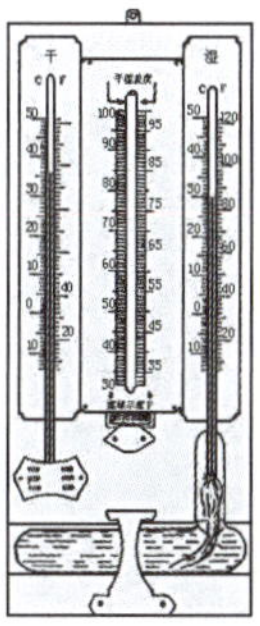

图1–7　干湿球湿度计

表1-6

相对湿度检查表

湿球示度/℃	干湿球示度之差/℃																													
	0.0	0.5	1.0	1.5	2.0	2.5	3.0	3.5	4.0	4.5	5.0	5.5	6.0	6.5	7.0	7.5	8.0	8.5	9.0	9.5	10.0	10.5	11.0	11.5	12.0	12.5	13.0	13.5	14.0	14.5	15.0
0	100	91	83	75	68	61	54	48	42	37	32	27	22	18	14	11	7	4	1												
1	100	91	84	76	69	62	56	50	45	39	34	30	25	21	18	14	11	7	4	2											
2	100	92	84	77	72	64	58	52	47	42	37	33	28	24	21	17	14	11	8	5	2										
3	100	92	85	78	72	65	59	54	49	44	39	35	31	27	23	20	17	14	11	8	6	3	1								
4	100	93	85	79	73	67	61	56	51	46	42	37	33	30	26	23	20	17	14	11	9	7	4	5							
5	100	93	86	80	74	68	62	57	52	48	44	40	35	32	29	25	22	19	17	14	12	9	7	2	3	2					
6	100	93	87	80	75	69	64	59	54	50	45	42	39	34	31	28	25	22	19	17	14	12	10	8	6	4	3	1			
7	100	93	87	81	75	70	65	60	56	51	47	44	40	36	33	30	27	24	22	19	17	15	13	11	9	7	5	4	2	1	
8	100	94	88	82	76	71	66	62	57	53	49	45	42	38	35	32	29	27	24	22	19	17	15	13	11	10	8	6	5	3	2
9	100	94	88	82	77	72	67	63	59	55	51	47	44	40	37	34	31	29	26	24	21	19	17	15	14	12	10	9	7	6	5
10	100	94	88	83	78	73	68	64	60	56	52	49	45	42	39	36	33	31	28	26	24	21	19	18	16	14	12	11	9	8	7
11	100	94	89	84	79	74	69	65	61	57	54	50	47	44	41	38	35	33	30	28	26	23	20	20	18	16	14	13	11	10	9
12	100	94	89	84	79	75	70	66	62	59	55	51	48	45	42	39	37	34	32	30	27	23	23	22	20	18	16	15	13	12	11
13	100	95	89	85	80	75	71	67	63	60	56	53	50	47	44	41	38	36	34	31	29	27	25	23	22	20	18	17	15	14	13
14	100	95	89	85	80	76	72	68	64	61	57	54	51	48	45	42	40	37	35	33	31	29	27	25	23	22	20	19	17	16	14
15	100	95	90	85	81	77	73	69	65	62	58	55	52	49	46	44	41	39	37	34	32	30	29	27	25	23	22	20	19	17	16
16	100	95	90	86	81	77	73	70	66	63	59	56	53	50	48	45	43	40	38	36	34	32	30	28	26	25	23	22	20	19	18
17	100	95	91	86	82	78	74	70	67	64	60	57	54	51	49	46	44	42	39	37	35	33	31	29	28	26	25	23	22	21	19
18	100	95	91	87	82	78	75	71	68	64	61	58	55	53	50	48	45	43	41	39	37	35	33	31	29	28	26	25	23	22	21
19	100	95	91	87	83	79	75	72	68	65	62	59	56	54	51	49	46	44	42	40	38	36	34	32	31	29	28	26	25	23	22
20	100	96	91	87	83	80	76	73	69	65	63	60	57	55	53	50	47	45	43	41	39	37	35	33	32	30	29	27	26	25	23
21	100	96	91	87	84	80	76	73	70	67	64	61	58	56	53	51	48	46	44	42	40	38	36	35	33	32	30	29	27	26	25
22	100	96	92	88	84	80	77	74	70	67	65	62	59	56	54	52	49	47	45	43	41	39	38	36	34	33	31	30	28	27	26
23	100	96	92	88	84	81	77	74	71	68	65	62	60	57	55	53	50	48	46	44	42	40	39	37	35	34	32	31	29	28	27
24	100	96	92	88	85	81	78	75	72	69	66	63	61	58	56	53	51	49	47	45	43	41	40	38	36	35	33	32	30	29	28
25	100	96	92	89	85	82	78	75	72	69	67	64	61	59	56	54	52	50	48	46	44	42	41	39	37	36	34	33	31	30	29
26	100	96	92	89	85	82	79	76	73	70	67	65	62	60	57	55	53	51	49	47	46	43	41	40	38	37	35	34	32	31	30
27	100	96	92	89	86	82	79	76	73	70	68	65	63	60	58	56	54	52	50	48	46	44	42	41	39	38	36	35	33	32	31
28	100	96	93	89	86	83	80	77	74	71	68	66	63	61	59	56	54	53	50	48	46	45	43	42	40	39	37	36	34	33	32
29	100	96	93	89	86	83	80	77	74	71	69	66	64	62	59	57	55	53	51	49	47	46	44	42	41	39	38	37	35	34	33
30	100	96	93	90	86	83	80	77	75	72	69	67	64	62	60	58	56	54	52	50	48	46	45	43	42	40	39	37	36	35	33
31	100	96	93	90	87	84	81	78	75	72	70	67	65	63	60	58	56	55	52	51	49	47	46	44	42	41	39	38			
32	100	97	93	90	87	84	81	78	75	73	70	68	65	63	61	59	57	55	53	52	50	48	46	45	43	42	40	39			
33	100	97	93	90	87	84	81	79	76	73	71	68	66	64	62	60	58	56	54	52	50	49	47	45	44	42	41	40			
34	100	97	93	90	87	84	81	79	76	74	71	69	66	64	62	60	58	56	54	53	51	49	48	46	44	43					
35	100	97	93	90	87	84	82	79	76	74	72	69	67	65	63	61	59	57	55	53	51	50	48	47							

表1-7　　湿球0℃以下结冰时相对湿度检查表

湿球示度/℃	干湿球示度之差/℃										
	0.0	0.5	1.0	1.5	2.0	2.5	3.0	3.5	4.0	4.5	5.0
0	100	91	83	75	67	61	54	48	42	37	32
-1	100	90	81	73	65	58	51	45	39	33	28
-2	100	90	80	71	63	56	48	42	36	30	24
-3	100	89	79	70	61	53	45	39	32	26	20
-4	100	89	78	68	59	50	42	35	28	22	16
-5	100	88	77	66	57	48	39	32	24	18	12
-6	100	87	75	64	54	45	35	28	20	13	
-7	100	86	74	62	51	41	32	24	16	8	
-8	100	86	72	60	49	38	28	19	11	3	
-9	100	85	71	57	45	34	23	14	5		
-10	100	84	67	54	41	30	19	9			
-11	100	82	66	51	38	25	13				
-12	100	81	64	48	33	20	7				
-13	100	80	62	44	28	14					
-14	100	78	59	40	24	8					
-15	100	77	56	35	18	1					
-16	100	75	52	31	12						
-17	100	73	48	25							
-18	100	71	44	19							
-19	100	69	39	13							
-20	100	66	34	6							
-21	100	63	28								
-22	100	59	23								
-23	100	56									
-24	100	52									
-25	100	48									
-26	100	41									
-27	100	37									
-28	100	34									
-29	100	24									
-30	100	17									

表1-8　　湿球0℃以下不结冰时相对湿度检查表

湿球示度/℃	干湿球示度之差/℃										
	0.0	0.5	1.0	1.5	2.0	2.5	3.0	3.5	4.0	4.5	5.0
0	100	91	83	75	68	61	54	48	42	37	32
−1	100	91	82	74	66	59	52	46	40	34	29
−2	100	90	81	73	64	57	50	43	37	31	26
−3	100	90	80	71	63	55	47	40	34	28	22
−4	100	89	79	70	61	53	45	38	31	25	19
−5	100	89	78	68	59	50	42	35	27	21	15
−6	100	88	77	67	57	48	39	31	24	17	11
−7	100	87	75	65	54	45	36	27	20	13	6
−8	100	87	74	63	52	42	32	23	15	8	1
−9	100	86	72	60	49	38	28	19	11	3	
−10	100	85	71	58	46	35	24	14	5		

活页笔记

2. 温湿度表

温湿度表（图1-7、图1-8、图1-9）用于测定空间环境的温湿度（大气和仓房的温湿度），有普通型和自记型两种，粮库常用的是普通型，是由双金属温度表和毛发湿度计安装在同一个表盘上。温度表的作用原理是双金属温度元件随空气温度变化而产生位移，温度元件双金属游丝外端固定于校准拨片上，内端连接指针，空气温度的变化，使游丝产生位移/转角，从而在表盘上指示出温度值。

一般温度降至冰点以下，不能用干湿球湿度计观察湿度的情况下可使用温湿度表测湿，其中湿度计的毛发是经一系列化学方法处理的感湿元件，不能用手或其他带有油脂的物质接触，以免影响其对湿度的敏感性。

图1-8　温湿度表

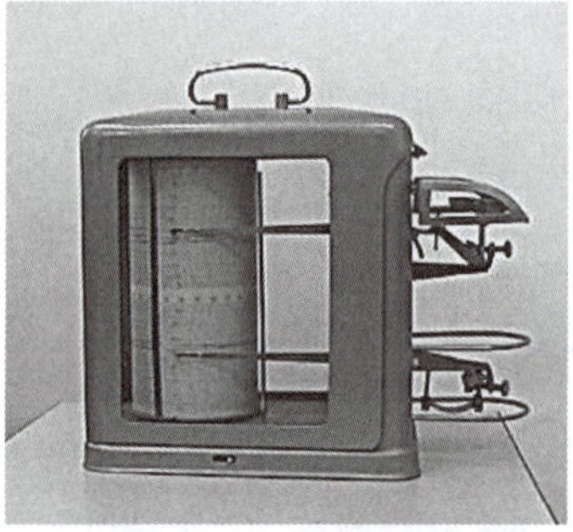

图1-9　自记式温湿度测定仪

活页笔记

3. 毛发湿度计

毛发湿度计简称毛发计，有普通型和自记型两种，粮库常用的是普通毛发湿度计。

毛发湿度计的构造见图1-10和图1-11，毛发上端固定在架子上部的调节器的小孔上，下端固定在下部的弧块上，弧块与重锤相关联，因此，重锤使毛发张紧，弧块的横梢与指针一起固定在轴上，当毛发伸缩时相应地带动着指针在刻度尺前偏转，刻度尺上刻着表示相对湿度（%）的刻度线。

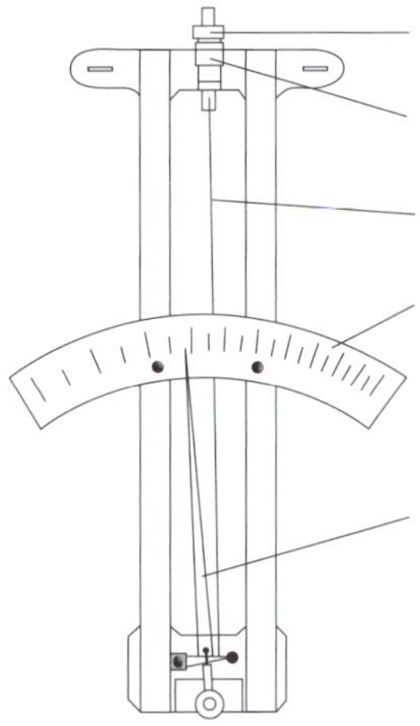

图1-10　毛发湿度计

图1-11　指针式毛发湿度计

（1）毛发湿度计检测原理　毛发湿度计的测定原理是根据脱脂后毛发有随空气相对湿度变化而伸缩的物理物特性制成的。毛发湿度计的毛发末端固定在湿度标准螺钉孔内，另一端通过滑轮固定在可调节偏心量的曲柄结构件——平衡块上，平衡块与指针相连，当毛发长度变化时，带动平衡块摆动，从而使指针在刻度尺前偏转，指示出相应的相对湿度。试验证明：当相对湿度在0～100%变化时，毛发总伸长改变量是原长度的2.5倍，测量范围为相对湿度30%～100%，误差为6%。

（2）毛发湿度计的调整与使用　将毛发湿度计由盒中取出时，当心不要使毛发拉长或折断。临用之前先将其垂直悬挂，再与干湿球湿度计测出的湿度进行比较，检查指针位置是否因移动而有所变更，如修订正值超过5%，可在相对湿度>50%时，将指针的位置由调节器调整到与实测数值相符的刻度位置再用，指针所指的示度即为相对湿度。

调节方法：先松开调节器的紧固螺母，然后转动调节器，如此可改变示度，但在使用时应将紧固螺母锁紧。

毛发湿度计工作的温度条件：低温可至-30℃，一般湿度降至冰点以下时，不能再用干湿球湿度计观察湿度的情况下，可采用毛发湿度计。

活页笔记

任务2-1 检测气湿、仓湿和粮堆湿度

◆ 任务目标

粮堆中的水分处在不断变化之中。引起粮堆水分变化的主要原因之一是通过吸湿或散湿与仓湿、气湿进行水分交换，因此要及时检测气湿、仓湿和粮堆湿度，并填写“干湿球湿度计气湿、仓湿检测记录表”。

◆ 任务准备

序号	名称	规格	数量	备注
1	干湿球湿度计		2个	水槽不加水或者模拟粮仓
2	湿度检查记录表		1张	
3	清水		100mL	
4	百叶箱		1个	
5	粮食仓库		1个	

注：预先在百叶箱内和仓房内各放置一个干湿球湿度计，并在水槽内注入清水。

◆ 任务实施

1. 操作步骤

（1）在干湿球湿度计的水槽内注入清水，并润湿湿球上的纱布。

（2）布置气湿检测点，放置干湿球湿度计。

（3）布置仓湿检测点，放置干湿球湿度计。

（4）检测气湿：分别查百叶箱中干湿球湿度计的干球示度和湿球示度，查出相对湿度数值。

（5）检测仓湿：分别查仓内干湿球湿度计的干球示度和湿球示度，查出相对湿度数值。

（6）把检测到的气湿、仓湿数据分别记录在表1-9中。

表1-9 干湿球湿度计气湿、仓湿检测记录表

检测人： 检测时间：

项目	干球示度/℃	湿球示度/℃	干湿球示度差值/℃	相对湿度/%
大气				
仓内				

活页笔记

2. 注意事项

（1）干湿球湿度计应放在通风阴凉处，不宜受日光直射，也不宜放在风口上，测气湿时必须悬挂在百叶箱中心位置，测仓湿时须悬挂在粮堆表面中部距粮面约1m高处。

（2）水槽中的水（最好用蒸馏水）和纱布要经常更换，保持清洁，否则会影响测定结果的准确性。

（3）当气温低于-10℃时干湿球湿度计的误差很大，须改用毛发湿度计。

◆ 任务评价

班级：　　　　　　　　　　姓名：　　　　　　　　学号：　　　　　　　　　　　　　成绩：

评价任务		检测气湿、仓湿和粮堆湿度				考核时间：30min			
序号	评价内容	评价要点		配分	评分标准	检测结果	扣分	得分	备注
1	准备工作	检查干湿球湿度计的水槽		5分	未检查扣5分				
2	操作前提	气湿检测点布置要求		5分	回答不正确扣5分，不完整扣3分				
		仓湿检测点布置要求		5分	回答不正确扣5分，不完整扣3分				
3	操作过程	检测气湿	读取干球湿度	5分	读数不正确扣5分				
			读取湿球湿度	5分	读数不正确扣5分				
			计算干湿球差	5分	计算错误扣5分				
			查出气湿	15分	查出气湿不正确扣分15				
		检测仓湿	读取干球湿度	5分	读数不正确扣5分				
			读取湿球湿度	5分	读数不正确扣5分				
			计算干湿球差	5分	计算错误扣5分				
			查出仓湿	15分	查出仓湿不正确扣分15				
4	操作结果	填写湿度检测记录表		10分	填写不正确，每处扣2分，扣完为止				
				5分	填写有涂改，每处扣1分，扣完为止				
5	使用工具	熟练规范使用检测仪器		10分	口述干湿球湿度计使用注意事项，有错误扣10分；湿度计使用不熟练扣5分；操作结束后工具未归位扣5分				
6	安全及其他	在规定时间内完成操作		—	每超时1min总分扣5分，超时3min停止操作			—	
		合计		100分					
说明：学生违章操作或发生事故须停止操作									

活页笔记

任务2-2 使用毛发湿度计检测仓湿、气湿

◆ 任务目标

能使用毛发湿度计检测气湿、仓湿和粮堆湿度，正确填写“毛发湿度计气湿、仓湿检测记录表”。

◆ 任务准备

序号	名称	规格	数量	备注
1	毛发湿度计		2个	
2	湿度检测记录表		1张	
3	百叶箱		1个	
4	粮食仓库		1个	或者模拟粮仓

1. 操作步骤

（1）用干湿球温度计校正毛发湿度计。

（2）布置气湿检测点，放置毛发湿度计。

（3）布置仓湿检测点，放置毛发湿度计。

（4）检测气湿，把检测到的气湿数据记录在表1-10中。

（5）检测仓湿，把检测到的仓湿数据记录在表1-10中。

表1-10　　毛发湿度计检测气湿、仓湿记录表

检测人：　　　　检测时间：

检测项目	气湿	仓湿
相对湿度/%		

2. 注意事项

（1）毛发湿度计在使用前须用干湿球温度计校正。

（2）使用毛发湿度计时应尽量避免仪器振动。

（3）不能用手或其他带有油脂的物质接触毛发湿度计上的毛发。

（4）在搬运毛发湿度计时，应在盒子里将其固定牢固，并且将指针移向左边卡在刻度板的背面，这样可以使毛发松弛，避免损坏。

◆ 任务评价

班级：　　　　　　　　　姓名：　　　　　　　　　学号：　　　　　　　　　　　　　成绩：

评价任务		使用毛发湿度计检测仓湿、气湿			考核时间：30min			
序号	评价内容	评价要点	配分	评分标准	检测结果	扣分	得分	备注
1	准备工作	校正毛发湿度计	10分	提问校正毛发湿度计的方法，回答错误扣10分，不完整扣3分				
2	操作前提	气湿检测点布置要求	10分	提问气湿检测点布置要求，回答错误扣10分，不完整扣3分				
		仓湿检测点布置要求	10分	提问仓湿检测点布置要求，回答错误扣10分，不完整扣3分				
3	操作过程	检测气湿	20分	检查不正确扣20分				
		检测仓湿	20分	检查不正确扣20分				
4	操作结果	填写湿度检查记录表	10分	填写不正确，每处扣5分				
			10分	填写有涂改，每处扣5分				
5	使用工具	熟练规范使用检测仪器	10分	毛发湿度计使用不熟练扣5分；操作结束后工具未归位扣5分				
6	安全及其他	在规定时间内完成操作	—	每超时1min总分扣5分，超时3min停止操作			—	
合计			100分					
否定项说明：操作过程中损坏毛发湿度计停止操作，成绩计零分；考生违章操作或发生事故须停止操作，成绩计零分								

任务2-3　绘制仓湿、气湿曲线图

◆ 任务目标

根据连续记录一年的气湿、仓湿检测资料，使用彩色笔，绘制一张年仓湿、气湿曲线图（每周1个点）。

◆ 任务准备

序号	名称	规格	数量	备注
1	坐标纸	—	1张	—
2	气湿检测记录	每周记录1次	1份	连续记录1年
3	仓湿检测记录	每周记录1次	1份	连续记录1年
4	彩色笔	红、黑	2支	红、黑1支

湿度检测记录见表1-11。

表1-11 湿度检测记录表

检查时间			周次	气湿/%	仓湿/%	备注
月	日	时				
			1			
			2			
			……			

活页笔记

◆ 任务实施

1. 操作步骤

（1）选用田字格坐标纸一张。

（2）绘制坐标：在横坐标的每小格上标示检测时间；在纵坐标的每小格上按固定间隔递增标示相对湿度值。

（3）根据检测的气湿、仓湿数值和检测时间，分别在坐标纸上标出对应点。

（4）分别把相邻时间检测的气湿、仓湿点用曲线连接起来形成各自的变化曲线。

2. 注意事项

（1）气湿、仓湿曲线图上的气湿、仓湿点要用不同的符号标出。

（2）气湿、仓湿曲线图上的气湿、仓湿要用不同类型的线条连接。

◆ 任务评价

班级： 姓名： 学号： 成绩：

评价任务		绘制仓湿、气湿曲线图			考核时间：20min			
序号	评价内容	评价要点	配分	评分标准	检测结果	扣分	得分	备注
1	准备工作	准备资料	—	鉴定站完成，考生不记分				
2	操作前提	阅读资料	10分	提问相对湿度的概念，回答不正确扣10分				
3	操作过程	选坐标纸	10分	未选坐标纸扣10分				
		绘制坐标	20分	坐标绘制不正确扣20分				
		绘制气湿曲线	10分	绘制不正确扣10分				
		绘制仓湿曲线	10分	绘制不正确扣10分				
4	操作结果	用不同的符号标出	20分	符号无区别扣20分				
		用不同颜色绘制曲线	20分	曲线颜色无区别扣20分				
5	安全及其他	在规定时间内完成操作	—	每超时1min总分扣5分，超时3min停止操作			—	
合计			100分					
否定项说明：无								

活页笔记

任务2-4 使用计算机粮情检测系统检测温湿度

◆ 任务目标

阅读操作说明书，能使用计算机粮情检测系统，检测温湿度，根据需要执行粮情巡测、选点检测等功能，最后获得一张检测准确，打印完整的温湿度检测记录表。

◆ 任务准备

序号	名称	规格	数量	备注
1	计算机粮情检测系统	—	1套	可配备模拟系统
2	操作说明书		1本	与粮情检测系统配套
3	粮食仓房		1间	或者模拟粮仓
4	粮食或者油料		5t以上	数量要能满足检测需要
5	打印机		1台	配打印纸
6	工作电源			含多用插座

说明：①粮食或者油料可选择稻谷、小麦、玉米、油菜籽等任何一种。
②计算机粮情检测系统要预先安装调试好，能正常检测温湿度，并能打印检测结果。
③模拟粮仓至少要安装气温、气湿检测点和仓温、仓湿检测点以及20个以上粮温检测点。

◆ 任务实施

1. 操作条件

教学地点设在粮库内或学校的实训室内，教学场所要求具备粮情测控系统的装粮实仓或模拟实仓一间，模拟仓要求至少要安装一个气温、气湿传感器，一个仓温、仓湿传感器，并包含20个以上粮温检测点的测温电缆。

2. 操作步骤

（1）启动计算机：按顺序启动工作电源、计算机、检测主机等。

（2）启动粮情测控系统：按照说明书要求启动粮情测控系统软件。

（3）检测“三温”（气温、仓温、粮温）和“二湿”（气湿、仓湿）：根据需要执行粮情巡测、选点检测等功能。

（4）打印检测结果：开启打印机，打印温度和湿度检测结果。

（5）退出粮情测控系统：按照说明书要求退出粮情测控系统。

（6）关闭计算机：按顺序逐步关闭检测主机、计算机、工作电源等。

3. 注意事项

（1）粮情测控系统应避免在雷雨期间开机检测，防止雷击损坏检测装置。

（2）粮情检测设备处于检测状态时，严禁对设备进行维修操作。

活页笔记

（3）搬移、维修粮情检测装置或线缆前，应切断电源，严禁带电作业。

（4）装粮前校核检测系统的性能，及时更换损坏的电缆与传感器。

（5）在熏蒸前，检查仓内分线器和线路的接头的密封情况，必须将湿度传感器移出仓外或有效地保护起来，防止元件被腐蚀。

（6）完成检测任务后应及时切断测控系统的工作电源。

（7）操作人员要定期检测计算机病毒，及时查杀；还应定期对检测数据进行备份，确保检测数据的安全。

◆ 任务评价

班级： 姓名： 学号： 成绩：

评价任务		使用计算机粮情检测系统检测温湿度			考核时间：25min			
序号	评价内容	评价要点	配分	评分标准	检测结果	扣分	得分	备注
1	准备工作	准备资料	—	鉴定站完成，考生不记分				
2	操作前提	阅读资料	10分	准确进入仓位，进仓不正确扣10分				
3	操作过程	启动计算机	10分	按顺序启动，不正确扣10分				
		启动粮情测控系统	20分	按照说明书启动，不正确扣20分				
		检测“三温”	10分	粮温巡测、选点检测不正确扣20分				
		关闭计算机	10分	按照顺序关闭，不正确扣10分				
4	操作结果	打印温度检测结果	20分	打印温度检测结果，不正确扣20分				
		打印湿度检测结果	20分	打印湿度检测结果，不正确扣20分				
5	安全及其他	在规定时间内完成操作	—	每超时1min总分扣5分，超时3min停止操作			—	
合计			100分					

否定项说明：无

任务三 检查粮堆结露

知识目标

1. 掌握粮堆结露的定义和预测。
2. 掌握粮堆结露的原因及类型。

能力目标

能够选择检查结露部位，判断是否发生结露。

活页笔记

素质目标

粮堆结露对安全储粮影响很大，通过检查粮堆结露问题，科学、客观、全面地分析问题，培养严谨的学习态度。

学习情境描述

北方地区冬季气温低，寒冷时间长，夏季高温时间短，四季温差大，变化幅度可达55～60℃，长江以南地区波动范围基本在35～40℃。北方地区仓内储粮温度常年偏低，粮堆温度变化明显滞后于气温，上层粮温和仓温易受外温影响，平均粮温却变化慢，这样极易引起粮堆表层结露甚至发霉。

在储藏过程中，粮食一旦发生结露，会使粮堆局部水分增高，粮粒呼吸作用及霉菌的生理活动加强，导致局部结块、发芽和发热霉变。若不及时处理，结露范围会向四周扩大，持续的严重结露使粮食吸附大量结露凝结水，水分显著升高，长期超过安全水分，呼吸显著增强，易滋生微生物与害虫，造成粮堆发热、霉变、结块或生芽，粮食品质加速劣变，毒素超标，结露板结形成结顶和挂壁的粮食出仓过程存在安全风险。因此必须预防结露的发生，一旦发生结露应及时处理，避免发生严重结露危及整个粮堆，严重影响储粮稳定性。

检查粮堆结露

◆ 任务目标

阅读粮情资料，了解储粮基本情况。选择检查结露部位，检查粮面结露情况，检查粮堆内部结露情况，判断是否发生结露。

任务资讯

一、粮堆结露的定义和预测

粮堆结露是储粮生态系统内环境变量因素对储粮影响的典型实例，与水分、温度及粮食热特性有关。

当热空气遇到冷的物体表面时，热空气冷却，其相对湿度增大，以致达到饱和状态，水汽就会在物体表面上凝结成水的现象称结露。开始出现结露时的温度称为露点。

活页笔记

粮堆结露的预测是以测算粮堆内外的露点为依据。因为只有达到露点，才可能导致结露。所以，根据储粮状态，提前测算出露点温度，当温度剧烈变化或达到露点温度时，提前采取措施，防止结露现象发生。通常采用的预测措施如下。

（1）根据粮食水分和温度利用粮堆露点温度近似值检查表预测露点温度近似值，见表1-12。

表1-12　粮堆露点温度近似值检查表　单位：℃

温度/℃	水分/%								
	10	11	12	13	14	15	16	17	18
0	−14	−11	−9	−7	−6	−4	−3	−2	−1
5	−9	−7	5	3	1	0	1	3	4
10	−2	0	1	3	4	5	7	8	9
13	1	3	4	6	7	9	10	11	12
14	2	4	6	7	8	10	11	12	13
15	3	5	6	8	9	10	12	13	14
16	3	5	7	8	10	11	13	14	15
18	4	5	8	10	12	13	15	16	17
20	6	8	10	12	13	15	16	18	19
22	8	10	12	14	15	17	18	20	21
24	10	12	14	16	17	19	20	22	23
26	12	14	16	18	20	21	22	24	25
28	14	16	18	20	22	23	24	26	27
30	16	18	20	22	24	25	26	28	29
32	18	20	22	24	26	27	28	30	31
34	20	22	24	26	28	29	30	32	33
结露温差	12 ~ 14	10 ~ 12	8 ~ 10	7 ~ 8	6 ~ 7	4 ~ 5	3 ~ 4	2	1

（2）利用粮食平衡绝对湿度等温线（曲线图）预测露点温度。

图1-12反映了粮食的平衡绝对湿度随温度、水分变化的情况。图中点A在纵轴和横轴上的投影，分别为该点的绝对湿度值P_a和温度值t_a，过A点的水平线与曲线P_b的交点B为A点的露点，露点温度值为tla，当温度突然降至露点温度附近时，应密切关注粮食水分和粮堆温度的变化。不同的粮食品种平衡绝对湿度曲线不同，管理过程中可以根据相对应的曲线预测粮

活页笔记

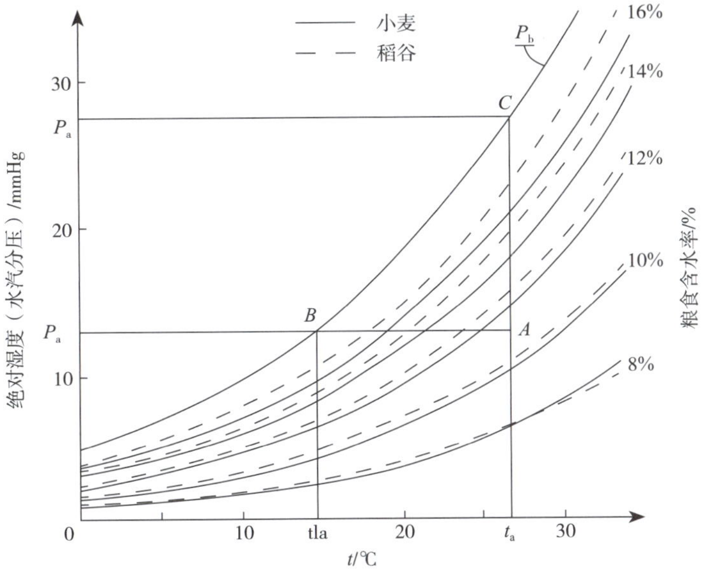

图1-12　粮食平衡绝对湿度等温线

注：由于水蒸气密度的数值与以毫米汞柱表示的同温度饱和水蒸气压强的数值很接近，故也常以水蒸气的毫米汞柱数值来计算空气的湿度。

食露点温度。

二、粮堆结露的原因和类型

引起粮堆结露的主要原因是粮堆不同部位之间出现温差。当高温部位的空气在低温部位的影响下，温度降到露点时，空气中的相对湿度达到饱和状态，水分子就会在物体表面凝结成水。温差越大，储粮结露越严重。此外粮食及油料水分的高低对储粮结露也有一定影响，粮食吸湿性很强，只要空气湿度大于粮堆平衡湿度，粮食就容易吸水。储粮水分越大，或空气中含水量越多，露点与当时气温越接近，就越容易发生结露。高水分粮在温差较小的情况下也可能发生结露。

1. 粮堆表层结露

粮堆表层结露发生在季节转换时期。在秋冬季节，粮温高于气温，粮堆内部热空气上升，遇到冷的粮面，便发生结露。结露部位在粮面下50～300mm的地方，其中又以粮面下50～150mm的粮层为最严重。结露范围通常自粮堆表层的中心向四周扩大，如不及时处理，很快发展为储粮发热、霉变，甚至发芽。在春末夏初，低温粮进入高温季节时，外温高，粮温低，外界热空气与粮面接触时也容易发生粮堆表层结露。

2. 粮堆内部结露

粮堆内部结露主要是由于在粮堆内不同部位出现了较大温差。粮堆内

活页笔记

部出现较大温差的原因：一是粮堆内的生物成分旺盛呼吸造成局部粮温过高；二是受外温影响时粮堆出现严重的粮温分层现象；三是部分高温粮或低温粮混入粮堆。由于粮堆内存在温差，在空气对流和湿热扩散的作用下，易使低温部位湿度较大，产生结露。

3. 粮堆底层结露

热粮入仓（如烘、晒的粮油产品、新出机的成品粮或白天接收的夏粮等，粮温很高，未经冷却，直接入仓）遇到冷的地坪、墙壁、柱石等，因温差过大而引起结露。这也是造成粮堆底层、墙脚或墙壁、柱石等部位储粮发热、霉变的一个重要原因。当粮温明显低于气温时，由于冷核心粮气流，也会引起粮堆底层发生结露。

4. 密封储藏的粮堆结露

应用塑料薄膜等密封材料密封粮堆时，在密封材料的内外只要有温差出现，达到露点，就会发生结露。如薄膜外温度高，薄膜内温度低，达到露点时将在薄膜外结露，称外结露，出现这种情况对储粮影响不大。相反，当薄膜内发生结露，称内结露，内结露严重时可以引起靠近薄膜的储粮霉变，影响储粮安全。

5. 其他情况下的粮堆结露

粮堆结露除上述几种原因外，在下述情况下也会发生结露。一是在通风不合理，冷空气进入粮堆，不能及时扩散平衡，造成粮堆局部温差过大，达到露点时，容易发生结露。二是仓房日常管理不善，门窗不能适时开关或者仓房密闭性能较差，外界湿热空气进入粮堆，遇到冷的粮面时可能会引起结露。三是在通风管道周围以及围垛边等地方，也常因内外温差较大易发生结露。四是地下仓夏季粮温低，开仓时空气进入，遇到冷的粮面，会产生结露。

粮堆结露后，能使局部水分增加，引起酶活性增强，呼吸作用旺盛，储粮虫、螨大量生长发育，最终引起粮堆发热、发芽、霉变、腐烂，失去利用价值。因此必须预防结露的发生，一旦发生结露应及时处理。

◆ 任务准备

序号	名称	规格	数量	备注
1	粮仓		1个	装有粮食的实仓或者模拟粮仓
2	粮情资料		1份	
3	粮食扦样器		1套	

◆ 任务实施

1. 操作步骤

（1）根据粮情检测结果，查找和分析存在的温差，判断粮堆可能结露的部位。

（2）检查结露部位：检查粮温与水分变化情况，必要时使用扦样器扦取粮堆内可能结露部位的粮食。

（3）确定结露发生的部位，分析结露的原因。

2. 注意事项

（1）粮堆结露与粮食温度和水分有关，在检查粮堆结露时对水分高的粮食和温差大的部位要做重点检查。

（2）分析粮堆结露发生原因时，要根据温差和露点两个结露条件，进行具体分析。

◆ 任务评价

班级：　　　　　　姓名：　　　　　　学号：　　　　　　成绩：

评价任务		检查粮堆结露			考核时间：20min			
序号	评价内容	评价要点	配分	评分标准	检测结果	扣分	得分	备注
1	准备工作	仓房或者模拟仓房的准备	—	鉴定站完成，考生不记分				
2	操作前提	阅读粮情资料	10分	提问有关结露的概念，回答不正确扣10分，不完整扣5分				
3	操作过程	确定检查结露部位	10分	确定部位不正确扣10分				
		检查粮面结露情况	20分	检查不正确扣20分				
		检查粮堆内部结露情况	20分	检查不正确扣20分				
4	操作结果	判断是否发生结露	20分	判断不正确扣20分				
		结露条件	10分	提问结露发生的条件，回答不正确扣10分，不完整扣5分				
5	使用工具	熟练规范使用工具	10分	使用扦样器不熟练扣5分；操作结束后工具未归位扣5分				
6	安全及其他	在规定时间内完成操作	—	每超时1min总分扣5分，超时3min停止操作			—	
合计			100分					

说明：学生违章操作或发生事故须停止操作

活页笔记

任务四

分析粮油发热霉变的原因

知识目标

1. 掌握粮堆发热的概念、原因及过程类型。
2. 了解粮堆发热的处理方法。
3. 掌握粮堆发霉的过程、原因及类型。
4. 了解霉变对储粮过程的影响及处理方法。

能力目标

能够分析储藏粮油发热霉变的原因。

素质目标

1. 粮食储藏过程中经常会发生粮堆发热，通过了解粮堆发热以及处理方法，培养爱粮节粮习惯，树立粮食安全意识。

2. 根据粮堆发霉的过程、原因及类型，分小组讨论霉变对储粮过程的影响以及处理方法，立足新时代，争做善思考、有担当的技术技能型人才。

学习情境描述

粮食作物在储藏过程中因堆积极易发热霉变造成粮食损失或产品品质下降，储粮生态系统中由于热量的聚集，均可导致粮堆中生物热较大幅度上升，导致粮食水分转移进而“出汗”，霉菌活动活跃，粮食发生霉变，影响其品质，严重影响仓储粮食安全。为了确保储粮安全，降低损失，及时检查粮情十分必要。

任务资讯

一、粮堆发热

储粮生态系统中由于热量的集聚，使储粮（粮堆）温度出现不正常的上升或粮温该降不降反而上升的现象，称为粮堆发热。粮堆发热违反粮温正常变化规律，导致储粮生态系统内粮食出现异常现象，继而发展为粮食霉变，影响其品质。

（一）粮堆发热的判断

由于粮堆发热对粮食储藏的危害，所以判断粮食发热及预防是非常重要的。

（1）粮温与仓温进行比较　气温上升时（如春季），粮温上升太快，超过仓温日平均量为3～5℃时，可能出现早期发热。气温下降季节，粮温始终不降或反而上升，可能出现发热。

（2）粮温之间的横向比较　粮食入仓时，如果保管条件、粮食水分和质量基本相同的同种粮，粮温相差3～5℃以上，则视为发热。

（3）粮温之间的纵向比较　每次检查时，与以前记录情况比较，若无特殊原因，温度突然上升，即是发热。

（4）通过粮情质量检测，进一步确定粮堆发热　可通过一些指标如感官指标（色、香、味等）及化学指标（如粮食脂肪酸值）判断粮食是否发热。

（5）特殊情况　如刚晒过（或刚加工出机）的热粮，后熟期的乱温现象一般不被看作发热现象。

粮堆发热

（二）粮堆发热的原因

粮食发热的原因是多方面的，但总的来讲，是储粮生态系统内生物群落的生理活动（生物因子）与物理因素相互作用的结果。

1. 生物因子的作用

粮食和油料是储粮生态系统的主要因子，其代谢活动及品质对发热有一定作用。但因为粮食及油料在储藏过程中代谢很微弱，所以产生的热量正常情况下不可能导致发热。

有害生物的活动是造成储粮发热的重要因素，尤其是微生物的作用是导致发热最重要的因素。粮食及油料在储藏过程中，储藏真菌逐步取代田间真菌起主导作用，在相对湿度为70%～90%时，储藏真菌即开始繁殖，特别是以曲霉和青霉为代表的霉菌活动，在粮堆发热过程中提供了大量的热量。据测定，霉菌的呼吸强度比粮食及油料自身的呼吸强度高上百倍乃至上万倍。呼吸强度以CO_2产生量计，如正常干燥的小麦呼吸强度为0.02～0.10mL CO_2/（g干重·24h），而培养2d的霉菌（黑曲霉）则为1576～1870mL CO_2/（g干重·24h）。在常温下，当禾谷类粮食水分在13%

活页笔记

以下时，粮食和微生物的呼吸作用都很微弱。但当粮食含水量较大时，微生物的呼吸强度要比粮食高得多。粮食及油料水分越大，微生物的生命活动越强，这就是高水分粮易于发热的主要原因。另外，储藏虫、螨也对粮食发热有促进作用，但都没有微生物作用显著。

2. 物理因素

粮堆导热性不良、自动分级及湿热扩散等是储粮发热的物理因素。储粮生态系统中生物群落的活动产生热量，由于粮堆的孔隙度小，导热性差，所以热量很难及时散发，造成热量在储粮内积聚，更加速了粮堆的发热进程。

在储粮发热的诸多原因中，储粮微生物的呼吸代谢是最主要的原因。

（三）粮堆发热的过程和类型

1. 粮食发热的过程

粮食发热是个连续的过程，通常包括出现、升温和高温三个阶段，高温继续发展而供氧充足和易燃物质生成积累时，可能达到非生物学的自燃阶段。

（1）出现阶段　在储粮生态系统中，由于粮食入仓、水分转移，因温差过大而结露，或因外温影响等，使粮堆局部粮食水分达到或高于相对湿度70%的平衡水分（$A_w \geqslant 0.7$）时，灰绿曲霉和局限曲霉就可能首先生长。如果粮食水分过高，即使在0℃左右的低温下，灰绿曲霉和局限曲霉等也能使呼吸作用增强，释放出热量，如果热量在粮堆内集聚，粮温开始不正常上升，储粮发热现象即开始出现。

（2）升温阶段　粮食微生物的侵害使粮温迅速超过正常温度，当达到35～45℃时，粮食出现变色和异味。霉菌旺盛的代谢活动导致储粮温度上升，粮食水分增加，当相对湿度达到75%以上时，白曲霉和黄曲霉等霉菌联合作用，可使粮温继续上升至50～55℃，从而使粮食质量明显劣变。此时在发热区域内，多数中温性微生物不能生长，只有少数嗜热性微生物活跃，危害粮食。由于发热区温度高，在储粮内形成温差，促进了储粮的水分转移，使发热面积扩大。

（3）高温阶段　当粮温升至50～55℃时，相对湿度可达90%以上。由于高温蒸发，储粮湿度也可能有所降低，多数微生物生长活动停止，粮堆发热可能停止使粮温降低。然而此时，粮食及油料已经严重霉变，大多已无法利用。

活页笔记

（4）自燃阶段　如果粮堆高温、高湿散失缓慢，水分积聚，出现游离水，嗜热微生物将发展，并使粮温升至70～75℃。微生物在高温下分解粮食中的有机物质，产生一些低燃点的化合物，只要氧气供应充足，即可氧化，导致储粮自燃。通常情况下，发热的粮堆大多处于缺氧或低氧状态，因而不易产生自燃现象。但粒度较大且孔隙度大的粮食和油料，在严重发热时就有可能发生自燃。

2. 发热的类型

粮食发热按其在储粮中发生的部位及程度，可分为如下五种类型。

（1）局部发热　储粮内个别部位发热，俗称“窝状发热”，发热的部位称发热窝。局部发热主要是由于仓、囤顶部漏雨，仓壁、囤身渗水，潮粮混入，由湿热扩散形成的高湿、高温区或储粮虫、螨集中区，自动分级形成的杂质区，入仓脚踩或垫板压实的部位等都可能发生发热现象。

（2）上层发热　上层发热发生在离粮堆表面30cm处。由于季节转换、气候变化，粮堆上层与仓（气）温或与储粮内部的温差过大，形成结露，或因仓（气）湿过大而使表层吸湿，为微生物和粮食及虫、螨活动创造了有利条件，从而引起粮堆表面以下的粮层发热。

（3）下层发热　由于铺垫不善，地面潮湿，热粮入仓遇到冷地坪而结露，或因季节转换等原因而使粮堆内部水分转移，引起粮堆中下层或底层粮食发热。

（4）垂直层发热　贴墙靠柱或囤周围的垂直粮层发热，主要是由于垂直粮层与墙壁、囤的外部或柱石之间温差过大，或墙壁周围渗水潮湿等。如果仓房漏雨严重，对应的储粮部位，在粮食出仓时，会出现“竖柱”现象，势必会造成垂直粮层发热。

（5）全仓发热　通常是由于对上述几种发热处理不及时，任其发展扩大而造成的。有时也因粮食全部浸水所致。一般下层发热，容易促使粮堆全面发热。所谓的“三高”（高水分、高温、高杂）粮，更容易由点到面迅速造成全堆粮食发热。

（四）发热粮的处理

储粮发热后，要针对其发热的具体原因，采取相应的措施及时处理，防止发热区域蔓延扩大，造成损失。

因储粮水分过大引起的发热，应采取日晒、烘干、机械通风等措施降低水分。对因储粮中杂质过多而引起的发热，应采取通风、过筛除杂等措

活页笔记

施处理。因储粮害虫大量发生而引起的发热，应采取冷冻或化学药剂熏蒸措施处理，若储粮数量很少，可采取曝晒、过筛除虫等办法处理。因储粮原始温度过高，长期积热而引起的发热，应及时采取机械通风，大堆分小堆，实垛变通风垛或倒仓散热措施处理。

结露引起的粮堆上层发热，要根据其结露的程度和发生的季节，优先采取全仓上行式通风或单管压入式通风处理，如不能通风可采用翻动粮面、扒沟通风等措施降温散湿，或采取“剥皮”的办法，将粮堆表层严重的湿粮移出仓外干燥。水浸、受潮而引起的粮堆下层发热，应采取倒仓或码露天垛等办法，将下层发热的粮油移出通风冷却、日晒或采用机械通风、烘干等措施降水。需要注意的是，扒沟法仅适用于表层发热且中下层粮温正常的粮堆，采用扒沟自然通风降温、降水时，扒沟的方向与风向相同，门窗开启。如因温差结露引起粮堆发热并倒出仓外摊晾时，应及时降低仓内水分较小部分粮堆的温度，以防下层再次结露，摊晾的粮食周围应设置防虫线，如摊晾的粮食已经霉变，应及时抢救、分类处理。

对于局部发热，应进行针对性处理。如为虫害所引起，则应以尽快熏蒸处理杀虫后降温降湿为主；如为高杂积聚所引起，则应以“打井”“挖塘”取出发热粮清杂除虫为主；如为湿热所引起，则应以降温降湿为主。在通风方法中优先使用单管吸出式通风，并考虑到发热窝的转移性，应扩大范围进行处理；如无法通风，考虑挖塘移粮进行曝晒或烘干，既可降水又可杀菌；在上述方案实施时机不成熟时，可进行（磷化铝熏蒸）（AlP）应急处理。

垂直层发热的储粮，诱发原因多为垂直层高水分，自动分级的高杂区、底层结露。若部位很小，可采取开沟、扒塘等办法将发热部位的储粮取出摊晾或干燥处理；若发热较严重，优先使用四周揭膜通风的方式，在不能进行通风处理时，只有倒仓取出危粮单独处理，若因高杂积聚或地坪渗漏引起，应果断倒仓取出危粮单独处理。

对于全仓发热，优先使用强力通风保证储粮安全后降温或降湿，或采用倒仓摊晾、曝晒干燥的方式，也可以进行AlP应急处理以赢得处理时间。包装粮发热，应根据不同情况及轻重程度，采取倒包、翻晒、敞口散热或摊晾等办法处理。

对已有发热征兆或严重受潮的危险粮，若因气候条件、仓房等因素的制约，暂时无法采取上述处理措施的，可采用塑料薄膜密封粮堆，必要时可辅以磷化氢低剂量熏蒸，也可采用磷化氢常规熏蒸控温防霉，作为临时

活页笔记

抢救的应急措施。

对于发生过发热的储粮，虽经干燥、降温等处理，但因其生理活性强，应单独存放，也不宜久储，且应优先出仓。

二、储粮霉变

粮油在储藏期间，由于微生物作用引起的粮油品质的劣变，称储粮霉变。储粮霉变的实质是微生物分解和利用储粮中有机物质的生物化学过程，它是微生物在粮食及其加工产品上进行营养代谢活动的结果，引起粮粒变色、变味、生霉、霉烂甚至带毒。

霉变与发热常常相互关联，但在特定的条件下又会分别出现。如储粮霉变时，特别是含水量较高的粮油，往往伴随着发热现象。但如果通风良好，热量能够及时散发，粮油虽然严重霉变，也可能不出现发热现象；单纯因虫害引起的发热也不一定霉变。

（一）储粮霉变过程

粮食霉变是一个连续而统一的过程，有一定的规律，其发展得快慢主要由微生物对环境条件的适宜程度而定，快者一至数天，慢者数周甚至更长时间。霉变的发展过程，会由于条件的变化而加剧、减缓或中止，所以是可以预防的。

储粮霉变的过程和类型

粮食霉变，一般分为三个阶段，即初期变质阶段、中期生霉阶段和后期霉烂阶段。通常以达到生霉阶段作为霉变事故发生的标志。

1. 初期变质阶段

初期变质阶段就是大多数储粮微生物与粮食建立腐生关系的过程。储粮微生物在环境条件适宜时，即开始活动，利用其自身向外分泌的酶类，分解粮食有机物质，破坏粮粒表面结构，以菌丝侵入内部，导致粮食的初始变质。一些微生物要求的条件很低，温度在10℃以上，相对湿度65%～75%（即禾谷类粮食水分13%～15%）时就能开始危害粮食。在高水分情况下，青霉和曲霉等甚至能在0℃以下导致粮食霉变；当温度较高时（接近20℃），微生物活动加强，会使粮食迅速劣变。

在初期变质阶段，粮食可能出现一些与陈化劣变相似的初期变质现象。

（1）变色　粮食逐渐失去原有色泽，变灰发暗，如大米的“反白”“发灰”，小麦的“褐胚”等。

活页笔记

（2）轻微异味　如稻谷的糠臭、玉米和高粱的甜味和酒味，一般粮食的轻微霉味，俗称“闷热气”或称“热扑气”等。

（3）粮食发潮　粮粒表面潮润，有“出汗”“返潮”现象，散落性降低，用手搓粮或插入粮堆有涩感。

（4）粮粒变软　粮粒软化，硬度下降，小麦和大豆比较明显，而且体积也出现膨胀，大米起筋、脱糠。

（5）粮温异常　粮食有发热趋势或已经发热。

以上现象，可通过对一些品质指标如脂肪酸值、非还原糖含量、菌量等的分析作为判断依据，及时采取措施，即可防止粮食生霉，减少损失。这一阶段受危害的只是粮粒外层组织，粮质变化较轻，如处理及时可不影响其食用。

2. 中期生霉阶段

生霉阶段是储粮微生物在粮食上大量生长繁育的过程，粮粒上出现肉眼可见的霉菌菌落。继初期霉变阶段之后，如果粮堆中的湿热积聚，粮温以每天2～3℃或更快的速度上升，而出现明显的发热现象。同时微生物生长迅速达到稳定生长期，霉变部位常呈白色，后即变为灰绿色、黄绿或黄褐、棕色、红色等。由于霉菌菌落多为毛状或绒状，所以，常称为粮食的“生毛”“点翠”，即粮食生霉现象。

生霉的粮食，籽粒发软，无光泽，发芽力显著降低或丧失，并有很浓的甜味、酒精味和霉味，有毒素污染的可能，重量（质量）损失和品质劣变严重，一般可作工业用粮或饲料用粮，能否食用，必须经化验后确定。

3. 后期霉烂阶段

霉烂阶段是微生物使粮食严重腐解的过程。粮食生霉后，其活力大大减弱或完全丧失，粮食也就失去了生理上对微生物侵害的抵御能力。若环境条件仍保持对微生物有利，粮食微生物区系不断向更深处演替，此时粮食中的有机物质，遭到严重的微生物分解，使粮食腐烂变形或成团结块，粮质彻底变坏，产生霉、酸、腐臭等难闻气味，以致完全丧失使用价值。

上述霉变过程，从出现异味到霉烂，若温度超过20℃时，往往10d左右即可完成，若温度低于15℃或通风散热条件较好时，则可延缓一段时间。

（二）储粮霉变的类型

储粮发生霉变主要受环境水分条件影响，在返潮、结露、吸湿或水浸等情况下，极易发生。一般将霉变分为以下几种类型。

活页笔记

（1）劣质霉变　由于储粮品质差，易受微生物侵害而造成的霉变，称为劣质霉变。劣质霉变常发生于自动分级形成的杂质区、储粮水分积聚或虫害感染严重部位，并受储粮完整度、成熟度等品质的影响，或局部、或全部发生霉变。霉变过程中，常伴有发热，变色变味，甚至霉烂结块，不能食用。

（2）结露霉变　储粮因温差过大，造成结露而引起的霉变，称为结露霉变。结露霉变常发生于粮堆局部，如上层、底层、垂直层等，并常伴有发热现象。对于上层结露霉变，由于上层热量易于散失，可能不出现发热现象。

（3）吸湿霉变　储粮因环境湿度大，使干粮吸湿而造成的霉变，称吸湿霉变。储粮吸湿常源自气湿过大而仓房密闭不严；或仓房防潮设施不当而地坪、墙壁返潮；或干湿粮混堆发生水分重新分配等。吸湿霉变常见于易于吸湿的粮堆表层、底层等局部，由于霉变过程迅速，霉变开始往往并不伴有发热现象。

（4）水浸霉变　储粮因直接浸在水中而造成的霉变，称为水浸霉变。在收获、运输或储藏过程中，由于水湿、雨淋或仓房漏雨以及结露滴水等原因，使储粮浸泡在水中，随浸水情况可在表面、底层或四周，甚至全堆形成霉变区域。一般水浸霉变也不伴有发热现象。

以上四种霉变类型的划分是相对的，在粮食霉变发生过程中，环境因素的影响是复杂的，有时虽有侧重，但各种霉变类型往往不是孤立发生的。因此在设计防霉措施或处理方法时，必须充分考虑到这些，以求达到防霉抑菌的双重效果。

（三）霉变对储粮品质的影响

粮堆发热、霉变是相互关联，而不是孤立的过程，对储粮的危害也是多方面的。

（1）营养品质降低　由于微生物的作用，粮食营养物质被消耗，导致各种营养物质含量下降，营养品质降低。

（2）种用品质降低　粮食发热、霉变后，胚部被微生物感染，导致活力下降，发芽率降低，甚至失去种用价值。

（3）工艺品质和食用品质变劣　粮食发热、霉变后，出粉（米、油）率降低，容重、硬度下降（小麦、大豆）。小麦粉制作面包后，面包发韧、酸，而且体积小，质构差；大米蒸煮后硬度增加，韧度降低，糊化温

活页笔记

度升高。

（4）引起粮食变色变味　粮食变色是由于微生物本身的颜色、分泌的色素污染粮食以及粮食坏死组织变色；粮食变味是由于微生物的霉腥气息、粮食分解代谢产物的异味被粮食吸附而导致的，这些特殊的异味（霉、酸、酒、臭味）很难除去。

（5）引起粮食带毒　粮食发热、霉变后，微生物生理活性增加，某些微生物（如黄曲霉）分泌的真菌毒素使粮食带毒，其中许多是致癌物质。

（四）劣变指标的测定

应定期检查测定储粮的品质控制指标，如脂肪酸值、非还原糖水平及粮食带菌量等，及时了解储粮的品质状况和发热霉变出现的可能性。

（1）脂肪酸值的测定　粮食在储藏期间，尤其是粮食水分、温度较高的情况下，脂肪容易水解，使游离脂肪酸含量显著增加。通过脂肪酸的测定，可以判断粮食品质的变化情况。

储粮霉变的测定和预防

脂肪酸值的测定采用适当的有机溶剂如苯或无水乙醇提取粮食样品中的脂肪酸，然后用氢氧化钾标准溶液进行滴定，用中和100g粮食试样中游离脂肪酸所需氢氧化钾的质量（mg）表示脂肪酸值。

（2）非还原糖的测定　非还原糖水平也是反映粮油劣变的重要指标，GB/T 5513—2019《粮油检验　粮食中还原糖与非还原糖的测定》中非还原糖的测定主要有铁氰化钾法和费林试剂法。

铁氰化钾法是将样品提取液水解，则非还原糖转变为还原糖，水解后再按照还原糖测定方法测定，根据总糖与还原糖所消耗铁氰化钾溶液量之差，即可求得非还原糖的含量。

费林试剂法是将样品去除蛋白质，其中的蔗糖等非还原糖经盐酸水解转化为还原糖，根据还原糖测定方法即可求得总糖，总糖与还原糖的差值即为非还原糖。

（3）粮食带菌量的测定　粮食带菌量的测定可通过直接计数和分离培养两种手段进行。

直接计数是以无菌水将霉菌孢子从粮食上洗下来，经稀释后用血球计数器制片置于显微镜下镜检计数，短时间就可以测得粮食的带菌量，但无法判定孢子的活性。

分离培养的方法是取25g待测样品置于三角瓶中，加生理盐水225mL，放数粒玻璃珠，于振荡器上振荡20min，即成1∶10的菌悬液，在用生理盐水以1∶100、1∶1000、1∶10000稀释度稀释。选择适当稀释度的稀释液1mL注入改良察氏培养基，使菌液与培养基混合均匀。凝固后翻转平皿，置于28℃恒温箱中培养3～5d，菌落长出后，选取平皿菌数10～150个的稀释度，计算带菌量，并观察鉴定各类真菌。如霉菌孢子计数≤1000个/g视为正常，在1000～100000个/g为轻度霉变，若≥100000个/g为重度霉变。

（五）储粮霉变的预防

1. 粮食入仓前做好备仓工作

粮食入仓前一定要做好空仓消毒、空仓杀虫、完善仓房结构（主要是仓墙、地坪的防潮结构和仓顶的漏雨）等工作。

2. 把好粮食入库关

入库宗旨是干、饱、净，严禁“三高”粮入仓。

3. 储藏管理防霉

储藏管理的宗旨是干燥、降水，做好合理的密闭和通风。一般储粮期间可以采用低温、干燥、气调、化学药剂等措施防霉。

（1）低温　温度对微生物的生长和消亡有重要作用。微生物生长需要一定的温度，改变温度，微生物就会停止生长甚至死亡。因此，控制储粮温度是防霉的重要措施之一。低温防霉要求粮温保持在15℃以下，并保持粮堆湿度为73%以下，可有效抑制霉菌的危害。

（2）干燥　水分是粮油霉变的主要环境条件之一，是微生物生长繁殖的基本条件。控制储粮水分是储粮防霉的重要措施之一，将粮油水分降到安全储藏水分标准以下能有效地抑制霉菌活动。

（3）气调　绝大多数粮食微生物是好氧性菌，粮堆中氧气充足，对微生物的生长繁殖有利，在缺氧时生长受到抑制，只有少数兼性厌氧微生物可以活动。因此，控制粮堆气体成分也是储粮防霉的一种措施。应用气调防霉技术，使粮堆中二氧化碳保持在40%左右或氮气在95%以上或氧气在0.5%以下（但水分应符合当地安全水分规定），均可抑制霉菌的活动和某些霉菌毒素的产生。

（4）化学药剂　将粮油水分降至安全储藏水分标准以下，无疑是防霉的基本措施。但是，在有些情况下，一时无法降低水分，则往往需要使用化学药剂防霉。用于粮油防霉的化学药剂，一般称为储粮防霉剂。目前在粮油储藏中应用的防霉剂，大致有熏蒸剂和拌和剂两类。如对水分为

活页笔记

21%～28%的小麦，拌入0.1%～0.2%的漂白粉，可保1～3周不霉变。

（六）储粮霉变的处理

根据霉变的范围及程度妥善处理，将发热霉变造成的损失控制在最小的范围内。

（1）霉变初期及时发现的只要对其进行干燥将水分降至安全水分之下即可转入正常储藏。

（2）生霉（粮粒上出现霉点长毛）的粮食不能用于口粮，经干燥、降温处理后用于工业用途。

（3）霉烂的粮食已无使用价值，在不污染环境的前提下妥善掩埋处理。

◆ 任务准备

序号	名称	规格	数量	备注
1	典型案例资料		1套	
2	粮温检测设备		1套	
3	手工粮温检测设备		2套	
4	储藏粮油发热霉变的分析报告		1	

注：①典型案例资料是指某仓房的储粮基本情况，主要包括：仓房结构、仓型、堆装形式、储藏粮油的品种、水分含量、杂质含量、生产年度、虫害情况；粮食入仓季节、原始粮温记录、“三温”历史记录，当前“三温”等内容。
②利用粮情检测设备检测当前粮温、仓温、气温的数值；了解粮温检测数据在仓内所对应的位置。
③储藏粮油发热霉变的分析报告样式见表1-13。

◆ 任务实施

1. 操作步骤

（1）填写当前粮温记录：粮堆出现发热，手工检测当前问题点粮温，填写当前粮温记录。对近期粮温变化进行分析。

（2）分析近期粮温变化总趋势。

（3）分析发热霉变类型。

（4）得出结论，并填写储藏粮油发热霉变分析报告（表1-13）。

2. 注意事项

（1）分析粮堆发热霉变的原因时，应先扦取发热部位的样品，仔细进行眼观、手感、筛检，然后综合判断。

（2）在进行发热、霉变类型定位时，应多点取样，并以最严重部位进行定论。

表1-13　　储藏粮油发热霉变的分析报告

学生姓名：　　　　　　时间：

储粮基本情况	储粮品种		储粮数量/t	
	生产年度		入库时间	
	仓房结构		仓房类型	
	水分含量/%		杂质含量/%	
	虫害/（头/kg）		堆装形式	
当前“三温”情况/℃	气温		仓温	
	上层粮温		中上层粮温	
	中下层粮温		平均粮温	
	最高粮温/点数		最低粮温	
近期粮温变化分析	近5d最高升高度数		近10d最高升高度数	
	近5d最低升高度数		近10d最低升高度数	
近期粮温变化总趋势	（1）上升　（2）下降　（3）正常			
发热霉变的分析	序号	发热霉变类型	发热霉变原因	
	1			
	2			
	3			
	4			
结论				

◆ 任务评价

班级：　　　　　　姓名：　　　　　　学号：　　　　　　成绩：

评价任务		分析粮油发热霉变的原因			考核时间：25min			
序号	评价内容	评价要点	配分	评分标准	检测结果	扣分	得分	备注
1	准备工作	阅读典型案例资料	2分	未阅读资料的扣2分				
		记录储粮基本情况	5分	漏记或记错，每一点扣0.5分，扣完为止				
2	操作前提	手工检测当前有问题点的粮温	10分	未手工检测当前粮温扣10分				
		填写当前粮温记录	8分	漏记或记错一点扣1分，扣完为止				
3	操作过程	近期粮温变化分析	20分	分析不正确每点扣5分				
		近期粮温变化总趋势	10分	分析不正确扣10分				
		发热霉变的分析	20分	分析不正确1处扣5分				
		结论撰写	10分	结论错1处扣5分				

续表

评价任务		分析粮油发热霉变的原因			考核时间：25min			
序号	评价内容	评价要点	配分	评分标准	检测结果	扣分	得分	备注
4	操作结果	储藏粮油发热霉变的分析报告	5分	填写有涂改，每处扣0.5分，扣完为止				
5	使用工具	熟练规范使用工具	5分	手工粮温检测设备使用不正确扣5分				
		工具使用维护	5分	检测设备使用后乱摆乱放扣5分				
6	安全及其他	按国家法规或企业规定操作	—	违规一次总分扣5分；严重违规停止操作			—	
		在规定时间内完成操作	—	在规定时间内完成考核，到时立即停止操作			—	
合计			100分					
说明：不会利用已有材料，配合手工检测当前粮温分析储藏粮油发热霉变原因的，停止操作，成绩计零分								

任务五

分析储粮温度、湿度和水分变化的原因

知识目标

1. 掌握储粮温度变化的原因。
2. 掌握储粮水分变化原因。

能力目标

1. 能够分析储藏粮油温度变化的原因。
2. 能够分析近期水分变化及全年水分变化原因。

计算机粮情测控与分析项目流程

素质目标

1. 通过分小组分析温度变化的原因，体会认识和实践的辩证关系，在实践的基础上进行创新。

2. 通过小组讨论储粮湿度和水分变化的原因，培养科学探究精神。

学习情境描述

在粮油储藏中，粮堆温度直接关系到粮堆中粮食籽粒的呼吸强度、化

活页笔记

学成分的变化等，以及粮堆中储粮害虫、储粮微生物等的生长繁殖，还包括粮堆各点温度不同造成的湿热扩散，进而导致粮食结露、发热、霉变等情况，所以正确检查粮堆中的温度，对储粮安全来讲至关重要。

粮食水分和储粮湿度在储粮生态系统中相互依存的表现水平或发生水平，对整个储粮生物群落的演替有着非常重要的作用。当粮食水分较低时，粮食和微生物的生命活动受到抑制，籽粒或粉粒的活细胞处于长期休眠状态；粮食水分一旦增加到适宜水平，那些喜湿的虫、螨与微生物失去自然控制因子，就会很快增长起来，造成严重的粮食霉变。任何形式的增水或加湿，都可能会在短时间内引起有害生物种群的爆发，严格控制粮食水分变化是平安储粮的重要措施之一。

本任务分解如下：

任务5-1	分析储粮温度变化的原因
任务5-2	分析储粮湿度和水分变化的原因

任务5-1　分析储粮温度变化的原因

◆ 任务目标

阅读典型案例有关资料，利用粮情检测设备检测当前粮温、仓温、气温，分析近期粮温变化趋势及原因；分析全年粮温变化情况及原因。

任务资讯

粮温变化除主要受气温、仓温的影响外，还受储粮围护结构、堆装形式、仓内所处位置、粮堆生物体呼吸、入仓时原始粮温等多种因素的影响。因此，实际粮温的变化情况非常复杂，应针对不同情况具体分析。

储粮温度变化的原因

（1）储粮围护结构　在储粮生态体系中，由于围护结构不同，粮温受外界环境温度的影响也不同。围护结构越严密、保温性能越好，粮温受外温的影响就越小；相反就越大。如在春季，砖石结构的高大房式仓，比矮小的土圆仓、简易仓、钢板结构分体立筒仓的粮温升高得慢；在夏季，后者粮温要比前者高得多；但在冬季，前者在粮堆的个别部位可能残留高温，使虫、霉延续繁殖为害。

（2）堆装形式　粮油的堆装形式对粮温的变化也有影响，常见的有包

活页笔记

装和散装两种。包装粮堆空隙大，空气流通好，受外温影响较大。据试验结果显示，春、秋两季包装粮温每旬可升降4～5℃。而散装粮由于空隙小，粮温变化较缓慢。

（3）仓内所处位置　粮温高低还与其在仓内所处位置有关。一般是南向较高，北向较低，按南、东、西、北顺序依次降低，有时不同位置间的温差有2～4℃。此外，粮堆表层、边缘的粮温比粮堆中心、底层的粮温受外温影响大。

（4）粮堆生物体呼吸　在粮堆中，由于微生物、粮粒、昆虫、螨类等生物成分的呼吸作用，消耗干物质，并向粮堆释放热能。呼吸作用的强弱、释放能量的多少受粮油含水量、气体成分、粮质等条件的影响。在储粮正常情况下，粮堆生物体处于休眠状态，呼吸释放的热能极少，对粮温几乎无影响。但在非正常情况下，生物成分旺盛的呼吸作用向粮堆释放大量热能，若不能及时散发，使粮温升高，就会导致储粮“发热”。

（5）入仓原始粮温　入仓时粮食的原始温度不同，在形成粮堆时也具有不同的粮温。如夏粮入仓时正值夏季高温，原始粮温高，而秋粮收获时在秋末冬初，气温低，原始粮温低，所以早、中稻粮温比晚稻高。此外，热机米或烘干未经冷却的粮食入仓时，一般都有较高的粮温，导致其温度变化极不规律。

◆ 任务准备

序号	名称	规格	数量	备注
1	典型案例资料		1套	
2	粮温检测设备		1套	

注：典型案例资料是指某仓房的储粮基本情况。

◆ 任务实施

1. 操作步骤

（1）查看了解有关粮情。

（2）填写储粮基本情况。

（3）利用温度检测设备检测当前粮温、仓温、气温数值。

（4）填写当前粮温记录。

（5）根据粮温检测结果，了解粮温检测数据在仓内所对应的位置。

（6）判断储藏粮油温度近期变化趋势，分析近期粮温变化原因。

活页笔记

（7）判断储藏粮油全年温度变化趋势，分析全年粮温变化原因。

（8）填写储粮温度变化分析报告（表1-14）。

表1-14　　储粮温度变化分析报告

学生姓名：　　　　　　　　分析时间：

储粮基本情况	储粮品种		储粮数量/t	
	收获年度		入库时间	
	仓房类型		堆装形式	
	水分含量/%		杂质含量/%	
	虫害/（头/kg）		是否压盖	
当前粮温情况	气温/℃		仓温/℃	
	平均粮温/℃		上层粮温/℃	
	中层粮温/℃		下层粮温/℃	
	最高粮温/℃		次高粮温/℃	
	最低粮温/℃		次低粮温/℃	
近期粮温变化趋势	平均粮温/℃		上层粮温/℃	
	中层粮温/℃		下层粮温/℃	
近期粮温变化原因				
全年粮温变化情况				
全年粮温变化原因				

注：①“近期”是指未来2个月内，粮温变化趋势以“升高”或者“降低”表示。
②粮温变化原因以“气温影响”“储粮水分影响”“储粮害虫影响”等表示。
③粮温变化情况以“正常”或者“不正常”表示。

2. 注意事项

（1）查看了解粮情指仓房储粮基本情况，主要包括储藏粮油的品种、水分含量、杂质含量、生产年度、入库时间、虫害情况；储粮的围护结构、堆装形式等；一年“三温”历史记录，预计未来二个月气候变化趋势等内容。

（2）根据粮堆内水分、杂质、虫害等情况，判断粮堆发热的原因。

（3）分析粮温变化原因要区别粮温正常变化与不正常变化（如储粮发热）两种不同情况。

（4）分析粮温变化原因时，边查边分析，查完一点分析一点，查完一仓分析一仓，全部查完后要进行储粮安全情况汇总分析。

◆ 任务评价

班级：　　　　　　　　姓名：　　　　　　　　学号：　　　　　　　　成绩：

评价任务		分析储粮温度变化的原因			时间：25min			
序号	评价内容	评价要点	配分	评分标准	检测结果	扣分	得分	备注
1	准备工作	阅读典型案例资料	4分	提问2点，每答错一点扣2分				
		填写储粮基本情况	10分	漏记或记错，每一点扣1分，扣完为止				
2	操作前提	检测当前粮温	10分	未检测当前粮温扣10分				
		填写当前粮温记录	10分	漏记或记错，每一点扣1分，扣完为止				
3	操作过程	分析近期粮温变化趋势	16分	分析不正确，每点扣4分				
		分析近期粮温变化原因	14分	分析不正确扣14分				
		分析全年粮温变化情况	12分	分析不正确扣12分				
		分析全年粮温变化原因	12分	分析不正确扣12分				
4	操作结果	填写粮温变化分析报告	5分	填写有涂改，每处扣1分，扣完为止				
5	使用工具	熟练规范使用工具	5分	检测设备使用不正确扣5分				
		工具使用维护	2分	检测设备使用后未复原扣2分				
6	安全及其他	按国家法规或企业规定操作	—	违规一次总分扣5分；严重违规停止操作			—	
		在规定时间内完成操作	—	每超时1min总分扣5分，超时3min停止操作			—	
合计			100分					

说明：①不会利用粮情检测设备检测当前粮温、仓温、气温的停止操作，成绩计零分；
②学生违章操作或发生事故须停止操作，成绩计零分。

任务5-2　分析储粮湿度和水分变化的原因

◆ 任务目标

通过调查了解有关粮情及粮情检测结果，分析储粮湿度及水分变化原因。

任务资讯

水分是制约粮堆生物因子尤其是微生物生命活动的主要因素，含水量

活页笔记

高的粮食容易发热霉变，给储粮带来安全隐患。检测水分的目的就是及时掌握粮堆水分变化情况，以便采取有效措施，确保粮食安全储藏。

一、粮食的吸湿性

粮食入仓时的含水量通常被称作原始水分，粮食在入仓后的储藏期间，水分会发生变化，其中一个重要原因就是粮食的吸湿性。

粮粒对水汽吸附与解吸的性能称为吸湿性，这是粮食吸附特性中最常见、最重要的一种。粮粒是多孔毛细管胶体物质，具有很大的吸附表面，使水蒸气分子能在表面发生单分子层或多分子层的吸附；同时粮粒中的化学成分如淀粉、蛋白质、纤维素等包含很多亲水性基团，这些基团对水蒸气分子也具有较强的吸附能力。在储藏期间，粮食水分的变化对粮食的发热霉变、结露、返潮等现象有直接影响，所以粮食的吸湿特性是粮油储藏中最重要的变量因素之一。

粮食的吸湿性

1. 粮食吸湿的过程

粮食对水汽的吸附符合吸湿平衡规律：

$$\text{干粮+水蒸气} \underset{\text{解吸}}{\overset{\text{吸湿}}{\rightleftharpoons}} \text{潮粮+吸附热}$$

当粮粒外部水汽压大于粮粒内的水汽压时，粮粒吸附水分。水分首先是在粮粒表面形成蒸汽吸附层，通过毛细管扩散到内部，吸附在有效表面上，其中有少部分与粮粒淀粉、蛋白质等成分的亲水基团缔合成氢键，成为“结合水”。当水汽吸入后，如果外部水汽压仍大于粮粒内的水汽压，水汽就会不断地进入粮粒内，开始吸附在毛细管壁，形成单分子层，继续吸附变成多分子层，当毛细管壁上的水汽吸附层逐渐加厚至中央汇合时，就出现了毛细管水分。这时，水分在毛细管中形成一个弯月面。弯月面上的水汽分压低于毛细管壁上的水汽分压，即存在一个压力差。因此，管壁中的水汽分子就向弯月面上运动，从而使弯面上的水汽过饱和发生凝结，这种现象称为毛细管凝结。这个动态过程的不断进行使粮食水分不断增加，直至完成吸湿过程。

当外界环境中的水汽分压低于粮粒内部的水汽分压时，粮粒中的水汽分子就会向粮粒外扩散，即粮食中的水分发生解吸作用。解吸时首先是粮食毛细管中的凝结水扩散到空气中，其次是多分子层的吸附水，最后是单分子层的吸附水，直到粮食中的水汽分压平衡于环境中的水汽分压为止。

活页笔记

粮食对水汽的吸附属于物理吸附，吸附过程分为吸着、吸收、毛细管凝结三个阶段。水蒸气分子被吸附在粮粒表面的现象，称为吸着；水蒸气分子扩散到粮粒内部而被粮粒内部活性部位吸收，称为吸收；被吸入的水蒸气分子在粮粒内的毛细管中达到饱和而液化，称为毛细管凝结。粮堆内发生的吸附过程是水分子在粮堆内通过扩散进而在粮粒表面吸着、粮粒内吸收、于毛细管中凝结的连续过程，它们统称为吸湿作用。

影响粮食吸湿性的因素主要是温度和环境湿度。在吸附过程中，水汽的吸附可看作液化过程，故吸湿过程是放热的，温度下降有利于吸湿；相反，解吸过程是吸热的，温度上升有利于解吸（散湿），烘干可以降低粮食水分证明了这一点。

2. 常见粮食的平衡水分

粮食的平衡水分是指在一定温湿度条件下粮食吸湿和解吸达到动态平衡时的粮食含水量，这时的空气相对湿度也称作平衡相对湿度。

粮食平衡水分受空气温度和相对湿度影响。在同一相对湿度下，粮食的平衡水分与粮温呈负相关：粮温越低，平衡水分越大，粮温越高，平衡水分越小。由于温度上升时，吸热过程加强，平衡向解吸作用增强方向移动，加热会引起粮粒吸附的水分子部分脱离，水分吸附量随之减少，平衡水分就相应减小。温度下降时，平衡则向吸湿作用增强方向移动，水汽吸附量反趋增长，平衡水分相应增大。当温度由30℃下降到0℃时，各种粮食的平衡水分几乎相似地增加1.3%～1.4%。空气的湿度超过粮食水汽分压时，粮食就开始吸湿，平衡水分增加。当温度不变时，湿度越大，粮食的平衡水分也就越大。反之，当空气中的湿度低于粮食表面的水汽分压时，粮食就开始解吸，平衡水分减少。粮食的水分随着空气湿度而变化，在一年内，空气的湿度随着季节而改变，因此粮食平衡水分在一年内的变化也呈现一定的规律性。

表1-15是常见粮食在不同温湿度下的平衡水分。可见不同种类的粮食在同一条件下的平衡水分是不同的，如谷类含亲水物质较多，而油料类所含疏水物质较多，其平衡水分就明显小于谷类。

表1-16是小麦胚与胚乳的平衡水分，可见同一粮粒，胚的平衡水分比胚乳大，因此胚的含水量一般大于粮粒总含水量。

表1-15　　不同温湿度下常见粮食的平衡水分　　单位：%

粮种	温度/℃	相对湿度/%							
		20	30	40	50	60	70	80	90
稻谷	30	7.13	8.51	10.0	10.88	11.93	13.12	14.66	17.13
	25	7.4	8.8	10.2	11.15	12.2	13.4	14.9	17.3
	20	7.54	9.1	10.35	11.35	12.5	13.7	15.23	17.83
	15	7.8	9.3	10.5	11.55	12.65	13.85	15.6	18.0
	10	7.9	9.5	10.7	11.8	12.85	14.1	15.95	18.4
	5	8.0	9.65	10.9	12.05	13.1	14.3	16.3	18.8
	0	8.2	9.87	11.09	12.29	13.26	14.5	16.59	19.22
大米	30	7.59	9.21	10.58	11.61	12.51	13.9	15.35	17.72
	25	7.7	9.4	10.7	11.85	12.8	14.2	15.65	18.2
	20	7.98	9.59	10.9	12.02	13.01	14.57	16.02	18.7
	15	8.1	9.8	11.0	12.15	13.15	14.65	16.4	19.0
	10	8.3	10.0	11.2	12.25	13.3	14.85	16.7	19.4
	5	8.5	10.2	11.35	12.4	13.5	15.0	17.1	19.7
	0	8.68	10.33	11.5	12.55	13.59	15.19	17.4	20.0
小麦	30	7.41	8.88	10.23	11.4	12.54	14.1	15.72	19.34
	25	7.55	9.0	10.30	11.65	12.8	14.20	15.85	19.7
	20	7.8	9.24	10.68	11.84	13.10	14.3	16.02	19.95
	15	8.1	9.4	10.7	11.9	13.1	14.5	16.2	20.3
	10	8.3	9.65	10.85	12.0	13.2	14.6	16.4	20.5
	5	8.7	10.86	11.0	12.1	13.2	14.8	16.55	20.8
	0	8.9	10.32	11.30	12.5	13.9	15.3	17.8	21.3
玉米	30	7.85	9.0	11.13	11.24	12.39	13.9	15.85	18.3
	25	8.0	9.2	10.35	11.5	12.7	14.25	16.25	18.6
	20	8.23	9.4	10.7	11.9	13.19	14.9	16.92	19.2
	15	8.5	9.7	10.9	12.1	13.3	15.1	17.0	19.4
	10	8.8	10.0	11.1	12.25	13.5	15.4	17.2	19.6
	5	9.5	10.3	11.4	12.5	13.6	15.6	17.4	19.85
	0	9.43	10.54	11.58	12.7	13.83	15.8	17.6	20.1
大豆	30	5.0	5.72	6.4	7.17	8.86	10.63	14.51	20.15
	25	6.35	8.0	9.0	10.45	11.8	14.0	16.55	19.4
	20	5.4	6.45	7.1	8.0	9.5	11.5	15.29	20.28
	15	7.0	8.45	9.7	11.1	11.2	14.7	17.2	20.0
	10	7.2	8.7	9.9	11.3	11.4	14.8	17.3	20.2
	5	7.5	8.85	10.2	11.6	11.7	15.0	17.7	20.15
	0	5.8	6.95	7.71	8.68	9.63	11.95	16.18	21.54

表1-16　　小麦胚与胚乳的平衡水分（相对湿度85%）　　单位：%

分析日期	完整籽粒	胚乳	胚
8月15日	19.07	18.92	20.38
8月25日	18.97	18.49	20.04

3. 粮食吸湿与水分活度

水分活度（A_W）是指粮食的水蒸气分压与同温度下纯水的饱和蒸汽压的比值。水分活度在数值上相当于与粮食水分相平衡的环境相对湿度的小数值：

活页笔记

$$A_w = \frac{P}{P_0} = \frac{\text{ERH}}{100}$$

式中　P——粮食的水蒸气分压；

P_0——纯水的饱和蒸汽压；

ERH——粮食水分的平衡相对湿度。

平衡相对湿度受到大气的影响，而水分活度主要决定于粮食的水分特性。

水分活度在粮食储藏及加工方面具有重要的意义。粮食及其制品的生化变化和品质劣变，都与水分活度有关。它反映了粮食呼吸代谢过程中可利用水分的程度。含水量相同的粮食，由于内部水的存在状态不同，产生的蒸气压不同，从而微生物可利用的水分和生化反应所需的水分不同，粮食的稳定性就不同。粮食微生物的发展，主要取决于粮食的水分活度和温度。即使在适宜的温度条件下，只要控制水分活度达到一定范围，微生物也不会产生危害，一般控制粮食的水分活度A_w在0.65左右时，粮食储藏比较安全。

4. 粮食的吸湿等温线

当储粮环境温度不变时，粮食含水量是环境相对湿度的函数，可以用粮食吸湿等温线表示。

由于粮食对水分的吸附和解吸处在动态平衡中，当相对湿度很低时，吸湿等温线弯向相对湿度坐标轴；在高湿条件下等温线又弯向含水量坐标轴。因此，吸湿等温线呈现“S”形，这是包括粮食在内的农产品所特有的曲线类型。

粮食的吸湿等温线可分为三段，每阶段所涉及相对湿度（水汽压）和水分含量的关系不同，如图1-13所示。在等温线开始的O–A段，属于单分子层吸附，相对湿度与水分含量间的关系主要受水分子和吸附表面的结合能所制约。等温线向含水量坐标轴移动的范围就是水与吸附表面结合能的反映。

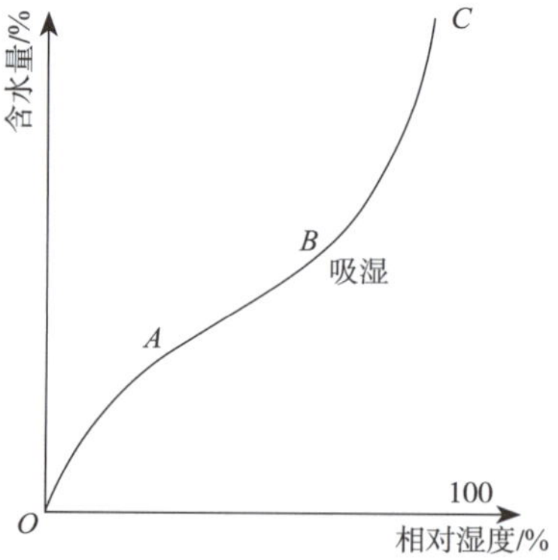

图1-13　粮食吸湿等温线

等温线的A–B段，近似于一条直线，这时水分吸附在第一层水分子之上，形成多分子层吸附，其中一小部分是在非极性部位，主要的作用力是水分的凝集力，水的吸附量主要取决于水汽压的大小。

在等温线的B–C段，即高湿区，主要发生的是毛细管水分的凝结作用，曲线弯向水含量坐标轴，说明由于毛细管

活页笔记

凝结作用，粮食水分增加得更加迅速。

一些研究表明：在出现毛细管凝结水以前粮食含有的水分是维持正常生命活动所必需的；毛细管中的水分属于自由水，在粮粒内部易于移动，可以被粮堆中的有害生物所利用。因此，毛细管凝结水出现后，粮食正常生命活动——休眠将被打破，这时，粮食的储藏稳定性变差，很容易发生问题。

5. 吸附滞后现象

通常粮食样品在同一相对湿度下，其水分含量有两个数值，一是当粮食吸湿时的水分含量，一是当粮食解吸水分或干燥时的水分含量。解吸时的水分含量高于吸湿时的水分含量，因而等温线又分为吸附等温线与解吸等温线。

一种粮食的吸附与解吸等温线不相同，即在某种特定的相对湿度和温度下，解吸平衡水分高于吸附平衡水分。解吸等温线滞后于吸附等温线，这种现象称为吸附滞后现象。如图1-14所示的小麦、面粉解吸等温线，明显地由吸附等温线向左移动。玉米在22.2℃的等温条件下，其吸附与解吸平衡水分间的差异，如表1-17所示。

因为粮食的吸附滞后现象，不同水分的粮食存放在一起很难达到水分

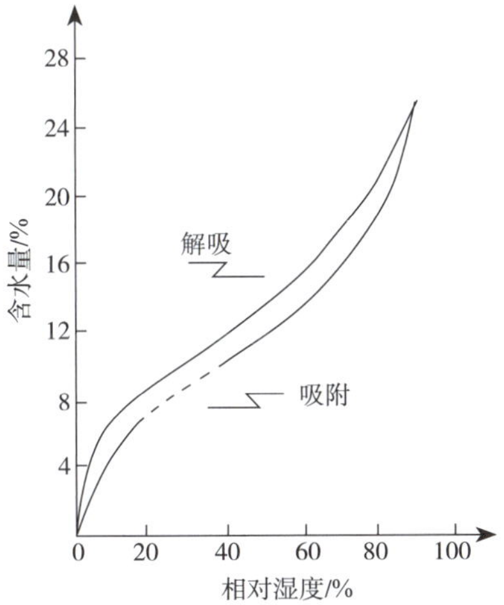

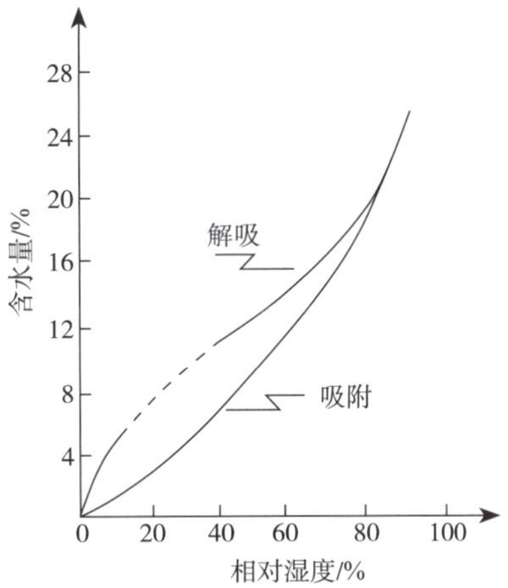

图1-14　面粉和小麦的吸湿等温线

表1-17　玉米在吸附与解吸时的水分差异　单位：%湿基

相对湿度/%	解吸平衡	吸附平衡	相对湿度/%	解吸平衡	吸附平衡
88.5	24.2	23.4	25.8	9.8	8.0
67.5	16.5	15.2	9.4	7.0	5.6
46.5	12.9	11.5			

活页笔记

平衡，存放时要注意干湿粮分开。而且通过取样测定的水分含量判断整仓粮食的储藏稳定性是不完全可靠的，它不能反映粮堆某些局部的问题。

吸附滞后现象的形成主要有以下几个原因。

（1）在吸附时水分子直接从空气中吸引到胶粒表面（或吸附层表面）没有其他干扰因素，而在解吸时，水分子既要脱出胶粒表面，还要脱离周围吸附分子的吸引，由于解吸热与吸附热不相等，从而形成了滞后曲线。

（2）粮粒毛细管中的空气妨碍解吸的进行。

（3）在吸着过程中，水分子最初是以单分子层被束缚于粮粒细胞的表面，等到更多的水分加到粮粒内，水分子凝结在第一层上而成为多分子层；当横贯细胞壁的水分含量梯度增到扩散力大于表面上水分子的束缚力时，水分子就进入细胞内；当解吸时，细胞内水分子维持不动，直到相反的水分含量梯度形成，细胞内的水分才开始渗出，所以解吸比吸附具有更高的平衡水分。

（4）在低水分时，粮粒中的极性基团彼此吸引紧密，在它们之间不留有水分子存在的间隙。吸附水分后，则极性基团分离；而解吸时，极性基团强烈地吸引着水分子。当吸附水分时，粮粒变形、膨胀，内部出现破缝、龟裂，增加了散湿时的解吸水分的表面面积，所以平衡水分较高。

6. 粮食安全储存水分

粮食安全储存水分简称安全水分，是指在利用完好仓储设施储粮并采取科学保粮措施条件下，保证粮食安全度夏储存的水分值。不同地区地理气候条件不同，粮食安全储存水分标准不同；同一地区储藏的不同粮种，因结构和化学成分不同，安全储存水分标准也不同，见表1-18。

粮食储藏是否安全，受水分、温度的共同影响，一定含水量的粮食储藏于因季节变换而变化的大气温度所制约的环境温度下，不同季节又有不同的粮食储存安全水分。一般来说，当储藏温度较高时，粮食的含水量应降低，反之，高水分的潮粮必须储藏于较低温度的环境之中。保证粮食安全储藏的温度-水分制约关系是：粮食含水量以18%、储藏温度以0℃为基点，温度每升高5℃，粮食含水量应降低1%。

表1-18　各地区主要粮食品种安全储存水分值　单位：%

地区	安全储存水分					地区	安全储存水分				
	小麦	早籼稻	晚籼稻粳稻	玉米	大豆		小麦	早籼稻	晚籼稻粳稻	玉米	大豆
北京	13.5	14.5	15.0	14.5	14.0	湖北	13.0	14.0	14.5	14.0	14.0
天津	13.5	14.5	15.0	14.5	14.0	湖南	13.0	14.0	14.5	14.0	14.0
河北	13.5	14.5	15.0	14.5	14.0	广东	13.0	13.5	13.5	13.5	13.0
山西	13.5	14.5	15.0	14.5	14.0	广西	13.0	13.5	13.5	13.5	13.0
内蒙古	13.5	14.5	15.0	14.5	14.0	海南	13.0	13.5	13.5	13.5	13.0
辽宁	13.5	15.0	15.5	14.5	14.0	四川	13.0	14.0	14.0	14.0	14.0
吉林	13.5	15.0	15.5	14.5	14.0	重庆	13.0	14.0	14.0	14.0	14.0
黑龙江	13.5	15.0	15.5	14.5	14.0	云南	13.0	14.0	14.0	14.0	14.0
江苏	13.0	14.0	14.5	14.0	14.0	贵州	13.0	14.0	14.0	14.0	14.0
上海	13.0	14.0	14.5	14.0	14.0	西藏	13.0	14.0	14.0	14.0	14.0
浙江	13.0	14.0	14.5	14.0	14.0	陕西	13.5	14.0	14.5	14.5	14.0
安徽	13.0	14.0	14.5	14.0	14.0	宁夏	13.5	14.5	14.5	15.0	14.0
江西	13.0	14.0	14.5	14.0	14.0	甘肃	13.5	14.5	14.5	15.0	14.0
福建	13.0	14.0	14.5	14.0	14.0	青海	13.5	14.5	14.5	15.0	14.0
山东	13.0	14.0	14.5	14.0	14.0	新疆	13.5	14.5	14.5	14.0	14.0
河南	13.0	14.0	14.5	14.0	14.0						

7. 吸湿性与粮油储藏的关系

活页笔记

吸湿性的研究为粮食储藏工作提供了理论依据。粮粒的吸湿性和平衡水分的概念，指出了空气相对湿度对粮食水分的影响，当水分大的粮食存放在低相对湿度的环境中时，粮食水分会散发，反之，如把干燥的粮食存放在潮湿的环境中，粮食则增加水分而受潮。因此，在粮食储藏期间，利用通风、密闭、干燥等措施控制和调节水分时，必须运用粮食的吸湿性与平衡水分的原理。

由于吸附滞后作用，高水分粮和低水分粮混储后，会引起粮堆水分的不均匀而难以保管。

二、粮堆的湿热扩散

1. 水分在粮堆中的转移

储藏中的粮食即使处在安全水分且各部分水分一致的情况下，只要在粮堆的不同部位存在着显著的温差，仍有可能变质。粮堆内的空气不是静

活页笔记

止的，而是形成对流不停地运动着。粮堆内热空气相对密度较小而上升，水汽也随之运动，至表面遇冷结露。即使在水分很均匀的粮食中，水分也会沿着温度梯度引起的蒸气压梯度而运动，这种现象称为湿热扩散。水分从温暖区域向较冷的区域移动，可能导致平衡水分超过安全水分。极端的情况下，空气碰到冷的表面，可能冷却至低于露点。于是水分就在仓壁或粮堆表面凝结，大大地增加了这一区域的平衡相对湿度，使粮食变质的危险性增加。如当年入库的夏粮，在气温下降时，容易出现粮堆上表面转冷而水分增高的分层现象。一般所说的“结顶”大多是由此产生与发展的结果。

粮堆的湿热扩散

当高水分粮和低水分粮堆在一起时，粮食水分能通过水汽的解吸和吸附作用而移动，最后达到吸湿平衡，这种现象称为水分再分布。但吸湿平衡，除考虑粮食水分外，必须同时考虑粮堆温度、相对湿度和水汽压等因素。

在相同温度下，水分越大，粮粒间水汽压也大；在相同水分下，粮温越高，粮粒间水汽压也高。在粮堆各部位温度分布不均匀的情况下，水汽常从高温处移向低温处，在粮温较低的粮层中，由于水汽凝结而增加水分。温差越大，原有含水量越高，堆放时间越久，则水分增加也越分明。

水分沿着温度梯度而运动的过程是一个缓慢的过程。一般认为扩散是水分转移的主要机理，对流起辅助作用。储藏实践表明，靠近仓壁的粮食变质主要是由水分不断地从温暖处移向冷处，以及粮堆空气在中心上升，而沿仓壁下降的对流联合作用的结果。粮堆表面生霉结块、发芽、腐烂也往往是温差引起水分转移的结果。

2. 影响水分在粮堆扩散的因素

粮食储藏中，除仓房漏雨进水及结露外，粮食吸湿和解吸都是通过水汽进行的。粮食吸水或失水的速率也取决于大气中的水汽分压（相对湿度）的高低。水分扩散进出粮堆或粮食与大气水分交换的速率是很慢的，尤其是在大量粮食散存的情况下。粮堆储藏中水分转移的现象在储粮实践中具有重要的意义，了解这一物理过程对储粮的安全是必不可少的。归纳起来，影响水分扩散的因素有以下几个。

（1）粮食的含水量　含水量高，饱和水汽分压就高，就容易发生水分转移。

（2）粮堆阻力的大小　水汽的扩散受到粮堆阻力的影响。通常孔隙度大，粮食就易发生水分转移。当然，粮粒的颗粒形态以及杂质含量也会影

活页笔记

响这一过程。

（3）温度差别　不同储粮部位的温差越大，水分扩散的速度与数量越大。

（4）粮食吸湿性能大小　水汽的扩散是通过一粒一粒粮食逐渐进行的，每粒粮食都有一个吸湿和解吸的过程，这样粮食吸湿性的大小就直接影响水分的扩散。

3. 湿热扩散与储粮的关系

储粮工作者应掌握粮食水分的变化过程与规律，防止水分在某一部位的聚积而使粮食变质。例如，秋冬交替时粮温较高，特别是热入仓的麦堆，容易产生温差，中、下层粮温高于上层，从而引起冷热空气循环对流，使水分按热流方向移动。这种水分移动长期进行，使粮堆上层水分明显增高，形成上层结顶现象（图1-15），若中、下层粮温低，边、上部粮温高时，则会发生相反的对流现象，使底部粮食水分增高（图1-16），这样的情况常发生于春季。

在储粮实践中，春秋季节转换时，要特别注意水分转移的情况，即使是原始水分很低的粮食。如9.8%的小麦，在0℃的温差下经过2周，较冷部位的小麦水分也会增至36.2%，发芽生霉。在机械通风降温、降水过程中也会发生粮食水分转移的情况，甚至发生局部结露，导致粮食变质的现象。在粮仓中，阴面墙边、底部和其他部位都有可能由湿热扩散引起水分增高，如不及时检查处理，就可能导致储粮变质。因此，要密切注意粮堆的低温部位，发现问题及时处理，确保储粮安全。

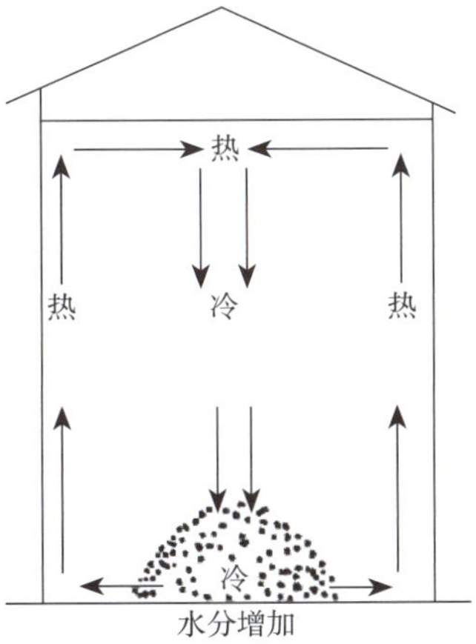

图1-15　外温高于粮温时水分转移情况

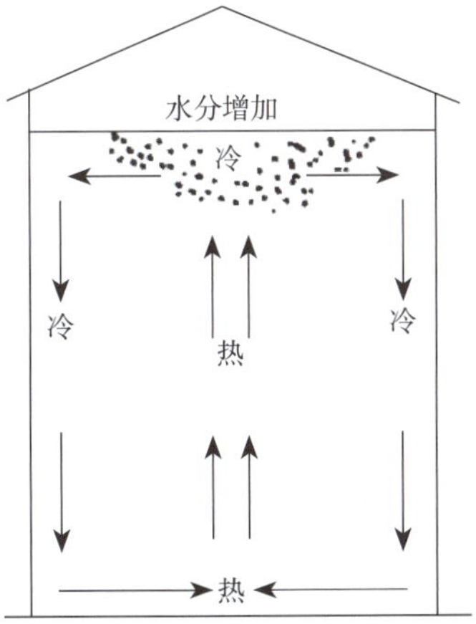

图1-16　外温低于粮温时水分转移情况

◆ 任务准备

序号	名称	规格	数量	备注
1	典型案例资料		1套	
2	粮食水分快速检测仪		1套	
3	粮食样品	2kg/份	3份	

注：①典型案例资料是指某仓房的储粮基本情况。
②粮食样品由技能鉴定站预先准备，每份样品分别代表当前粮堆上、中、下各层粮食的水分。

活页笔记

◆ 任务实施

1. 操作步骤

（1）查看了解有关粮情。

（2）按照粮油水分含量检测点的设置要求，对粮堆进行扦样，采用粮油水分快速检测仪检测粮食水分含量，并做好记录。

（3）根据检测到的当前粮堆扦样部位和所在粮层粮食水分含量，判断其与上次相比是否发生变化。

（4）结合有关粮情资料，判断储藏粮食水分含量变化趋势，分析变化情况及原因，写出分析报告（表1-19）。

表1-19　储粮水分变化分析报告

分析人：　　　　分析时间：

储粮基本情况	储粮品种		储粮量/t	
	生产年度		入库时间	
	仓房类型		虫害/（头/kg）	
	原始水分/%		全年水分变化	
	是否通风		是否压盖	
检测了解当前情况	平均水分/%		上层水分/%	
	中层水分/%		下层水分/%	
	最高水分/%		最低水分/%	
	气温/℃		气湿/%	
	平均粮温/℃		局部温差/℃	
近期水分变化趋势	平均水分		上层水分	
	中层水分		下层水分	
近期水分变化原因				
全年水分变化情况				
全年水分变化原因				

注：①水分变化趋势以“增加”或者“降低”表示。
②水分变化原因以“吸湿影响”“散湿影响”“粮堆生物成分影响”表示。
③水分变化情况以“正常”或者“不正常”表示。

活页笔记

2. 注意事项

（1）查看了解的粮情主要包括储粮品种、杂质含量、生产年度、入库时间、虫害情况；储粮的围护结构、粮食入仓季节、原始粮食水分；上次检查全仓储粮平均水分含量、局部水分含量、全年水分变化（增加或降低）；粮堆各部位的温差情况、近期储粮通风情况、粮温、仓温、气温的历史记录等内容。

（2）分析储藏粮食的水分变化，要对全仓粮食平均水分变化和局部粮食水分变化两种不同情况区别对待，不能以局部粮食水分代表全仓粮油水分，也不能以全仓粮食水分代表局部粮油水分。

（3）对于刚入仓的粮食应重点检查分析仓内某层点局部水分变化情况。

（4）检查粮堆局部水分，可采用眼看、手捏、牙咬等感官鉴定法与快速水分检测仪测定相结合的方法测定粮油水分含量，以提高检测效率。

◆ 任务评价

班级：　　姓名：　　学号：　　成绩：

评价任务		分析储粮湿度和水分变化的原因			时间：25min			
序号	评价内容	评价要点	配分	评分标准	检测结果	扣分	得分	备注
1	准备工作	阅读典型案例资料	4分	提问2点，每答错一点扣2分				
		填写储粮基本情况	10分	漏记或记错，每一点扣1分，扣完为止				
2	操作前提	检测当前水分情况	20分	未检测或检测错误扣20分				
		填写当前情况记录	10分	漏记或记错，每一点扣1分，扣完为止				
3	操作过程	分析近期水分变化趋势	10分	分析不正确每点扣10分				
		分析近期水分变化原因	12分	分析不正确扣12分				
		分析全年水分变化情况	12分	分析不正确扣12分				
		分析全年水分变化原因	12分	分析不正确扣12分				
4	操作结果	填写水分变化分析报告	5分	填写有涂改，每处扣1分，扣完为止				
5	使用工具	熟练规范使用工具	3分	使用水分检测仪不正确扣3分				
		工具使用维护	2分	水分检测仪使用后乱摆乱放扣2分				
6	安全及其他	按国家法规或企业规定操作	—	违规一次总分扣5分；严重违规停止操作			—	
		在规定时间内完成操作	—	每超时1min总分扣5分，超时3min停止操作			—	
		合计	100分					

说明：①不会利用粮食水分快速检测仪检测当前粮食水分的，停止操作，成绩计零分；
②学生违章操作或发生事故须停止操作，成绩计零分

活页笔记

大国粮仓——见证粮食储备发展变迁的窑洞仓

检查储粮温湿度习题

思考题

1. 为什么粮堆表层粮温变化快于深层粮温?

2. 冬季粮温的下降速度为什么慢于气温和仓温?

3. 粮温高于15℃时，危险水分粮油为什么要每天检测一次粮温?

4. 粮堆发热的三个阶段是什么?

5. 霉变对储粮品质的影响有哪些?

6. 一般储粮期间可以采用什么措施防霉?

7. 为什么粮堆表层、边缘的粮温比粮堆中心、底层的粮温受外温影响大?

8. 简述水分活度的概念。

9. 影响水分在粮堆扩散的因素有哪些?

项目二

检测储粮气体

学习导入

辽东湾是离东北腹地最近的出海口，从9月起，鲅鱼群陆续游向温暖的南方，东北的粮食迎来了收获的季节，中储粮辽东湾直属库也到了最忙碌的时候。抵达港口的粮食可以通过三种方式输送入仓，一是通过栈桥内的顺岸皮带机直接输送进仓，二是由汽车转运入库，三是通过铁路火车接卸入库，真正实现了高效联运。10座直径达30m的架空式筒仓，结合了“中转仓”与“储备仓”的角色，是兼具出入库作业效率与储粮保管水平的升级版粮仓。作为粮食储备仓，它也配备了粮情检测、环流熏蒸、内环流控温等科技储粮设备，与普通中转仓相比，能使粮食安全更有保障，真正做到“储”“运”全能。作为“北粮南运”的重要节点通道，每天都会有源源不断的粮食在这里装卸、中转，而中储粮人一直坚守在这里，为保障粮食物流畅通而努力。

粮堆中的气体成分与粮食的安全储藏关系十分密切，其中各气体成分的含量直接影响着粮堆各生物成分的活性，所以在粮食储藏期间对粮堆中气体成分的检测，有助于掌握粮堆的状况，以确保粮油安全、减少损失损耗、防治污染、延缓品质劣变。根据我国目前绝大多数粮储企业的实际情况，粮油储藏过程中需要监测的主要气体和因子为磷化氢、二氧化碳、氮气、氧气和温湿度。本项目设置了检测粮堆氧气和二氧化碳气体浓度、检查粮堆磷化氢气体浓度及泄漏情况任务和制订粮堆气体成分检测方案2个学习任务。

活页笔记

粮仓里的中国——“储”“运”全能的升级粮仓

- 项目二 检测储粮气体
  - 任务一 检测粮堆氧气和二氧化碳气体浓度
    - 粮堆的物理性质
      - 粮堆的构成
      - 粮堆的流散特性
    - 粮堆的气流性
      - 粮堆气流性的概念
      - 粮堆气流性的形成原因及类型
      - 影响储粮气流的因素
    - 空气的组成成分及其对储粮的作用
      - 粮堆气体成分的变化规律
      - 气体成分对粮食呼吸强度的影响
    - 粮堆气体成分的检测方法与检测装置
      - 电子测氧仪
      - 二氧化碳检测仪
    - 任务实施
  - 任务二 检测粮堆磷化氢气体浓度和泄漏情况
    - 任务2-1 正确使用正压式空气呼吸器
      - 空气呼吸器的构造
      - 空气呼吸器的工作原理
      - 空气呼吸器日常检查
      - 任务实施
    - 任务2-2 检测粮堆磷化氢气体浓度
      - 磷化氢气体理化性质
      - 磷化氢气体检测仪
      - 磷化氢气体检测取样点设置
      - 任务实施
    - 任务2-3 检查粮堆磷化氢气体泄漏情况
      - 磷化氢气体报警仪
      - 熏蒸期间的磷化氢泄漏情况检测
      - 熏蒸结束后散气工作
      - 磷化氢熏蒸安全防护
      - 磷化氢气体中毒急救
      - 任务实施
    - 任务2-4 制订粮堆气体成分检测方案
      - 空气条件与粮食安全储藏的关系
      - 任务实施

活页笔记

任务一

检测粮堆氧气和二氧化碳气体浓度

知识目标

1. 掌握粮堆的物理性质及相关概念。
2. 掌握粮堆的气流性、储粮气流与粮食储藏的关系。
3. 掌握空气组成成分对储粮的影响和粮堆气体成分的变化规律。
4. 了解空气条件与粮食安全储藏的关系。

能力目标

能够使用电子气体检测仪测定粮堆的氧气和二氧化碳。

奥式气体分析仪操作

素质目标

1. 通过对粮堆物理性质的研究，了解影响粮食品质变化的因素，培养探索精神。

2. 粮食储藏过程中，粮堆孔隙中的氧含量逐渐降低而二氧化碳含量逐渐增加，氧气和二氧化碳的含量变化影响着粮食呼吸作用的强度、生物氧化反应的进程、需氧微生物的生长发育和仓库害虫的生命活动，通过气体检查的方法培养科学严谨的工作态度以及发现问题、分析问题、解决问题的能力。

学习情境描述

生物的一切生命活动离不开环境中的空气，反过来，改变环境空气的组成及浓度也可以影响生物的生命活动，甚至直接促使其死亡。在自然界中，除水汽外，干燥空气的组成成分比较稳定，以体积分数计，一般含氮（N_2）78.09%，氧（O_2）20.95%，氩（Ar）0.93%，二氧化碳（CO_2）0.03%以及微量的氦（He）、氖（Ne）、氪（Kr）、氢（H_2）等。其中O_2和CO_2的存在及其含量变化，对生物有机体的生命活动有着重要影响。

粮堆内的气体成分与一般空气的成分不同，由于环境内生物成分的呼吸作用，使其环境中的O_2含量减少，CO_2的含量增多，从而造成粮堆内部O_2、CO_2与N_2的比例发生改变，另外还有一些陈粮所特有的气体成分增加。

活页笔记

对粮堆氧气、二氧化碳的测定，在密封后24h内即应进行，连续测定一周达到降氧效果后可改为每周检测一次，并详细记录，作为判断是否达到气调要求的依据。

任务资讯

一、粮堆的物理性质

粮堆的物理性质是指粮食在储藏运输过程中反映出的多种物理属性，如粮食的流散特性（自动分级、散落性）；粮食的热特性（导热性和导温性）；粮食的吸附特性（吸湿特性和气体吸附特性、湿热扩散）；粮食的应力裂纹等。这些物理特性互相关联，并与生物特性共同作用，对粮食的生命活动、虫霉危害、储粮的稳定性产生有利的和不利的影响，并与粮食清理、干燥、通风、气调等作业及粮仓设计都有密切关系。因此，深入了解粮堆的物理特性对储粮工作者来说十分重要。

（一）粮堆的构成

粮堆是粮粒聚集而成的群体。粮堆是组成相对复杂的积聚体，不同的粮堆组成有一定的差异。粮堆主要由生物成分和非生物成分组成，即由粮粒（约占粮堆体积的60%）、杂质、微生物、虫螨和空隙中的空气组成。

粮食籽粒是粮堆的主体。粮食籽粒本身是活的有机体，在储藏过程中维持着一定的新陈代谢活动，处于缓慢的分解状态。原粮一般以散装堆放形式储藏为主，而成品粮一般以包装堆垛形式储藏。成品粮的呼吸作用比原粮旺盛，容易引起局部湿热现象，品质变化速度较快。

昆虫、螨类和微生物是粮堆中的有害生物，也是粮堆的组成部分，与粮食的储藏稳定性能有密切的关系。储粮害虫的生命活动是围绕着粮食进行的，直接或间接地危害粮食。微生物通过分泌酶，将粮食中的营养物质分解，有些微生物还能产生真菌毒素，是影响储粮稳定性及品质安全的重要因素。

另外，粮堆中还含有一定的杂质。杂质包括无机杂质和有机杂质，无机杂质主要有石头、泥块、沙子等，有机杂质包括其他粮食籽粒、草籽等。这些杂质可在形成粮堆时产生自动分级，同时由于杂质一般有含水量高、吸湿性强、带菌量大等特点，降低了储粮的稳定性。另外杂质的存在将影响以后粮食的加工工艺或品质。因此，粮食入仓前应该进行适当的清

活页笔记

理，以减少杂质的含量。

（二）粮堆的流散特性

粮堆的流散特性包括散落性、自动分级、孔隙度等。这是颗粒状粮食所固有的物理性质。粮堆具有流散特性的根本原因是粮粒之间的相互作用力——内聚力小，不足以在重力的作用下使粮粒保持垂直稳定，致使粮食在堆装、运输、干燥、加工等过程中表现出流散特性。

1. 散落性

粮食在自然形成粮堆时，向四面流动成为一个圆锥体的性质称为粮堆的散落性。粮食颗粒的大小、成熟度的差异、杂质数量的多少等都和散落性密切相关。粮堆散落性的好坏通常用静止角或自流角表示。

粮食的散落性

静止角是指粮食由高点落下，自然形成圆锥体的斜面与底面水平线之间的夹角。静止角与散落性成反比，即散落性好，静止角小；散落性差，静止角大。

粮粒的大小、形状、表面光滑程度、容重、杂质含量都对粮食的散落性有影响。粒小、饱满、圆形粒状、密度大、表面光滑、杂质少的粮食散落性好，反之则散落性差。不同粮食之间，上述外观特征明显不同，因此，具有不同的散落特性。表2-1给出了主要粮种静止角的大小。

如表2-1所示，油菜籽粒小、呈圆形、表面光滑，其散落性比长粒形、表面粗糙的稻谷要好。此外，粮食中含杂量增加，其散落性会降低。粮食水分含量增加，散落性也会降低，这是由于粮食水分的增加，使粮粒表面黏滞，粮粒间的摩擦力增大。当粮食发热霉变后，散落性会完全丧失，形成结顶。表2-2给出了同一种大豆含水量、含杂率与散落性的关系。

表2-1　主要粮食的静止角

粮食种类	静止角/（°）	变动范围/（°）
小麦	23～38	15
大麦	28～45	17
玉米	30～40	10
稻谷	37～45	8
大米	23～33	10
糙米	27～28	1
大豆	24～32	8
黍	20～25	5
芝麻	24～30	6
油菜籽	20～27	7

表2-2　　大豆含水量与含杂率对静止角的影响

粮食种类	水分含量/%	静止角/（°）	含杂率/%	静止角/（°）
大豆Ⅰ	11.2	23.3	3.0	25.0
大豆Ⅱ	17.7	25.4	1.0	23.8

活页笔记

粮堆散落性的另一量度是自流角。自流角是粮粒在不同材料斜面上开始移动的角度，即粮粒下滑的极限角度。粮食的自流角就是粮堆的外摩擦角。自流角是一个相对的值，它既与粮粒的物理特性有关，又与测试时所用材料有关。同种粮食在不同的材料上测定的自流角不同，不同种粮食在相同的材料上自流角也不同。

自流角表示的是某种粮食在某种材料上的滑动性能。自流角越大，滑动性能越差；自流角越小，滑动性越好。

粮食的散落性在粮食储藏、装卸输送机械及储藏设施的设计中都是一个重要因素。储藏期间散落性的变化，可在一定程度上反映粮食的储藏稳定性。安全储藏的粮食总是具有良好的散落性。如果粮食出汗、返潮、水分含量增大、霉菌滋生，就会使散落性降低；严重的发热结块会形成90°角的直壁状，完全丧失散落性。

散落性好的粮食，在运输过程中容易流散，对于装车、装船、入仓出库操作都较方便，可节省劳力与时间。但是散落性较大的粮食对装粮容器的侧压力也大，装粮时对散落性大的粮食就要降低堆装高度，对于散落性较小的粮食则可酌情增加高度。用于确定不同粮食的堆粮线和堆垛形式，对仓墙强度不够的仓房，常采取围包散装堆放的方式。

散落性是确定粮食输送自流设备技术参数的理论依据。当使用输送机输送粮食时，输送机皮带和水平面的夹角应小于自流角和静止角；当安装溜筛和自流管时，溜筛面、自流管底面和水平面的夹角应大于自流角和静止角，这样才能保证设备的正常运转。

2. 自动分级

任何一批粮食，都是非均质的聚集体。粮粒有饱满的、瘪瘦的、完整的、破碎的，形态多种多样。杂质也轻重不同，大小不一。在散落时彼此受到的摩擦力和重力不同，运动状态及轨迹也不同。因此粮食在振动、移动或入库时，同类型、同质量的粮粒和杂质就集中在粮堆的某一部分，引起粮堆组成成分的重新分布，这种现象称为自动分级。例如小麦在形成粮堆时的自动分级现象表现为从顶部到底部各个部位的组分呈现出有规律的分布：破碎粒、轻浮夹杂物、杂草种子在底部比顶部更多。

粮食的自动分级和孔隙度

活页笔记

自动分级现象的发生与粮食输送移动时的作业方式、仓房类型密切相关。形成自动分级的杂质积聚点与进粮方式关系较大，平房仓进粮时输送机及落粮点固定，会形成锥体基部杂质区，输送机移动，形成粮堆底部与两侧带状杂质区；筒式仓中心进粮，形成靠仓壁处的环状轻型杂质区和落粮点附近处的柱状重型杂质区；露天囤入粮在下风口处囤边形成杂质区；人工入粮，入粮点多且不固定而分级不明显。

按照自动分级形成的原因，自动分级又可归纳为重力分级、浮力分级和气流分级。

（1）重力分级　重力分级的情况明显地发生在有振动的运输过程中。如散装原粮长途运输后，大而轻的物料就会浮到最上面，细而重的物料就会沉到底部，而较细、较轻、较大、较重的物料分于两者之间，从而形成了分层的现象。

（2）浮力分级　浮力分级是粮粒下落过程受力不同而造成的自动分级。当气流的浮力一定时，重的粮粒下落速度较快，轻的粮粒下落较慢。而轻的杂质在慢慢的下落过程中，由于物体重力、受力方向的改变也随时变化，使得较轻的杂质飘移落点，从而形成分级现象。

（3）气流分级　气流分级通常发生在露天堆粮的过程中。当输送机在大风天卸粮时，在下风处就会聚积较多的轻杂质，从而形成自动分级现象。这种情况在皮带输送机、扬场机的作业中都会发生。

自动分级现象使粮堆组分重新分配，这对安全储粮十分不利。杂质较多的部位，往往水分含量较高，孔隙度较小，虫霉容易滋生，是极易发热霉变的部位，如不能及时发现，还会蔓延危及整堆粮食。因此，在储粮日常管理及粮情普查时要根据不同的入粮方式，密切关注杂质区粮情，多设检查层点，发现问题及时处理。

自动分级中灰尘集中的部位，孔隙度小、吸附性大，在熏蒸杀虫时，药剂渗透困难，影响杀虫效果。同时，在通风降温、降水过程中，也因空气阻力的加大，使风速达不到规定的要求，造成局部温度、水分偏高。

在粮食储藏中也可利用自动分级有利的方面，如利用气流分级清理粮食，使用筛子振动清除杂质等。

防止自动分级最积极的办法是预先清理粮食，实现净粮入仓。此外，也可在粮仓上安装一些机械装置，使粮食均匀地向四周散落分布，减轻自动分级现象。

3. 孔隙度

在粮堆中，粮粒所占体积的百分比称作粮堆密度，孔隙所占的百分比

活页笔记

称作孔隙度。粮堆中的孔隙是粮粒与粮粒之间的空间，这是粮食在储藏中维持正常有氧呼吸、进行水分与热能交换的基础。

容重是指单位体积内某种粮食的质量，以g/L表示。容重与孔隙度成反比，是粮食检验等的重要参数之一。常见粮堆的密度、容重、孔隙度见表2-3。

表2-3　常见粮堆的密度、容重、孔隙度

粮食种类	密度/（t/m^3）	容重/（g/L）	孔隙度/%
小麦	1.22～1.35	687～781	35～45
大米	1.33～1.36	800～821	43
玉米	1.11～1.25	675～807	35～55
大豆	1.14～1.23	658～762	38～43
油菜籽	1.11～1.38	607～835	38～40
面粉	1.30	594～605	40～60
花生仁	1.01	600～651	40～48

粮堆孔隙度和粮堆密度都用百分比表示。可根据粮食的容重和密度来推算：

$$粮堆密度=容重/密度\times 100\%$$

$$孔隙度=（1-容重/密度）\times 100\%$$

$$或\quad 孔隙度=1-粮堆密度$$

粮堆孔隙度的大小受到许多因素的影响，如粮粒形态、大小、表面状态、含水量、杂质的特征与数量、堆高、储藏条件等。粮粒大、完整、表面粗糙的，孔隙度就大；粒小、破碎粒多、表面光滑的，孔隙度就小。细小而杂质多的粮食，可降低粮堆的孔隙度。对于一个粮堆，各部位的孔隙度是不一样的。特别是自动分级明显的粮堆杂质区的孔隙度明显低于其他部位；粮堆底层所受压力大，孔隙度较小。此外，粮堆吸湿膨胀后，也会造成孔隙度降低。

粮堆的孔隙度在粮食储藏期间具有重要的意义。孔隙度的存在，决定了粮堆气体交换的可能性，这是粮粒正常生命活动的重要环境因素。孔隙度大的粮堆，孔隙中空气的流通较快，粮堆内湿热易于散发。同时粮情易受环境条件的影响，粮堆温湿度随外界环境变化快。孔隙度小的粮堆，气体交换不足，粮情不易受外界环境的影响。但是，当某些部位有湿热时，粮堆内就会湿热郁积不散，易引起发热、霉变。所以粮堆中的孔隙度，是影响粮食安全储藏的因素之一。

同时孔隙度也和常用储粮技术有密切关系，如人为地利用惰性气体改变粮堆内的气体成分，改变粮堆内粮粒与害虫、霉菌的生活环境，以抑制

活页笔记

粮食呼吸及虫霉的活动，在此基础上发展了气调储藏技术；自然通风和机械通风，也是通过粮堆中的孔隙促进仓外干冷空气与粮堆内湿热空气的对流，以达到降温、降水的目的；进行药剂熏蒸和化学保管时，孔隙度大，药剂就易于渗透，杀虫抑菌的效果就好，孔隙度小，毒气渗透困难，影响熏蒸效果。

二、粮堆的气流性

（一）粮堆气流性的概念

粮堆的气流性

粮堆中的空气通常并非静止不流动，而是受粮堆内的温度分布和季节变换影响，总存在微气流。粮堆内外温差的存在，导致粮堆孔隙间空气密度差，进而导致空气密度较大的冷空气向粮堆中下部流动，而密度较小的热空气向粮堆的中上部流动。粮堆气流只能在空隙中流动，运动阻力较大，加上粮堆常处于相对静止、相对密闭的环境中，所以储粮气体流动速度就非常缓慢。在散装粮堆中，气流速度只有0.1 ~ 1.0mm/s，称作微气流。粮堆气流的本质是储粮环境中各种气体分子在某种作用力的推动下，按照一定方向运动的现象。

粮堆中微气流的流动方向则是根据粮堆内外温差方向而定，一般分高温季节和低温季节两种情况，如图2–1和图2–2所示。

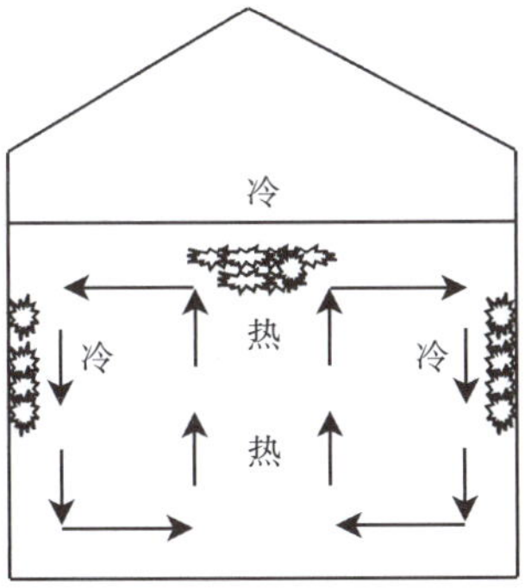

图2–1　秋冬季粮堆中的微气流图

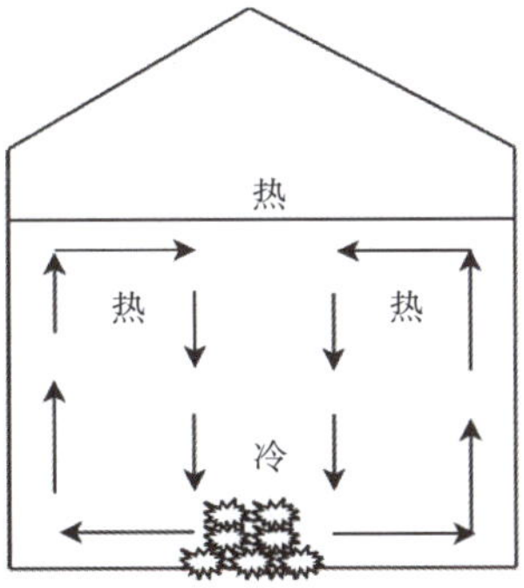

图2–2　春夏季粮堆中的微气流图

在秋冬交替时粮温较高，特别是热进仓的粮堆，容易产生温差，中、下层粮温高于上层，从而引起冷热空气循环对流。若中、下层粮温低，仓边、上部粮温高，则会发生相反的对流现象，这种情况常发生于春季。

活页笔记

（二）粮堆气流性的形成原因及类型

由于温差所形成的气流，称为热力对流。由于气压差所形成的气流，称为动力对流。热力对流是储粮气流的主要对流形式。粮温与粮堆外围环境温度（仓温或气温）之间或粮堆内部不同部位温度的差异，使得相邻空间气体密度不同。温度高的部位气体分子密度小，做上升运动；相反，温度低的部位气体分子密度大，做下沉运动，从而形成粮仓小气候中的热力对流。动力对流是储粮气流的非主要对流形式。造成动力对流的作用力是粮堆外围环境的气压。在刮风天气，外界环境气体分子流动时具有较大的动能，它们通过围护结构的各种孔洞、缝隙，与粮堆气体分子进行方向性碰撞，使之压力发生变化，并做方向性运动，即气体分子将从压力高的地方流向压力低的地方，形成粮仓小气候中的动力对流。外界风级越高或气压变化越大，这种动力对流的影响就越大。在储粮生态体系中气体对流路线有粮堆内外对流、粮堆内部对流、仓内外对流等。

粮堆内外热力对流分热核心粮气流和冷核心粮气流。当粮温高于环境温度2～3℃时，称热核心粮。此时，储粮明显处在低温环境中，外围储粮受外温影响，粮温较低，中间部位的粮温由于温度较高，气流做上升运动，流向粮面及空间，气体在空间被冷却后又沿外围下沉，并在粮堆中间底部被加热，从而形成气体循环回路。当粮温低于环境温度2～3℃时，称冷核心粮。这时，储粮处在一个高温环境中。外围的储粮受外温的影响而升温，其孔隙中的空气变暖向上运动至表层空间四周，中间部位粮温较低，由于中间部位的上、下层压力差，使空间热空气向下运动并被储粮吸热后变冷、下沉，并向四周扩散给予补充，从而形成气体循环回路。

粮堆内部热力对流：当粮堆内粮质不均匀、水分不同或生物种群密度存在差异时，由于生物体的呼吸作用，常常造成粮堆内各部位温度高低不同。温度高的部位往往引起“窝状发热”。发热点热空气上升，中、下、底部冷空气作补充，形成局部气体回流。如果这样的回流不受或少受整个粮堆气流的影响，则会产生“自我激励效应”，即发热范围越来越大，发热程度越来越严重。

仓内外对流：对于顶部有出风口，底部有通风口的立筒仓、浅圆仓、地下仓和通风仓，如果进、出风口敞开或压盖不严，允许气体大量通过，则会形成气体单向流动路线，即所谓“烟囱效应”。对于密闭性能不好、漏气严重的房式仓，当仓外刮风时，会造成水平方向压力，透过仓墙，压迫粮堆中的气体以水平运动方式向下风口转移，结果上风部位的气体密度小，下风部位密度大。风力越大，粮堆上、下风部位的气体密度差越大，粮堆中水平气流运动就越快。

粮堆气流不但在运动，而且在运动中变化，它像一条运输线，不断向粮堆送入或带出水分、能量、氧、二氧化碳及熏蒸毒气等物质。

在储粮生态体系中气体对流路线有粮堆内外对流、粮堆内部对流、仓内外对流等。

（三）影响储粮气流的因素

在储粮生态体系中气体对流路线有粮堆内外对流、粮堆内部对流、仓内外对流等。储粮气流的方向和速度主要受温差、粮堆密闭程度、孔隙度、粮仓类型和储粮方式等各种因素影响，并随其变化而变化。温差是影响储粮气流的主要因素，决定了气流运动的方向。

粮堆孔隙度大小直接影响气流运动的快慢。以散装小麦和稻谷为例，前者孔隙度大，气流阻力小，运动速度快；后者孔隙度小，气流阻力大，运动速度慢。据测试表明，在相同条件下，稻谷堆的平均气流速度为0.18mm/s，小麦堆为0.44mm/s，后者是前者的2.44倍。

立筒仓筒体多数为圆柱形，直径小，筒身高，容易受环境温度的影响，粮堆上下温差大，表现出较强的气流垂直升降运动。标准房式仓跨度大，仓身为矩形，又设有门窗，在非密封情况下以水平气流为主，在密封情况下则以垂直气流为主。对于带有地槽的通风仓，由于地槽与外界直接相通，因而以垂直气流为主，而且气流速度快。

散装储藏粮堆大，底部接触地坪，侧面靠仓墙，受外界环境影响较小，粮情较为稳定，气流速度慢，变化小，主要的对流回路是粮堆内外的垂直气流。而对于包装粮和围包散存的储粮形式，粮堆离开仓墙，粮堆气流受仓内小气候的直接影响，相应形成以粮堆为中心的粮堆内外垂直对流或水平对流的仓内循环回路。

由上述分析可知，影响储粮气流的各种因素中，温差引起的热力对流是储粮气流运动的主要形式，但又在其他因素的综合作用下，很难单独存在，常常相伴发生，相互影响，形成极其复杂的气体流动路线，只是在不同情况下有主次之分而已。储粮工作者应该善于识别不同条件下粮堆气体的主要气流。

活页笔记

三、空气的组成成分及其对储粮的作用

储粮环境条件是指对粮堆中生物体生长发育、繁殖以及存活数量有影响的空间条件。从性质上来说，环境条件可分为非生物因子、生物因子和人为环境因子。环境条件中的生物因子和非生物因子是互相影响的，粮堆生态系统中的非生物环境条件主要包括温度、湿度和气体成分。这些环境条件对粮油储藏极为重要，是储粮、虫、霉等生物成分生存的必要条件。在粮油储蓄的过程中，只要控制其中一个要素，就能抑制虫、霉、粮的生命活动，达到保管好粮油的目的。因此，了解其变化规律，对于适时掌握粮情，采取正确有效的储藏措施，确保粮油安全储藏具有重要的意义。

在大气层中，随着海拔的增加，空气越来越稀薄，空气中各种组分，特别是氧气的含量逐渐减少。大气压力降低和氧含量的减少，对储粮生态体系中的昆虫和螨类有着不同影响。调查表明，西藏高原的昆虫区系不同于内地，二者主要虫种有所不同，但螨类的发生情况却是相似的。氧气充足时，粮食进行有氧呼吸，氧气浓度降低时，有氧呼吸作用减弱，无氧呼吸加强。含水量在安全水分以下的粮食，其呼吸强度较低，缺氧贮藏对粮食呼吸有抑制作用，能减少干物质的损耗，防止脂肪氧化及酸度增加。对于含水量较高的粮食，缺氧会导致无氧呼吸作用加强，消耗大量有机物质，积累有毒中间代谢产物，引起种子死亡。二氧化碳气体和氮气对粮食的呼吸作用也有影响，粮堆中二氧化碳和氮气的浓度增加到一定程度时，对粮食的呼吸有明显的抑制作用。粮堆中气体成分的改变（主要是降低氧的浓度，增加二氧化碳和氮的浓度），对于防治仓库害虫、抑制贮粮微生物都有很大的作用。在生产实践中，气调贮藏已成为保证贮粮安全的一个重要手段。

（一）粮堆气体成分的变化规律

粮堆孔隙中的空气组成与正常空气有所不同。在粮堆内，没有光合作用产生氧，也没有对二氧化碳的消耗利用；相反，粮堆内各种生物成分的生理代谢活动需要消耗氧并产生二氧化碳，所以其气体成分变化的趋势是氧浓度逐渐降低，而二氧化碳浓度却逐渐升高。但由于粮堆围护结构的气密性往往不够好，粮堆内外的气体交换不断地在进行着，使得氧浓度的降低和二氧化碳的积累并不像人们想象得那么严重。只有当粮堆完全处于密

活页笔记

封状态，才能保持高浓度的二氧化碳和低浓度的氧。由于二氧化碳的密度大于氧气的密度，因此在密封粮堆内，从上到下氧浓度逐渐降低，而二氧化碳浓度则逐渐升高，形成了两个不同的浓度梯度。

粮堆气体成分的变化除与粮堆围护结构的气密性有关外，还受粮温、储粮水分、粮食种类和储粮其他生物生命活动的影响。

根据粮堆气流规律，可合理设置常规熏蒸投药点：合理熏蒸应将投药点设在粮堆气流的起始部位，以便在粮堆内形成最长的载毒气流路线和最大的毒气分布面，避免熏蒸粮堆中的毒气空白点。如热核心粮熏蒸时，投药点应主要设在包装粮堆下部四周或散装粮中、上层四周；而冷核心粮则应主要在粮堆上部中间投药，使毒气在气流的运载下，向整个粮堆均匀地扩散和渗透。

在熏蒸杀虫时，还应尽量避免动力对流造成的有害影响，如尽量提高熏蒸环境的密闭性。对于密闭性能差的仓房，刮大风天气则不宜熏蒸，应选择在无风天气进行。

凡是有利于粮堆降温散湿，有助于熏蒸毒气均匀分布的气流，称有利气流；凡不利于降温散湿，不利于熏蒸毒气向粮堆内均匀扩散，甚至把粮堆外部的高温、高湿引入粮堆，或者把粮堆内部的水汽、热量向某一部位大量集中转移，使粮温升高、水分增大，使储粮稳定性降低的气流，称有害气流。储粮时做到适时通风密闭，利用有利气流及时通风降温散湿，原则上密闭粮堆，阻隔粮堆内外的气体对流通道，限制气流传热、传湿，可有效限制有害气流，防止形成局部储粮水分增高而发热、霉变。

（二）气体成分对粮食呼吸强度的影响

气体成分是影响粮食呼吸强度一个重要因素。因为呼吸作用是需要氧气的，所以氧气含量会直接影响呼吸作用。粮油的呼吸强度会随氧含量的增加而加强，但氧含量增加至一定程度后，呼吸强度不再增强。这时的氧含量称氧饱和点。在常温下，氧饱和点为20%。在氧饱和点以下时，储粮呼吸强度随氧含量的减少而下降。氧气浓度降到5%～8%时，呼吸强度很微弱；氧气浓度降到1%时，呼吸强度甚微，此时有氧呼吸与无氧呼吸共存。因此，低氧呼吸可抑制粮油的呼吸，这对保持粮油品质有利。

二氧化碳对呼吸强度有明显的抑制作用，而且二氧化碳浓度过高时，不但抑制有氧呼吸，而且可以抑制无氧呼吸。氧气和二氧化碳对呼吸强度

活页笔记

的影响是相互联系的。二氧化碳对呼吸的抑制作用，可因氧气浓度的减小而加强，在高二氧化碳浓度和低氧浓度下，对粮油呼吸作用的抑制作用最大。

氧气和二氧化碳对呼吸作用的影响与粮油的含水量和储粮温度等有关。干燥的粮油，在低氧和高二氧化碳条件下，产生的乙醇量甚微，对种子生活力影响不明显，反之则不然，且水分越高，种子生活力丧失越快。另外在高二氧化碳和低氧情况下，应保持储粮环境的低温，以防止因温度高而产生大量的不完全氧化作用产物而丧失种子的生活力。

四、粮堆气体成分的检测方法与检测装置

粮堆气体成分的检测方法有很多，除去可采用快速测氧仪和二氧化碳测定仪外，目前应用最广的是奥氏气体分析仪，根据气量法测定氧气、二氧化碳及一氧化碳等，其特点是准确度较高。

（一）电子测氧仪

粮堆气体成分的检测方法与检测装置

电子测氧仪一般采用电化学极普法进行工作。仪器由氧电极、放大器及数字显示等部分组成。采用铂金丝为阴极，封闭在玻璃管内，露出一截面。以银-氯化银为阳极。电板外面用四氟塑料套管及聚乙烯薄膜构成极化电解池，在电极与套管、薄膜之间盛有氯化钾溶液，作为电解质。在两电极间施加极化电压，电路就有电流通过，反应式如下。

在阴极上： $O_2+4H^++4e^-\longrightarrow 2H_2O$

在阳极上： $Ag+Cl^-\longrightarrow AgCl+e^-$

阴极上获得电子，阳极上失去电子，外电路有电流流过，这种电解电流和气体中氧的浓度成正比，此电流信号经过放大器放大后，由数字显示器直接显示出氧的含量（%）。

（二）二氧化碳检测仪

二氧化碳检测仪一般采用热导池原理，运用自动温差补偿，自动取样。热导池式二氧化碳测定仪以空气的热导率为1作为参比值，而被测试的二氧化碳热导率为0.605，由此产生电桥不平衡的现象，通过集成电路放大后，由显示器显示被测气体中二氧化碳的含量。

任务准备

序号	名称	规格	数量	备注
1	电子气体检测仪	测氧气	1个	配干电池
2	电子气体检测仪	测二氧化碳	1个	配干电池
3	模拟粮堆		1个	用塑料薄膜密封5包粮食
4	气体取样管		长5m	

任务实施

活页笔记

1. 操作步骤

（1）预埋气体取样管。按照规定在粮面下预埋气体取样管，将取样管口引出粮堆或连接在仓壁上测气箱的仓内侧接口。

（2）安装电池。注意电池正、负极，并保持良好的接触，检查显示是否正常。

（3）调节零位。把开关拨到“零位调节”位置，调节“零位”电位器，使仪器显示值为零。

（4）标定仪器。使用电子气体检测仪检测室外新鲜空气，氧气含量应为21%，二氧化碳含量应为0.03%～0.04%。

（5）采集粮堆被测气体样品。采集气体时把电子检测仪的进气端与预埋的气体取样管口或仓壁上测气箱的仓外接口相接，打开抽气泵取样。

（6）检测粮堆氧气含量。在采集气体的同时，打开电子气体检测仪的检测开关，检测氧含量，待显示的数值稳定后读取检测的数值，并做好记录。

（7）检测粮堆二氧化碳气体含量。在采集气体的同时，打开电子气体检测仪的检测开关，检测二氧化碳含量，待显示的数值稳定后读取检测的数值。

（8）重复检测每种气体2～3次，填写粮堆气体含量检测记录表，记录表样式见表2-4。

表2-4　　粮堆气体含量检测记录表

检测人：　　　　　　检测时间：

检测次数	氧气含量/%	二氧化碳含量/%
1		
2		
平均		

活页笔记

2. 注意事项

（1）每种气体应重复检测2～3次，数值应基本一致，否则说明仪器工作不稳定，需进行维修。

（2）电池电量不足时会影响检测结果，因此，每次检测气体浓度前应先检查电池的电量。

（3）检测粮堆气体成分时要用导气管取气，操作人员不能直接进入缺氧环境取样，防止造成检测人员窒息死亡。

◆ 任务评价

班级：　　　　　　姓名：　　　　　　学号：　　　　　　成绩：

评价任务		检测粮堆氧气和二氧化碳气体浓度			考核时间：20min			
序号	评价内容	评价要点	配分	评分标准	检测结果	扣分	得分	备注
1	准备工作	布置气体检测点原则	5分	提问气体检测点布置原则，回答错误扣5分，不完整扣3分				
2	操作前提	安装气体检测仪的电池	5分	电池安装不正确扣5分				
		检查仪器显示状况	5分	未检查仪器扣5分				
3	操作过程	检测氧气：调节仪器零点	5分	未调节仪器零点扣3分				
		检测氧气：标定电子测氧仪	5分	未标定扣5分				
		检测氧气：采集气体样品	5分	采集错误扣5分				
		检测氧气：检测氧气含量	15分	读数不正确扣分15				
		检测二氧化碳：调节仪器零点	5分	未调节仪器零点扣3分				
		检测二氧化碳：标定二氧化碳检测仪	5分	未标定扣5分				
		检测二氧化碳：采集气体样品	5分	采集错误扣5分				
		检测二氧化碳：测二氧化碳含量	15分	读数不正确扣分15分				
4	操作结果	填写气体检测记录表	5分	未填写检测记录表扣5分				
			5分	填写有涂改扣5分				
5	使用工具	正确规范使用气体检测仪	15分	气体检测仪使用不正确扣10分；使用不熟练扣5分；操作结束后不归位扣5分，扣完为止				
6	安全及其他	在规定时间内完成操作	—	每超时1min总分扣5分，超时3min停止操作			—	
合计			100分					

否定项说明：①学生违章操作或发生事故须停止操作，成绩计零分；
②不会使用电子气体检测仪（测氧或测二氧化碳）的停止操作，成绩计零分；
③检测结果错误，与实际值相差5%以上的成绩计零分

活页笔记

任务二
检测粮堆磷化氢气体浓度和泄漏情况

知识目标

1. 了解空气呼吸器相关知识。
2. 掌握磷化氢气体理化性质。
3. 掌握磷化氢气体检测仪检测结构及工作原理。
4. 掌握磷化氢气体报警仪工作要求及注意事项。

能力目标

1. 能够正确佩戴和使用空气呼吸器。
2. 能够使用磷化氢检测仪检测磷化氢气体含量。
3. 能使用磷化氢报警仪检查磷化氢气体泄漏情况。
4. 能够制订科学的粮堆气体成分检测方案。

素质目标

1. 了解储粮过程中可能存在的危险气体环境，学习空气呼吸器的正确使用方法，培养安全生产意识、时刻牢记生产过程中必须坚持“以人为本”的原则。

2. 通过学习磷化氢气体的理化性质以及检测方法，培养尊重环境、关注环保的意识，提高安全隐患防范能力。

学习情景描述

长期密闭的仓房中，各种气体浓度随着粮食呼吸作用、熏蒸气体释放等发生了变化，氧气浓度降低，这时候要是没有采取安全防护措施，贸然进入仓内就有可能产生危险，这就需要对仓内有毒气体进行检测。

应用磷化氢熏蒸杀虫时，为了了解仓内磷化氢气体浓度以及熏蒸环境是否有磷化氢气体泄漏，以便熏蒸期间磷化氢浓度过低时进行补充投药或者有毒气泄漏时进行补漏，确保熏蒸杀虫效果和环境安全，在用磷化氢熏蒸投药后要进行浓度检测，并检查泄漏情况。

活页笔记

本任务分解如下：	
任务2-1	正确使用正压式空气呼吸器
任务2-2	检测粮堆磷化氢气体浓度
任务2-3	检查粮堆磷化氢气体泄漏情况
任务2-4	制订粮堆气体成分检测方案

任务2-1　正确使用正压式空气呼吸器

◆ 任务目标

熟悉空气呼吸器的构造，能够正确检查和佩戴正压式空气呼吸器。

任务资讯

空气呼吸器的正确佩戴

正确使用正压式空气呼吸器

自给开放式的空气呼吸器（图2–3），广泛应用于消防、化工、船舶、石油、冶炼、仓库、实验室、矿山等领域，供消防员或抢险救护人员在浓烟、毒气、蒸汽或缺氧等环境下安全有效地进行灭火、抢险救灾和救护工作。

呼吸器款式可以选择经济标准型和欧版舒适型配置，根据呼吸过程中面罩内的压力与外界环境压力间的高低，空气呼吸器可分为正压式和负压式两种。呼吸过程中，面罩内压力始终比外界环境压力稍高的，属正压式；面罩内压力在吸气时比外界环境压力稍低的，属负压式。

正压式消防空气呼吸器是一种隔绝式呼吸保护装备，为进入缺氧、有毒有害气体环境中工作的使用者提供呼吸保护。正常使用时，呼吸器面罩内的压力始终略高于外界环境压力，能有效防止外界有毒有害气体侵入面罩内，保障使用者安全，可广泛应用于消防、石油、化工、冶金、电力、船舶、军警、公安等行业，符合GA124—2004《正式压式消防空气呼吸器标准》，并应获得中国船级社（CCS）船级产品认证证书，气瓶可以选择

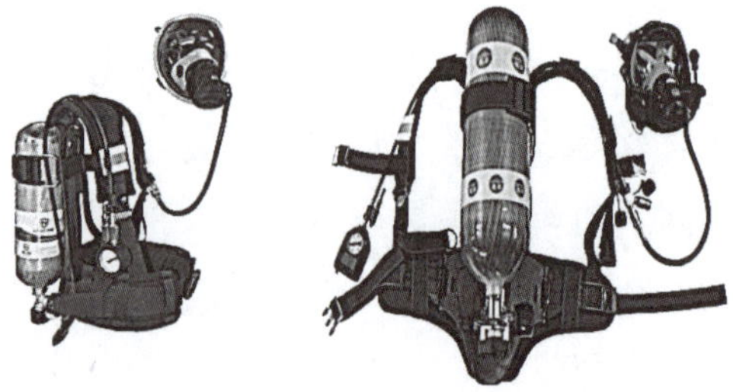

图2–3　空气呼吸器

活页笔记

3L、4.7L、6.8L、9L碳纤维符合气瓶及6L钢瓶（船用）配置。

一、空气呼吸器的构造

空气呼吸器由供气阀组件、减压器组件、压力显示组件、背架组件、面罩组件、气瓶和瓶阀组件、高压及中压软管组件等组成（图2–4）。

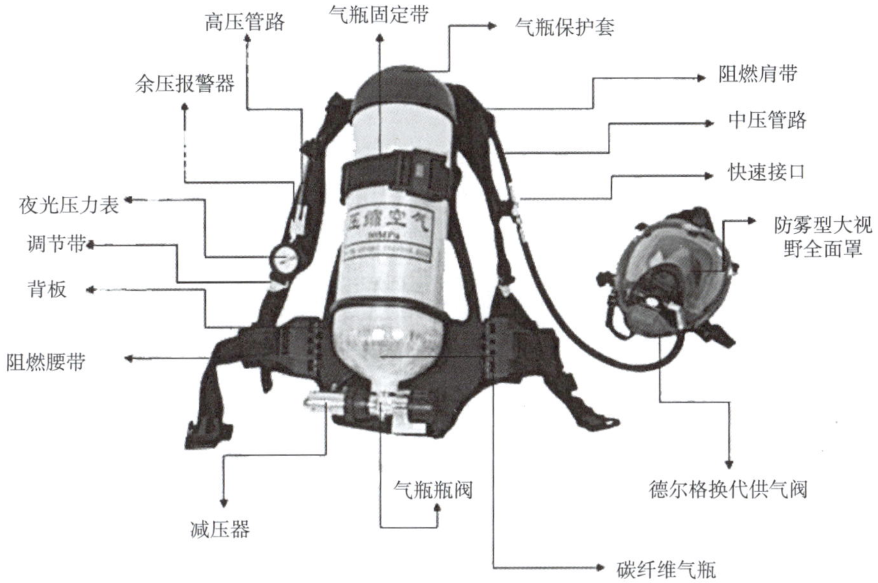

图2–4　空气呼吸器构造

1. 供气阀组件

供气阀必须与安装有呼吸阀的面罩密封连接，以保证面罩内的绝对压力，供气阀有倾斜，隔膜的平衡系统，对面罩内的压力变化起反作用，以调节面罩内的气体流量，保证面罩内压力高于周围环境压力。即自给正压式供气。它的特点是设计紧凑，呼吸阻力低，极好的性能可保证大流量的供气要求。黑色橡胶重置按钮可保证使用者关闭供气阀的输出气量，在测试过程中或任务完成后取下面罩而不使气瓶内的气体泄出。供气阀进气端的红色按钮是旁通阀的开关，逆时针旋转为打开，反之则为关闭，正常输出的流量为120L/min左右。

2. 减压器组件

减压器组件（图2–5）的作用是将瓶内高压气体减压至中压，保证供气阀的正常工作。在气瓶压力为2～30MPa时输出的中压值范围为0.5～1.1MPa。活塞上内置安全泄压阀，当中压值>1.1MPa时可安全泄压，保证中压系统不会超压。

活页笔记

3. 压力显示组件

压力显示组件如图2-6所示，主要由压力表和报警气哨组成，压力表是用于指示气瓶内的气体压力，该压力表表盘有荧光，使用者在暗处也可观察表的压力指示。表面由聚碳酸酯材料制成，耐磨且抗冲击，压力表外还设有橡胶护套，当气瓶压力为5MPa ± 0.5MPa时报警哨会发出90dB以上的报警声响，警示使用者撤离险区。

图2-5　减压器组件

图2-6　压力显示组件

4. 背架组件

背架组件主要包括背板、背带、腰带、气瓶固定带等，如图2-7所示，背板的结构形状符合人体功效学，即采用了适合人体背部和臀部生理结构特性的形状使呼吸器的质量主要分布于臀部，可使佩戴者活动灵活，减少疲劳，采用高强度复合材料制成，特点是强度高、耐冲撞、不易变形、防静电荷隔热；背带和腰带采用阻燃的聚酯织带制成，并配有高强度抗腐蚀扣件；气瓶固定带有凸轮锁扣与插销封闭，以防被意外打开。

5. 面罩组件

面罩组件为双折边密封，面罩内设有与口鼻相贴合的小口鼻罩，如图2-8所示，可最大限度减小面罩内的实际有害空间，口鼻罩上设有两个单向通气活门，气刷自动除雾，在面罩的下颚处设有呼气阀和发话传声器，面罩的眼窗目镜是由透明聚碳酸酯材料制成，清晰明亮，目镜上涂有

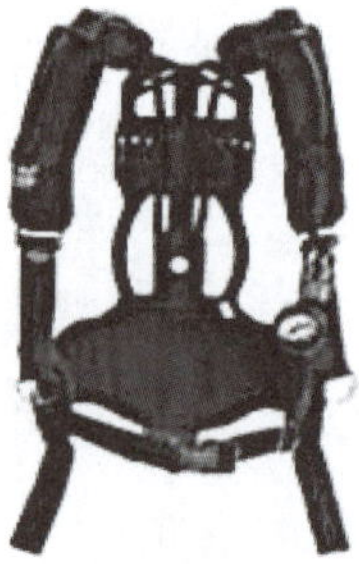

图2-7　背架组件

图2-8　面罩组件

活页笔记

防刮伤的保护层，抗冲击、耐磨损。面罩配有网状或胶质快速着装系带，可以进行全面调整，以适应不同尺寸的头型。

6. 其他组件

（1）气瓶和瓶阀组件　气瓶（图2-9）是储存和压缩空气的高压容器，最高工作压力为30MPa，气瓶上设有气瓶阀和阀开关手轮，逆时针旋转为开启，反之则为关闭。

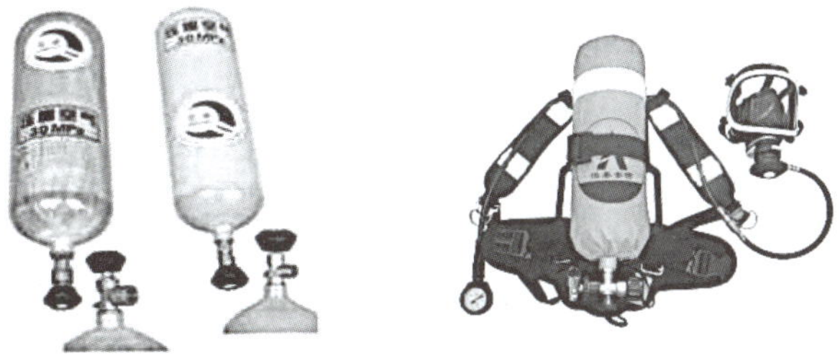

图2-9　气瓶

（2）高压及中压软管组件　与压力显示组件相连接的是高压软管，与供气阀相连接的是中压软管。

二、空气呼吸器的工作原理

空气呼吸器采用气瓶自带压缩空气为气源，呼吸气流的流通方式是自给开放式。当使用者戴上呼气器吸气时，新鲜空气由气瓶，经气瓶阀、减压器、中压导管、供气阀、面罩，被吸入肺中；呼气时，呼出气体通过面罩上的呼气阀排到外界环境大气中，以此呼吸循环，直至工作结束。在呼吸过程中，吸入的气体由供气阀控制，供气阀的工作靠腔室内的倾斜隔膜和偏弹簧实现系统的气压平衡，供气阀输出的气体量始终大于或等于被吸入的气体量，保证了面罩内的气压始终不小于外界环境的大气压力。

三、空气呼吸器日常检查

空气呼吸器的压力如下。

工作压力：30MPa；

报警压力：5MPa ± 0.5MPa；

日常保存压力：20MPa以上。

1. 使用前的检查

使用前检查气瓶压力是否符合要求，部件是否齐全完好，空气呼吸器

活页笔记

应始终保持完好状态。

2. 常规功能检查

常规功能检查每月前半月进行一次，由班组负责并记录气瓶的压力，部件是否完好，以及气密检查（系统和面罩、正压测试、报警哨测试）的结果。

3. 气密检查

（1）系统检查　打开气瓶阀，使系统充满压力，再关闭气瓶阀，观察压力表指示值，一分钟内压力下降不超过1MPa。

（2）面罩检查

①连体式：戴好面罩，关闭气瓶阀屏气10s，仔细听有没有泄漏声，并观察压力表，看压力值是否下降，测试后请立即打开气瓶阀。

②分体式：戴好面罩，用手心将面罩的进气口堵住，深吸一口气，应感到面罩有向脸部吸紧的现象，且面罩内无任何气流流动。

（3）正压测试　佩戴好空气呼吸器，用一手指扒开面罩一条缝，测试供气阀是否连续不断向面罩内供气。

（4）报警哨测试　系统内充满压力后，关闭气瓶阀，用手按下与供气阀相连接的按钮，放出余气，观察压力表，压力降至红色警戒线时，报警哨响起，余气排出后复位。

如检查发现以上项有问题，及时联系气防站处理。

◆ 任务准备

名称	数量	备注
正压式空气呼吸器	1套	包括背架、气瓶和面罩等

◆ 任务实施

一、操作步骤

1. 正确使用空气呼吸器

（1）检查空气呼吸器（图2-10）　从包装箱中取出空气呼吸器，检查系统的完整性。检查气瓶外观完好性、背架完好性、面罩完好性，并清洁面罩。

（2）检查气瓶内压缩空气的压力　确保供气阀是关闭的；打开气瓶阀约半圈，观察压力表，待压力稳定后关闭气瓶阀。

（3）检查管路气密性　关闭瓶阀观察压力表下降速度，气瓶中压力不

活页笔记

得低于20MPa，如果低于20MPa，会影响使用时间。

（4）检查呼吸器报警功能　轻压排气按钮排气，观察压力表的变化，报警哨应在5.5MPa ± 0.5MPa发出声响，检查好报警性能后，打开气瓶阀至少三圈。

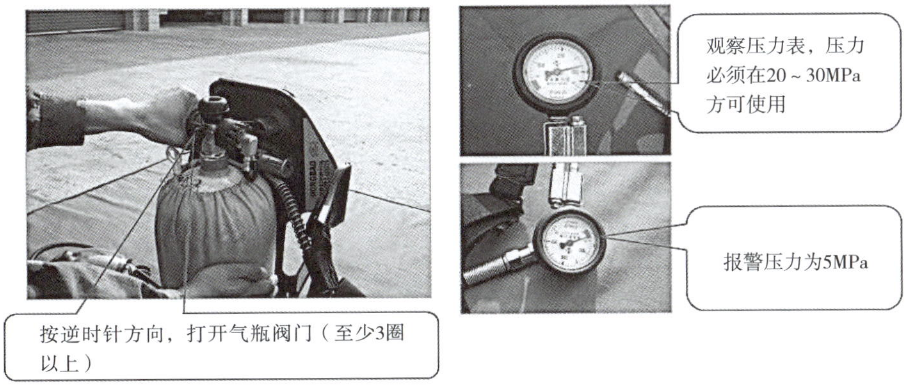

图2-10　检查空气呼吸器

（5）佩戴背架和气瓶（图2-11）　采用“穿衣法”将呼吸器背上身，气瓶阀必须向下方。佩戴时，先双手握住背板的左右把手，将呼吸器举过头顶，两手向后向下弯曲，将呼吸器落下，使左右肩带落在肩膀上（气瓶开关在下方），双手扣住身体两侧肩带D型环，调整好肩带、腰带并系紧，合身牢靠舒适为宜。

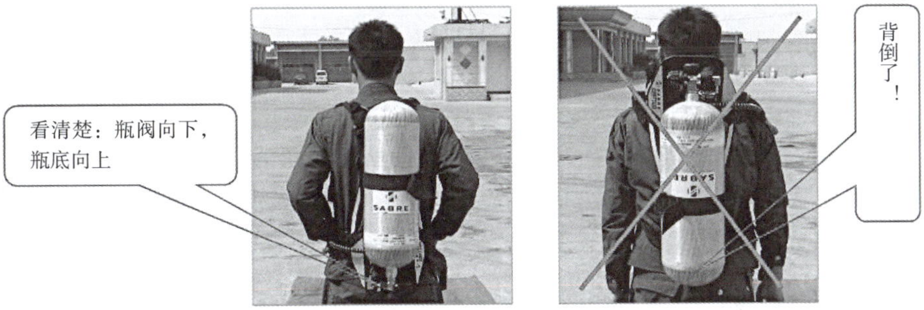

（1）正确的瓶位　（2）错误的瓶位

图2-11　佩戴背架和气瓶

调整肩、腰带（图2-12）时，要求背架紧贴后背，全身牢靠扣上腰带，调节松紧，以可插入一手为宜，不可过紧。

活页笔记

图2-12 调整肩、腰带

（6）佩戴面罩（图2-13） 将安全帽带挂在脖子上，帽体放于脑后，戴上面罩挂带。将面罩的头带放松；将颈带挂在脖子上；面罩佩戴应紧贴下颚，使下颚放入面罩的下颚承口中；自下而上调整到密封橡胶与面部完全吻合，使头带的中心处于头顶中心位置；拉紧头带至松紧合适，注意拉紧方向应向后。

图2-13 佩戴面罩

（7）检查佩戴的气密性（图2-14）

①连体式面罩：用力深呼吸使供气阀自动开启，屏住呼吸，听是否有气流声，如果有说明不密封或供气阀故障。

②分体式面罩：用手心将面罩的进气口堵住，深吸一口气，如感到面罩

图2-14 检查佩戴的气密性

活页笔记

有向脸部吸紧的现象，且面罩内无任何气流流动，说明面罩和脸部是密封的。

（8）供气阀与面罩连接　将供气阀的出气口对准面罩的进气口插入面罩中，听到轻轻一声卡响表示供气阀和面罩已连接好，深吸一口气将供气阀打开，呼吸几次，无感觉不适，将安全帽戴好，就可以进入工作场所。

（9）工作时注意压力表的变化　如压力下降至报警哨发出声响，必须立即撤回到安全场所。

2. 使用后脱卸

（1）松开安全帽带，将安全帽上推至脑后。

（2）双手拨开面罩中、下部的带扣，放松拉带，抓住网状头带，至上而下将面罩从头上卸下，摁压供气阀的重置按钮，使其停止供气。

（3）取下安全帽。

（4）松开腰带扣，再放松肩带扣。

（5）脱下呼吸器，不可随手将其扔下，应小心轻放。

（6）关闭气瓶阀门，逆时针旋转供气旋钮，将余气放空后复位。

二、注意事项

（1）使用空气呼吸器前必须检查气瓶压力，低于20MPa不宜使用。

（2）穿戴、脱卸空气呼吸器应在安全区域。

（3）危险区域内，任何情况下都严禁摘下面罩。

（4）听到报警哨响起，应立即撤出危险区域。

（5）进入危险区域作业，必须两人以上，相互照应。如有条件，应再有一人于最后监护。

（6）呼吸器及配件避免接触明火、高温。

（7）呼吸器严禁沾染油脂。

（8）当气瓶压力不足时，须及时更换气瓶，然后继续使用或备用。

①将空气呼吸器平放。

②气瓶阀关闭，将供气阀相连接的按钮按下，将余气放掉后复位。

③拉来束带上的魔术贴，解开气瓶箍紧束带。

④顺时针方向拧开减压器连接手轮，卸下气瓶。

⑤联系气防站对气瓶充气。

⑥将气防站送回充满气的气瓶对准减压器连接手轮，逆时针方向拧紧，扣好气瓶束带，放至气防柜内备用。

◆ 任务评价

班级：　　　　姓名：　　　　学号：　　　　成绩：

评价任务		正确使用正压式空气呼吸器			考核时间：25min			
序号	评价内容	评价要点	配分	评分标准	检测结果	扣分	得分	备注
1	检查空气呼吸器	检查空气呼吸器及背架完好性	5分	检查结果不正确每一项扣5分，扣完为止				
		检查面罩完好性，清洁面罩	5分					
2	检查气瓶内压缩空气的压力	打开瓶阀，观察压力表数值	5分	操作错误扣5分				
		根据压力数报告结果	5分	压力数据读取错误扣5分				
3	检查管路气密性	关闭瓶阀	5分	关闭操作错误扣5分				
		观察压力表下降速度，报告结果	5分	报告结果错误扣5分				
4	检查呼吸器报警功能	打开强制供气阀，缓慢释放管路内气体	5分	每一项操作错误扣5分				
		报警哨正常报警	5分					
5	佩戴背架和气瓶	佩戴后拉紧肩带	5分	每一步佩戴错误扣5分				
		扣上并拉紧腰带	5分					
6	佩戴面罩和气密性检查	挂好面罩	5分	每一项错误操作扣5分				
		戴上面罩，检查气密性	5分					
7	供气阀与面罩连接	打开瓶阀	5分	错误操作扣5分				
		供气阀与面罩准确连接	5分	错误操作扣5分				
		连接过程中及连接后无明显跑气、漏气	5分	连接后有明显气泡、漏气扣5分				
8	脱卸空气呼吸器	脱开供气阀	5分	错误操作扣5分				
		关闭瓶阀	5分	错误操作扣5分				
		打开强制供气阀放空管路空气	5分	错误操作扣5分				
9	仪器复位	清洁面罩	5分	未清洁或清洁不干净扣5分				
		收好空气呼吸器及组件	5分	未整理设备扣5分				
	总分		100分					

任务2-2　检测粮堆磷化氢气体浓度

◆ 任务目标

熟悉磷化氢检测仪仪器的使用方法，进行粮堆取样检测，读取检测数

活页笔记

据，填写检测记录表。

任务资讯

一、磷化氢气体理化性质

磷化氢分子式为PH_3，相对分子质量34，沸点-87.5℃，气体相对密度1.184，在1atm、30℃时由1g/m^{3}换算为百万分浓度（mL/m^3）的换算系数为730。

纯净的磷化氢是无色无味的剧毒气体，但在伴随金属磷化物释放磷化氢气体的同时往往带有乙炔味或大蒜味的气体，有一定的警戒作用。磷化氢微溶于冷水，不溶于热水，在水中的溶解度为0.26，易溶于酒精和乙醚。所以，在使用磷化氢前后，操作人员应忌酒和忌食油腻食物。纯品磷化氢在常压下比较稳定。在空气中，当磷化氢的含量超过1.7%（体积分数）或26g/m^{3}时就达到了燃爆混合比，加之双膦（P_2H_4）的存在即可自燃，产生白色烟雾（五氧化二磷）。在降低压力且温度超过100℃时，磷化氢会自发地燃烧，特别是在干燥的空气中更易发生。磷化氢的燃爆受其浓度、气体成分、空气流速、光线、温度、压力、火源等因素影响。磷化氢对一般金属的腐蚀性较小，容易与铜或铜合金如青铜等金属作用，这种结果导致金属被腐蚀，在金属表面留下明显痕迹，如：

$$2PH_3 + 3Cu \longrightarrow Cu_3P_2（黑色）\downarrow + 3H_2\uparrow$$

在有氨存在的情况下，这种反应会更加强烈（有时氨可由所用药剂配方如磷化铝片剂中的某些成分分解释放出，这在仓外发生投药水法时因氨易溶于水而可避免）。

（1）磷化氢与硝酸银的显色反应　磷化氢能与硝酸银作用，生成黑色磷化银的显色反应，反应式如下：

$$PH_3 + 3AgNO_3 \longrightarrow Ag_3P\downarrow + 3HNO_3$$

显色反应可用于磷化氢气体的检测。用醮有硝酸银溶液的试纸检测熏蒸环境或粮堆中有无磷化氢的存在。

（2）磷化氢的分解　熏蒸后通风散气，磷化氢进入大气后降解，在紫外线的照射下在水气中与氧作用生成磷的低氧酸。溶于水中的少量磷化氢可逐渐降解为磷、氢和磷的低氧化合物。

在应用磷化氢熏蒸杀虫时，为了解仓内磷化氢气体浓度以及熏蒸环境是否有磷化氢气体泄漏，以便熏蒸期间浓度过低时进行补充投药或者有毒

检查粮堆磷化氢气体泄漏情况

活页笔记

气泄漏时进行补漏，确保熏蒸杀虫效果和环境安全，在用磷化氢熏蒸投药后要进行浓度检测和检漏。磷化氢浓度检测装置包括取样管、取样阀、检测箱、抽气泵、检测仪、报警仪、检测管等。其中取样管、取样阀、检测箱、抽气泵用于抽取仓内或管道内的气体样品；检测仪、检测管用于检测粮堆中磷化氢气体浓度。

二、磷化氢气体检测仪

1. 磷化氢气体检测仪的基本原理

磷化氢气体检测仪（图2-15）因生产厂家不同，产品在结构、检测方式等方面也有所不同，但检测原理基本相同。

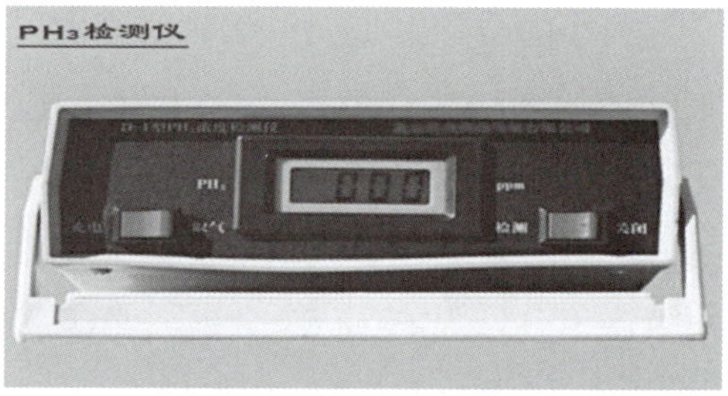

图2-15　磷化氢气体检测仪

磷化氢气体检测仪的传感器通常采用定电压电解法原理，其构造是在电解池内安置了三个电极，即工作电极、对电极和参比电极，并施加一定极化电压，用薄膜同外部隔开，被测的磷化氢气体透过此薄膜到达工作电极发生氧化还原反应，此时传感器将有一输出电流，电流大小与磷化氢气体浓度成正比例关系，此电流信号经放大器放大后，从模拟量转换成数字量，然后通过显示器将磷化氢气体浓度值显示出来。

2. 磷化氢气体检测仪的基本结构

磷化氢浓度检测装置包括取样管、取样阀、检测箱、抽气泵、检测仪、报警仪、检测管等。其中取样管、取样阀、检测箱、抽气泵用于抽取仓内或管道内的气体样品，检测仪、检测管用于检测粮堆中磷化氢气体的浓度。

磷化氢气体检测仪内装有印刷电路板、声光报警器、充电电池、电化学传感器等部件。液晶数字显示屏以ppm（即mL/m^3）为单位显示环境中被测磷化氢气体浓度，当环境中磷化氢气体浓度超过设定的报警值，磷化氢气体检测仪或报警仪发出声光报警信号。

磷化氢气体检测仪配有吸气泵，通过取样管将被检测气体自动吸送到检测仪器的传感器室，可以检测远距离的气体中的磷化氢浓度。

3. 磷化氢气体检测仪主要技术参数

测量范围：0～500mL/m^3或0～1000mL/m^3；

活页笔记

最小显示值：<1mL/m^3；

响应时间：≤1min；

测量误差：±5%。

三、磷化氢气体检测取样点设置

房式仓每廒间内设置气体取样点不少于5个，即在粮堆或仓房的四个角和中心布置5个取样点，气体取样点深度一般在粮面下30～50cm，必要时可在其他部位增设气体取样点。

立筒仓和浅圆仓在环流管道上设置气体取样点，必要时可在仓内空间或粮堆中设置气体取样点。

◆ 任务准备

序号	名称	规格	数量	备注
1	磷化氢检测仪		1套	配备相应干电池；不带抽气泵的需另配
2	使用说明书		1本	与磷化氢检测仪相配套
3	粮食或者油料		>5t	数量要能满足检测需要
4	磷化氢气体检测装置		1套	包括取样管、检测箱、取样阀等
5	磷化铝		适量	根据粮食仓房体积确定
6	空气呼吸器		1套	备用
7	粮食仓房		1间	选择气密性较好并有环流设施的仓房
8	磷化氢报警仪		1台	备用

注：①磷化氢气体检测装置具有预先设置在粮仓里的5根取样管和1根回气管。
②要在试验前先投放适量的磷化铝，并检测磷化氢气体，确保被检测环境内有磷化氢气体。

◆ 任务实施

1. 操作步骤

（1）安装电池：按照检测仪说明书要求，在仪器中安装相应规格的电池，并注意正负极。

（2）检查检测仪：开启检测仪电源，仪器传感器即进入极化状态，显示数字逐步趋于稳定，在清洁空气中仪器应当显示零，否则要按说明书要求进行零位调节。

（3）设置磷化氢浓度检测取样管：将取样管和回气管按照对应编号连接到仓外磷化氢检测箱内。

（4）检查取样管：打开仓外磷化氢检测箱，将抽气泵或检测仪的吸气

活页笔记

管分别接到各气体取样阀接口上，打开取样阀，启动抽气泵或检测仪，检查取样管和回气管是否畅通。

（5）打开气泵：在磷化氢熏蒸投药后规定的时间，用磷化氢检测仪检测磷化氢气体浓度。把仪器的吸气管和回气管分别接到取样阀相应接口上，打开取样阀，启动抽气泵。内置式气泵检测仪不需单独打开气泵。

（6）打开磷化氢检测仪：当仪器传感器遇到被测磷化氢气体时即显示数值。

（7）读取检测数据：待检测仪上显示的数值稳定后读取检测数据。

（8）填写检测记录表：立即把检测数据填入磷化氢浓度检测记录表（表2-5）中。

表2-5　　磷化氢浓度检测记录表

检测人：　　　　检测时间：　　　　单位：mL/m^3

检测第次	测点1	测点2	测点3	测点4	测点5	空间	最低浓度
第1次							
第2次							
平均值							

2. 注意事项

（1）磷化氢气体检测仪使用时要防止从高处跌落或受到剧烈振动，不得随意拆卸。

（2）不要把磷化氢气体检测仪长时间暴露在高浓度磷化氢气体环境中，以免降低传感器的灵敏度。

（3）仪器长时间不用时要把电池取出，置于低温、干燥、无尘处保存。

（4）为了保证仪器的正常使用和检测数据的准确性，要按说明书要求定期标定仪器。

（5）不能利用磷化氢气体检测仪代替报警仪使用，防止因检测精度不够而误报。

◆ 任务评价

班级：　　　　　　　　　　姓名：　　　　　　　　　学号：　　　　　　　　　　成绩：

评价任务		检测粮堆磷化氢气体浓度			考核时间：25min			
序号	评价内容	评价要点	配分	评分标准	检测结果	扣分	得分	备注
1	准备工作	口述磷化氢检测仪使用注意事项	10分	口述每少或错一条扣2分，扣完为止				
2	操作前提	安装电池	5分	未检查是否安装电池扣5分				
		调节磷化氢检测仪零点	9分	未调节零点扣9分				
3	操作过程	连接磷化氢检测系统	10分	系统连接有差错扣10分				
		检查气路	10分	未检查气路扣10分				
		打开抽气泵	10分	未打开抽气泵扣10分				
		打开磷化氢检测仪	10分	未打开检测仪扣10分				
		读取显示数值	10分	读取数值不正确，每个扣2分，扣完为止				
		重复进行第二次测定	6分	未复测扣6分				
4	操作结果	填写检测记录表	10分	未填写检测记录表或填写有错误，每个扣1分，扣完为止				
5	使用工具	熟练规范使用工具	5分	使用过程不正确扣5分				
		工具使用维护	5分	检测仪或者抽气泵使用后未关闭电源的扣5分				
6	安全及其他	在规定时间内完成操作	—	每超时1min总分扣5分，超时3min停止操作			—	
		合计	100分					

否定项说明：①违章操作或发生事故须停止操作，成绩计零分；
②打开抽气泵检测前未接回气管的停止操作，成绩计零分；
③检测结束后未及时关闭检测箱和取样阀的停止操作，成绩计零分

任务2-3　检查粮堆磷化氢气体泄漏情况

活页笔记

◆ 任务目标

对用磷化氢熏蒸投药后的粮仓，能使用磷化氢气体报警仪检查磷化氢气体泄漏情况。

任务资讯

一、磷化氢气体报警仪

磷化氢气体报警仪（图2-16）用于熏蒸环境的安全监测，其检测原

活页笔记

理、结构和磷化氢气体检测仪基本相同，所不同的是磷化氢气体报警仪的测量范围较小，测量精度较高。磷化氢气体报警仪的主要技术参数如下。

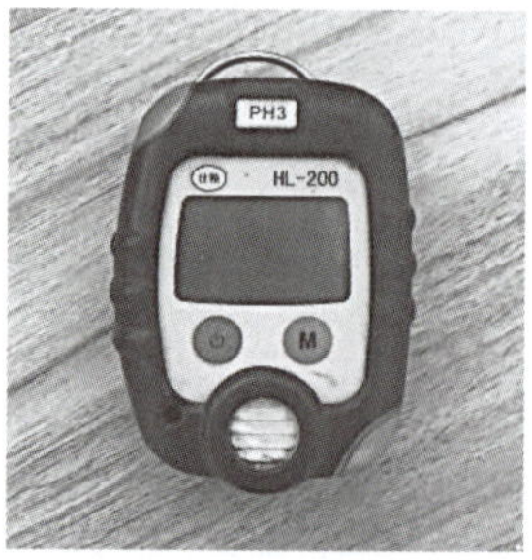

图2-16 磷化氢气体报警仪

测量范围：0～20mL/m^3；

最小显示值：<0.1mL/m^3；

响应时间：≤30s；

测量误差：±5%。

国家规定环境中磷化氢气体的允许浓度为0.2mL/m^3，当超过此浓度时属于不安全环境，在此环境中工作的人员必须采取安全防护措施。

二、熏蒸期间的磷化氢泄漏情况检测

使用磷化氢气体报警仪，只要打开仪器，将该仪器靠近可能泄漏磷化氢气体的门、窗、孔、洞以及墙体上的裂缝等部位，如果有磷化氢气体泄漏或超标，仪器将自动报警，并将漏气部位的磷化氢气体的浓度检测显示出来。检测磷化氢气体泄漏情况要佩戴防护用品。

如果发现有磷化氢气体泄漏的现象，要及时处理，处理过程中要注意安全。

三、熏蒸结束后散气工作

当熏蒸密闭时间达到设定时间或预期效果后，即可散气。最好在熏蒸施药之前预留通风散气的通气口。散气可采用自然通风散气和（或）机械通风散气。

（1）开启门窗散气　自然通风散气操作首先是开启门窗，应从仓房外部开启门窗，先开启下风方向的门窗，后开启上风方向的门窗。必要时，放气第一天只开上部部分房窗，第二天再开下部门窗。散气时间一般为5～7d。自然通风散气办法气体消散较慢，有条件时，可以利用风机散气。

（2）利用风机散气　利用风机时应当采取间歇启动的办法，有助于气体的解吸和由粮堆内向外扩散。浅圆仓应开启轴流风机。散气时间一般为3～5d。

（3）放气　一定要注意环境卫生，放气开始要及时到下风方向100m内进行检测毒气浓度。原则上放气的第一天，下风内不得有人长时间作业。

（4）散气后　通过监测粮仓内磷化氢浓度，当浓度降到0.2mL/m^3以下时，人员方可进仓。

四、磷化氢熏蒸安全防护

磷化氢是剧毒气体，对高等动物的毒性主要作用于神经系统，抑制神经中枢，刺激肺部引起肺水肿并使心脏扩大。其中以神经系统受害最早最严重。磷化氢主要是由呼吸道吸入中毒，不通过皮肤进行吸收。吸入磷化氢气体，或误服，或吸入磷化物粉末亦可引起中毒。长期和低浓度的磷化氢接触可引起慢性中毒。不同浓度下磷化氢对人的毒性影响情况如表2-6所示。

表2-6　　磷化氢浓度对人的毒性影响

空气中磷化氢浓度		影响
以mg/m^3计	以mL/m^3计	
2700	2000	立即致命
540～830	400～600	人在毒气中30～60min死亡
400～590	290～430	人在毒气中1h有生命危险
140～270	100～200	人在毒气中30～60min有严重影响
9.7	7	人在毒气中数小时后有严重影响
7	5	人在毒气中6h有中毒症状

注：我国规定磷化氢在空气中的允许浓度最高为0.3mg/m^3（0.22 mL/m^3）。

吸入磷化氢后可引起的中毒症状如下。

（1）轻度中毒　头痛、失眠、乏力、鼻干、咽干、胸闷、咳嗽、恶心、呕吐、食欲减退、腹痛、腹胀、窦性心动过缓、低热等。

（2）中度中毒　除以上表现外，伴有下列情况之一者，即嗜睡、抽搐、肌肉震颤、呼吸困难、肝脏损害或轻度心肌损害等，为中度中毒。

（3）重度中毒　除以上表现外，还出现昏迷、惊厥、肺水肿、呼吸衰竭、明显心肌损害、严重肝损害等。由于积水引起的胸痛（肺水肿）可引起人死亡。在浓度为2.8mg/L（2000mL/m^3）的空气中，非常短的时间内人就可死亡。

磷化氢中毒有一定的潜伏期，一般在24h内；偶有长达2～3d的，在此期间应密切观察。磷化氢在工作环境空气中的允许浓度最高为0.22mL/m^3。这一标准是基于每天工作8h，每周工作5d而确定的。尽管这里所说的是平

活页笔记

均浓度，但也是上限浓度。在操作中的目标应是将其视为可接受的最大程度。

五、磷化氢气体中毒急救

在磷化氢操作中如发生人员中毒，应及时抢救。首先要将中毒人员转移到新鲜空气中，脱掉污染衣服，清洗皮肤特别是暴露部分，注意保暖。如中毒较重，要及时住院治疗。

磷化氢气体报警仪用于熏蒸环境的安全监测，其检测原理、结构和磷化氢气体检测仪基本相同，所不同的是磷化氢气体报警仪的测量范围较小，测量精度较高。

◆ 任务准备

序号	名称	规格	数量	备注
1	磷化氢报警仪		1套	配备相应干电池
2	使用说明书		1份	与磷化氢报警仪配套
3	粮食仓房		1间	或者用10L广口瓶代替
4	粮食或者油料		>5t	数量要能满足检测需要
5	磷化氢气体检测装置		1套	包括取样管、检测箱、取样阀、抽气泵等
6	磷化铝		适量	根据粮食仓房或广口瓶大小而定
7	空气呼吸器		1套	备用

◆ 任务实施

1. 操作步骤

（1）安装电池　按照报警仪说明书要求，在仪器中安装相应规格的电池，并注意正负极。

（2）检查报警仪　开启报警仪电源，仪器传感器即进入极化状态，显示数字逐步趋于稳定，在清洁空气中仪器应当显示零，否则要按说明书要求进行零位调节。

（3）检测磷化氢　把报警仪传感器外的检测口对着需要检查磷化氢泄漏的地方，仪器如果显示正数值，说明该处有磷化氢气体泄漏。

2. 注意事项

（1）使用磷化氢气体报警仪时要防止其从高处跌落或受到剧烈振动，不得随意拆卸。

活页笔记

（2）不要把磷化氢气体报警仪长时间暴露在高浓度磷化氢气体环境中，以免降低传感器的灵敏度。

（3）仪器长时间不用时要把电池取出，置于低温、干燥、无尘处保存。

（4）为了保证仪器的正常使用和检测数据的准确性，要按说明书要求定期标定仪器。

（5）不能利用磷化氢气体报警仪代替检测仪使用，防止传感器损坏。

◆ 任务评价

班级：　　　　姓名：　　　　学号：　　　　成绩：

评价任务		检查粮堆磷化氢气体泄漏情况			考核时间：15min			
序号	评价内容	评价要点	配分	评分标准	检测结果	扣分	得分	备注
1	准备工作	口述磷化氢报警仪使用注意事项	20分	答漏或答错，每一条扣4分，扣完为止				
2	操作前提	安装电池	10分	未检查是否安装电池或安装不正确扣10分				
3	操作过程	调节磷化氢报警仪零点	10分	未调节零点扣10分				
		打开磷化氢报警仪	10分	未打开报警仪扣10分				
		检测磷化氢泄漏情况	14分	检测值不正确扣14分				
4	操作结果	判断是否安全	20分	判断不正确扣20分				
5	使用工具	熟练规范使用工具	8分	磷化氢报警仪使用不规范扣8分				
		工具使用维护	8分	磷化氢报警仪使用后未关闭电源的扣8分				
6	安全及其他	按国家法规或企业规定操作	—	违规一次总分扣5分；严重违规停止操作			—	
		在规定时间内完成操作	—	每超时1min总分扣5分，超时3min停止操作			—	
合计			100分					
否定项说明：违章操作或发生事故须停止操作，成绩计零分								

任务2-4　制订粮堆气体成分检测方案

◆ 任务目标

通过学习和训练，能够制订科学的粮堆气体成分检测方案，熟悉各种粮堆气体成分的检测方法。

活页笔记

任务资讯

生物的一切生命活动离不开环境空气，改变环境空气的组成及浓度可以影响生物的生命活动。粮堆孔隙里充满着空气，参与粮堆中进行的各种活动。由于粮堆各种生物的生命活动和粮食水分的变化，致使粮堆内空气成分和性质与仓外大气中空气有所不同。粮食带菌量越大，害虫密度越大，空气成分的变化越大。粮堆内各部位氧和二氧化碳的浓度不是一致的，在正常情况下，房式仓的散装粮内，粮堆四周和粮堆表层氧的浓度接近于仓外，而粮堆中部和中、下层氧气的浓度则逐渐减少，二氧化碳的浓度逐渐增大，大多数害虫在粮堆内的活动范围也因此而受到限制。

高浓度的二氧化碳，不但限制了害虫在粮堆空间的分布，且在一定浓度和一定时间内可抑制其生长发育，并致死。当粮堆内氧含量降至2%以下，或二氧化碳含量增至40%时害虫迅速死亡，储粮微生物的活动也大为抑制，粮粒的呼吸显著减弱，有利于保持储粮品质，达到安全储粮的目的。

◆ 任务准备

序号	名称	规格	数量	备注
1	典型粮堆的基本资料		1套	
2	带嵌槽的仓门		1个	
3	气体取样管		5米	

◆ 任务实施

1. 操作步骤

（1）检查和分析粮情，了解粮堆的密闭情况。

（2）明确检测粮堆气体成分的目的。确定测定粮堆中的气体成分种类。

（3）了解粮堆中该气体成分的检测方法，确定测定该气体的基本步骤。

（4）正确进行粮堆内气体取样管设置，确定粮堆气体成分检测浓度的表示方法。

（5）正确选用测定该气体的设备，了解设备的基本操作。

（6）确定参与粮堆气体成分检测的人员。

（7）确定评价粮堆气体成分检测效果的方法。

（8）根据粮堆主要气体成分的检测结果，判断粮堆储藏状况。

2. 注意事项

（1）制订的方案内容包括检测目的、检测方法比较分析、检测点的确定、检测设备选择、检测结果的表示和结果的评价方法。

（2）在进行粮堆气体成分检测时，应确保仓房的门、窗、孔洞等易漏气部位气密效果良好。

（3）制订的方案应符合安全、经济、有效的原则，并简便易行。

◆ 任务评价

班级： 姓名： 学号： 成绩：

评价任务		制订粮堆气体成分检测方案			考核时间：25min			
序号	评价内容	评价要点	配分	评分标准	检测结果	扣分	得分	备注
1	准备工作	检查和分析粮情	10分	口试提问回答不完整扣5分，不能回答扣10分				
2	操作前提	了解该粮堆密闭的情况	10分	口试提问回答不全面扣5分，不能回答扣10分				
		熟悉一般粮堆气体成分检测目的、方法及检测点的确定、检测设备选择、检测结果表示和结果的评价方法	10分	口试提问回答的检测方案内容或方法不准确，或方法不是最优扣5分，不能回答扣10分				
3	操作过程	制订粮堆气体成分检测方案	10分	方案制订过程中出现检测方法不正确、方案不可行等严重错误扣10分				
4	操作结果	方案安全、经济、有效	30分	气体取样管设置不正确，方案检测方法无效，则每项扣10分				
		检测方案达到对粮油气体成分检测的要求	30分	方案中对粮堆气体成分检测的要求每少一项扣5分，扣完为止				
5	安全及其他	按国家法规或有关规定进行设计	—	方案中每违规一次从总分扣5分；严重违规得零分			—	
		在规定时间内完成方案设计	—	到达规定考核时间，立即停止设计			—	
合计			100分					

否定项说明：无

活页笔记

粮情检查与粮食安全的关系，从全球粮食危机（2022）看粮情检查在粮油储藏中的重要作用

检测储粮气体习题

思考题

1. 粮堆气流性的形成原因及类型都有哪些？
2. 影响粮食散落性好坏的因素有哪些？
3. 电子测氧仪的组成结构及工作原理是什么？
4. 正压式空气呼吸器的组成结构为何？
5. 磷化氢气体检测取样点的设置要求是什么？
6. 磷化氢气体报警仪主要技术参数的具体要求是什么？

项目三

检查储粮害虫

学习导入

活页笔记

储粮害虫有上百种，它们的生理结构和性状特殊，彻底消灭十分困难。国际上通常采用价格低廉扩散性好的磷化铝片剂在粮库中产成剧毒气体磷化氢防治储粮害虫，虽然有一定效果，但并非绿色灭虫方式。储粮害虫在繁殖过程中通过基因遗传使一些虫种的抗性越来越大，磷化氢也难以百分百奏效，而且储粮害虫还会“装死”，它们吸入磷化氢后身体保护机制开始运转，随即进入假死状态，也可以称为保护性晕厥，在这种状态下储粮害虫可以降低呼吸代谢速率减少毒气摄入量，一旦毒气消失它们又会在一定条件下复活。在粮仓中用磷化氢，一般需要28天才能把害虫杀灭。粮食安全高于一切，强烈的责任感让中储粮成都储藏研究院有限公司的付鹏程义无反顾地带领队伍研究起灭虫新方法。

储粮的浅圆仓高20多米，可以存放6000多吨粮食。如此大体积粮食灭虫，必然得依靠气体。研究发现，二氧化碳可以影响储粮害虫的神经传导，2002年，气调方法取得成功，灭虫需要的液态二氧化碳主要来自化工厂，但这样的企业数量少且离粮仓距离远难以提供充足的气源，二氧化碳灭虫难以推广，只得作罢，付鹏程团队却从未放弃，随着我国制氮技术和装备不断进步，氮气成为价格低廉、获取容易的气体。生命离不开氧气。氮气灭虫的原理很简单，就是充入更多氮气挤走氧气让储粮害虫窒息死亡。最终，氮气灭虫试验取得了成功，灭虫气体找到了。

活页笔记

如何在巨大压力下被挤压得毫无缝隙的粮食中间充入气体？从设计、建仓到充气制氮设备选择的专业系统工艺，付鹏程就研究了3年。经过7年不断试验，强排置换法诞生，用这种方式氮气便可以自上而下贯穿粮仓，持续28天就能将粮仓内的害虫杀灭。同时付鹏程还和团队研发出一种用于墙面的高分子气密涂料，解决了墙面漏气影响氮气浓度的问题。

2008年起，这些新技术已经在中储粮南方库点推广应用，使数亿人的粮食安全得到保障。付鹏程先后四次获得中国粮油科学技术一等奖，并被评为“中国粮食行业领军人才”。

“宁流千滴汗，不坏一粒粮”是中国粮食人的传统，防虫治虫为粮食安全保驾护航。

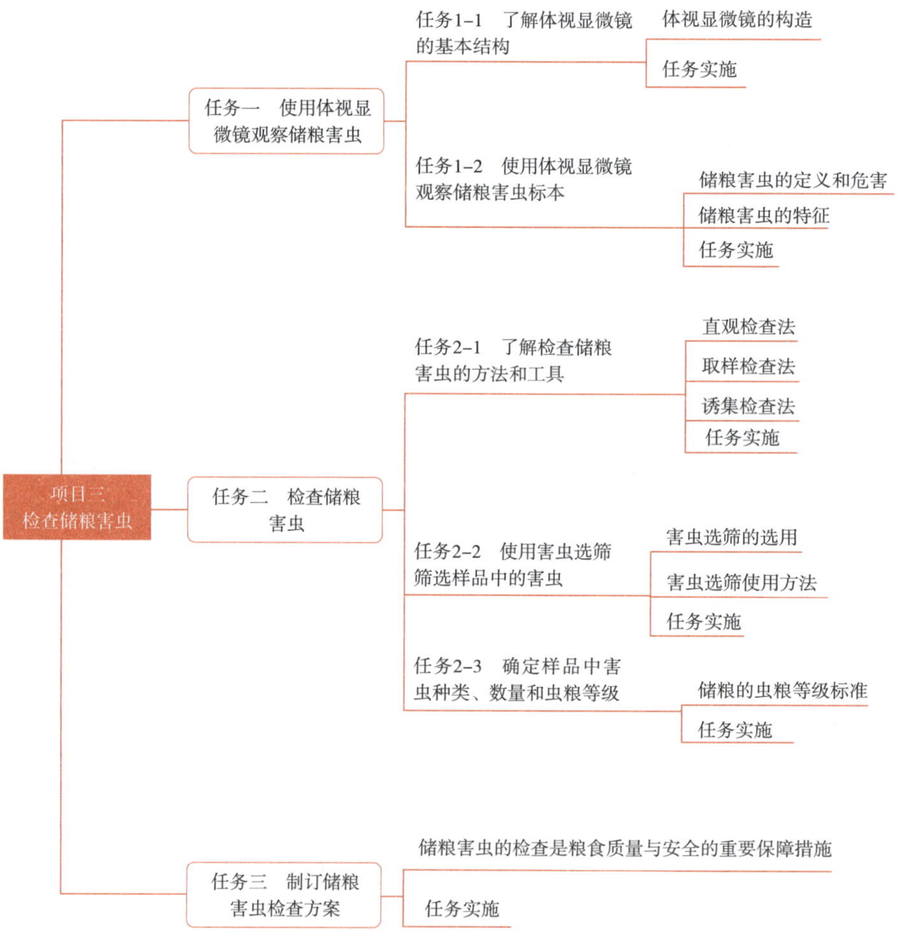

活页笔记

任务一
使用体视显微镜观察储粮害虫

知识目标

1. 了解储粮害虫的种类、特点。
2. 掌握识别储粮害虫种类和害虫密度的方法。

能力目标

1. 能够正确使用体视显微镜观察储粮害虫。
2. 能够根据特征准确识别储粮害虫种类。

素质目标

1. 通过学习体视显微镜的基本结构和使用方法，培养工作认真负责的意识，形成“谨慎”的职业素养。

2. 以常见的储粮害虫为例，总结各种害虫的外观特点，养成仔细观察和分析事物的习惯。

学习情境描述

储粮害虫是一类常见的害虫，它们会在储藏的粮食中繁殖，导致粮食的损失和污染。粮食作物每年由于害虫破坏而造成的粮食损失约占总损失的30%，直接导致的经济损失超过20亿元。米象、谷蠹、赤拟谷盗和谷蛾等储粮害虫对我国粮食安全构成了极大威胁。体视显微镜则是一种非常有用的工具，可以帮助我们观察和研究这些微小的储粮害虫。

本任务分解如下：	
任务1-1	了解体视显微镜的基本结构
任务1-2	使用体视显微镜观察储粮害虫标本

活页笔记

任务1-1　了解体视显微镜的基本结构

◆ 任务目标

了解体视显微镜构造、原理，学会正确使用体视显微镜。

任务资讯

体视显微镜的操作方法（二维）

体视显微镜的操作方法（三维）

体视显微镜也称立体显微镜（图3-1），采用两个独立的光学通路生成三维的光学影像，因此也称实体显微镜、解剖显微镜。体视显微镜的倍率变化是由改变中间镜组之间的距离而获得的，因此又被称为连续变倍体视显微镜。

体视显微镜实质上是两个单镜筒显微镜并列放置，两个镜筒的光轴构成相当于人们用双目观察一个物体时所形成的视角，以此形成三维空间的立体视觉图像。

体视显微镜是放大昆虫局部特征或解剖虫体时常用的双目观察仪器。体视显微镜具有较长的工作距离和宽阔的视野，一般有数十倍，甚至上百倍的放大倍率，用于观察体型较小的害虫标本。体视显微镜的品牌和类型很多，但基本结构大同小异，如图3-1所示。

一台体视显微镜由光学结构和镜身结构两大部分组成。

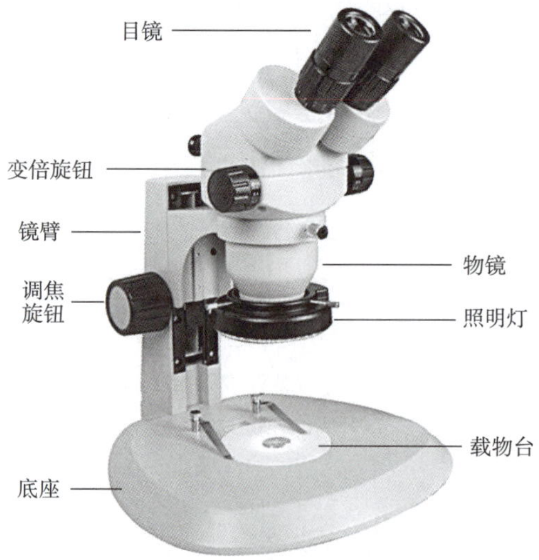

图3-1　体视显微镜构造

活页笔记

1. 光学结构

（1）目镜　一组目镜有两只，每组目镜的放大倍率通常有10倍和20倍，根据需要选择使用。目镜安装在显微镜的顶端镜筒内，可以更换。两只目镜的间距可以调节，以适应不同观察者两眼瞳孔的距离。两只目镜的镜筒上至少有一个具有焦距调节环，通过调整可使两只目镜的焦距相同。

（2）物镜　物镜也称接物镜，靠近观察物体。通过旋动变倍旋钮可以连续调节物镜的放大倍率，通常是1～4倍。有些体视显微镜在物镜的下方还可以安装一个2倍的物镜，以增加放大倍率。

（3）棱镜　棱镜是位于目镜和物镜之间的一组光学镜片。棱镜的作用是把物镜获得的影像倒转过来，形成直立的影像，便于观察和操作。

2. 镜身结构

（1）底座　底座使显微镜能稳固地放在工作台面上。

（2）载物台　载物台是底座中央一块分黑白两面可活动的圆形台板，用以放置被观察的物体，通过选用不同的颜色，造成与被观察物体颜色的反差。

（3）镜臂　镜臂用于支撑镜体的光学部分并可作为握持时的把手。

（4）调焦旋钮　通过旋动调焦旋钮可以改变观察焦距，使观察物体形成清晰的影像。

（5）变倍旋钮　变倍旋钮可调节和改变放大倍率，并指示变倍倍率。

（6）照明灯　照明灯用于照亮观察物体。有些显微镜镜身配有照明灯，有些是使用外置照明灯。

（7）其他部件　目镜眼罩、目镜防尘罩、屈光调节圈、压片夹等，用于完成镜体的保护和调节等功能。

◆ 任务实施

1. 操作步骤

（1）将显微镜置于一个对操作员舒适的工作台平台，然后打开照明灯。将观察的标本放置在显微镜底座的载物台上。

（2）将显微镜的变倍旋钮旋到最低倍数，将观察的标本移动至视野中心。通过调节调焦旋钮找到最低倍率下的大致焦平面（图像基本清晰）。

（3）调整目镜的观察瞳距，使两眼视野内呈一个圆。

（4）逐渐旋大变倍旋钮的倍数，直至视野内标本的放大倍率合适为

活页笔记

止。如果视野内标本不太清晰可再次转动调焦手轮，至观察的特征最为清晰为止。

2. 注意事项

（1）不能用手或其他脏物接触体视显微镜的镜片，如果镜片上有灰尘，可先用洗耳球吹掉后，再用软毛刷或专用镜头纸擦拭干净。镜面上如有吹不到的污痕可用脱脂棉蘸少许二甲苯擦干净。

（2）拿取或搬动体视显微镜时，要一手握牢固定支架，另一手托稳底座使镜身垂直，轻拿轻放，防止其从高处跌落。

◆ 任务评价

班级：　　　　　　　姓名：　　　　　　　学号：　　　　　　　成绩：

评价任务		了解体视显微镜的基本结构			考核时间：15min			
序号	评价内容	评价要点	配分	评分标准	检测结果	扣分	得分	备注
1	准备工作	检查实验台是否干净平整	10分	未检查扣10分				
2	操作前提	熟知体视显微镜构造	10分	回答不正确扣20分，不完整扣5分				
		了解体视显微镜操作要点	10分	回答不正确扣20分，不完整扣5分				
3	操作过程	取出并安装体视显微镜	20分	操作错误扣10分，不规范扣5分				
		取出标本	10分	操作错误扣10分				
		调节焦距和倍率	10分	操作错误扣20分				
4	操作结果	观察清晰	20分	观察不清晰扣20分				
5	安全及其他	在规定时间内完成操作	10分	每超时1min总分扣5分，超时3min停止操作			—	
合计			100分					
说明：学生违章操作或发生事故须停止操作								

任务1-2 使用体视显微镜观察储粮害虫标本

活页笔记

◆ 任务目标

使用体视显微镜观察储粮害虫标本，根据特征识别常见储粮害虫。

任务资讯

一、储粮害虫的定义和危害

储粮害虫是储粮昆虫中的主要类群，储粮昆虫是指能在干燥的储粮环境中正常发育、生长、繁殖的一类昆虫。通常把危害储藏粮食及其产品的有害昆虫称为储粮害虫（例如玉米象、谷蠹、麦蛾等），把捕食、寄生这些害虫的天敌昆虫（例如食虫蝽、米象小蜂、麦蛾茧蜂等）称为益虫，或者称为储粮害虫的天敌昆虫。一般所说的储粮害虫除了包括危害储粮的有害昆虫外，还包括螨类。

检查害虫的方法以及确定种类和虫量等级

储粮害虫和其他储藏物害虫之间并没有严格的界限，因为许多储粮害虫不仅危害储粮，同时也危害其他多种储藏物。因此，储粮昆虫是储藏物昆虫中的一部分。储粮昆虫属于动物界、节肢动物门、六足总纲、昆虫纲，昆虫纲下面又分若干个目。在储粮中较常见且危害较严重的主要是鞘翅目、鳞翅目和啮虫目的害虫。

储粮螨类属于节肢动物门、蛛形纲、蜱螨亚纲，在储粮中较常见且危害较严重的主要是粉螨科的一些种类，例如害嗜鳞螨、粗脚粉螨、腐食酪螨等。在环境湿度较高时，螨类常常大量发生，可引起局部储粮水分增加和局部发热。储粮中的螨类个体较小，往往不易发觉，而且防治较为困难。

储粮害虫的危害可归纳为四个方面。一是可以造成粮食质量的明显损失。据有关部门调查，我国储藏中的粮食损失，国家粮库为0.2%；农户的储粮损失为6%~9%，引起损失的主要因素是储粮害虫的为害。目前我国粮食的年产量已超过5亿吨，而农户储粮占2/3以上，因此储粮因虫害引起的损失仍是非常巨大的。二是可造成储粮的品质下降等间接损失，如使种子粮的发芽率降低甚至完全丧失；使粮食的营养价值降低；有些害虫还能危害仓、厂建筑与包装器材；虱状恙螨可使人皮肤引起“谷痒症”“皮炎”；储粮害虫在取食、呼吸、排泄和变态等生命活动中，产生的热量及水分，

活页笔记

能促使粮食结露、发芽、发热、霉变；储粮害虫的分泌物、粪便等污染粮食，影响人体健康和畜禽的生长发育。三是可造成商品信誉的损失。四是由于人们通常对害虫有惧怕心理，所以会从心理上造成不良影响。

二、储粮害虫的特征

1. 玉米象（*Sitophilus zeamais*）

危害：成、幼虫为害禾谷类粮食及其他植物储藏品，幼虫在粮粒内为害发育。其中稻谷、小麦、玉米、高粱受害最严重，属于主要的前期性害虫。

图3-2　玉米象

主要形态特征（图3-2）：体长3～4.5mm，圆筒形，褐色至黑褐色，略有光泽；头部向前前延长呈象鼻状；触角膝状8节，第3节较长，若与第4节长度相比约为5∶3。前胸背板密布圆形刻点；两鞘翅肩部和端部各有一橙黄色椭圆形斑（有时不明显），有后翅。

2. 谷蠹（*Rhizopertha dominica*）

危害：成、幼虫为害禾谷类、粉类、豆类、干果、中药材及竹木器材，幼虫常蛀入粮粒内为害，其中以稻谷、小麦、玉米受害最为严重，属于主要的前期性害虫。

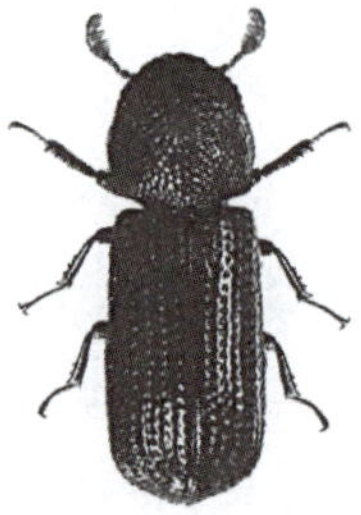

图3-3　谷蠹

主要形态特征（图3-3）：体长2～3mm，长圆筒形，暗赤褐色，有光泽；头下口式，触角10节，末3节扁平膨大呈叶片状；前胸背板中央隆起，表面着生许多小齿突，前缘的齿突大而明显，后半部呈颗粒状。鞘翅两侧平行，具有明显的刻点行。

3. 大谷盗（*Tenebroides mauritanicus*）

危害：主要为害各类原粮、成品粮、豆类、油料、药材等，成、幼虫均在粮粒外部取食，最喜取食麦类胚部，是禾谷类种子的大敌，属于主要的前期性害虫。

图3-4　大谷盗

主要形态特征（图3-4）：体长6.5～10mm，扁平，长椭圆形，漆黑色，无毛，光泽强烈；头三角形，上颚发达外露；前口式；触角11节，棍棒状，第

7～10节略向内侧扩张呈锯齿状；前胸背板倒梯形，两前缘角突出，后缘与鞘翅呈颈状相连。

4. 赤拟谷盗（*Tribolium castaneum*）

危害：成、幼虫为害各种原粮、成品粮、药材等，在粮粒外部为害，以面粉、玉米、油料、糠麸受害最严重，属于主要的后期性害虫。

主要形态特征（图3–5）：体长3～4mm，长椭圆形，单一的赤褐色；头前口式；触角11节，末端3节显著膨大呈；复眼较大，腹面观两复眼距离约等于复眼横直径宽度。

5. 咖啡豆象（*Araecerus fasciculatus*）

危害：以幼虫为害玉米、薯干、面粉、高粱、酒曲、中药材等，也危害咖啡豆、可可豆。幼虫蛀入粮粒内为害，属于重要的前期性害虫。

主要形态特征（图3–6）：体长3～4.5mm，椭圆形，暗褐色，密生细毛，背面散生浅色斑点，头下口式；触角11节，第3～8节呈细长丝状，黄褐色，末端3节扁平膨大呈三角形，黑色；足细长；腹末臀板外露部分呈三角形。

6. 绿豆象（*Callosobruchus chinensis*）

危害：以幼虫严重为害小豆类。幼虫蛀入豆粒内部为害，其中绿豆、赤豆、豇豆被害最为严重，被害豆粒往往仅剩空壳。成虫不取食为害。

主要形态特征（图3–7）：体长2～3mm，近卵形，体色、斑纹多变异，通常可分为暗色型和明色型两类，暗色型虫体大部分为黑褐色，鞘翅上有白毛斑；明色型虫体大部分为赤褐色，鞘翅上无白毛斑，头下口式；触角11节，雄虫梳齿状，雌虫锯齿状；前胸背板圆锥形，其后缘中央有两个并列的长椭圆形瘤状突起的白色毛斑。

7. 蚕豆象（*Bruchus rufimanus*）

危害：以幼虫专门蛀蚀蚕豆粒。蚕豆被害率高达96%，是蚕豆的毁灭

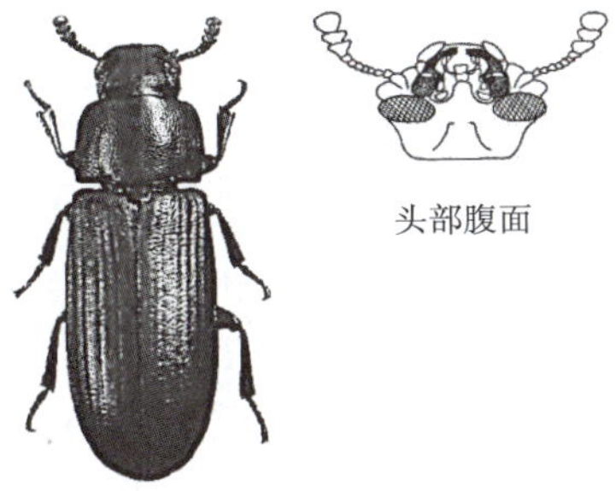

图3–5　赤拟谷盗

图3–6　咖啡豆象

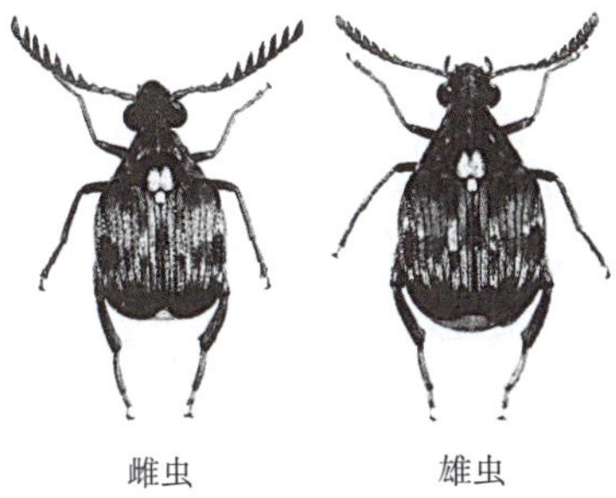

图3–7　绿豆象

活页笔记

性害虫。

主要形态特征（图3-8）：体长4.5～5mm，椭圆形，灰褐色，全体密被绒毛；头下口式；前胸背板后缘中央白毛斑呈三角形，两侧缘齿突齿尖向两侧平行伸展；前足腿节大部分及胫节、跗节为赤褐色；两鞘翅末端近1/3处的白毛斑呈狭长的双弧形；腹末臀板两侧黑斑不明显，白毛斑不呈“T”字形。

图3-8　蚕豆象

8. 麦蛾（*Sitotroga cerealella*）

危害：幼虫为害禾谷类粮食，以蛀入粮粒内部为害，其中以小麦、稻谷，玉米、高粱受害最严重。成虫不取食为害，属于主要的前期性害虫。

主要形态特征（图3-9）：体长4～7mm，翅展8～16mm，灰黄色，有缎样光泽。前翅竹叶形，灰黄色，有时散生黑色斑点；后翅菜刀形，淡灰黑色，后缘毛特长，远大于翅面宽。

9. 印度谷蛾（*Plodia interpunctella*）

危害：以幼虫为害各种原粮和成品粮、豆类、油料、干果、药材等植物性储藏品。成虫不取食为害，属于主要的前期性害虫。

主要形态特征（图3-10）：体长6～9mm，翅展13～18mm，密被赤褐色和灰褐色鳞片。额前具有锥状鳞片脊；前翅长三角形，基部1/3为灰黄色，其余赤褐色，并散生紫黑色斑点；后翅灰白色。

10. 粉斑螟（*Ephestia cautella*）

危害：同印度谷蛾。

主要形态特征（图3-11）：体长6～7mm，翅展14～16mm，灰色；额前无锥状鳞片脊；前翅长三角形，灰色，靠近翅基部1/3处有一条淡白色较宽且直的横带纹，在近外缘1/4处，有时也有一条淡色波状横纹；后翅灰白色。

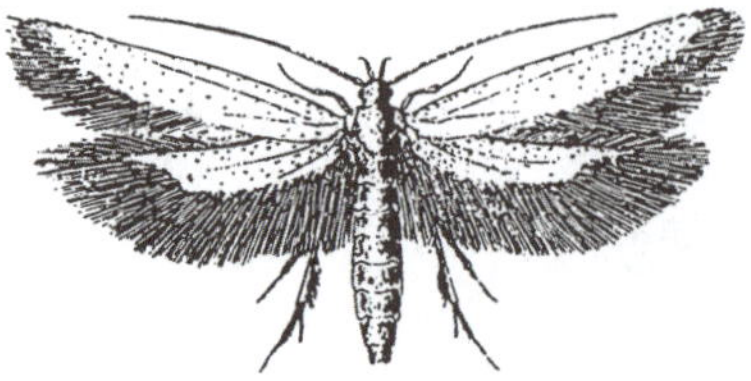
图3-9　麦蛾

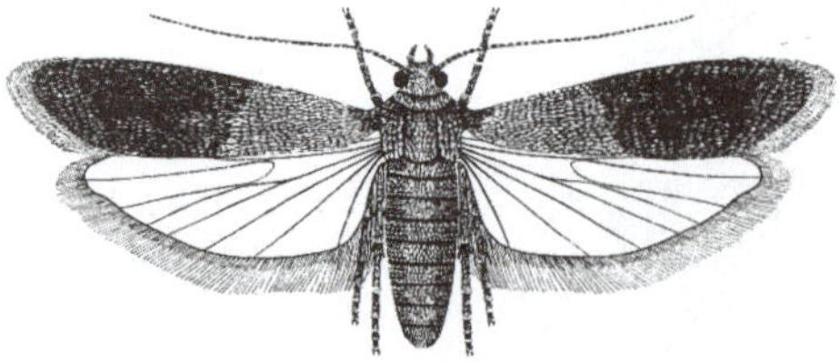
图3-10　印度谷蛾

活页笔记

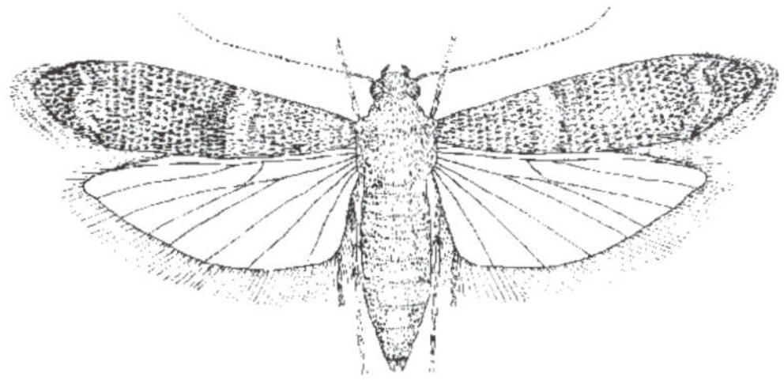

图3-11　粉斑螟

图3-12　黑毛皮蠹

11. 黑毛皮蠹（*Attagenus unicolor japonicus*）

危害：杂食性，主要以幼虫为害各种禾谷类、粉类、豆类、油料等植物性食品，以及皮毛、蚕丝、中药材等动物性食品，是加工厂常见的害虫。

主要形态特征（图3-12）：体长2.8～6mm，椭圆形，黑色。雌性个体明显大于雄性个体，头小，下口式，触角11节棍棒状，雄虫末节特长，牛角形，为第9～10节两节之和的3～4倍；雌虫末节较长，约等于第9～10节两节之和；前胸背板边缘及鞘翅基部密被金黄色毛。

12. 锯谷盗（*Oryzaephilus surinamensis*）

危害：食性复杂，几乎能为害所有植物性储藏品，主要危害谷物胚部、破碎禾谷类、粉类、副食品、干果、药材等，属主要的后期性害虫。

主要形态特征（图3-13）：体长2.5～3.5mm，细长扁平，暗褐色；头部呈梯形，前口式；前胸背板纵长方形，背面有三条明显纵脊，中脊直，两侧脊稍呈弧形，两侧缘各有6个锯齿状突起。

图3-13　锯谷盗

13. 烟草甲（*Lasioderma serricorne*）

危害：因杂食性为害各类粮油、烟草、药材、酒曲及其副产品、丝毛织物、竹木器材等。

主要形态特征（图3-14）：体长2.5～3mm，椭圆形，暗赤褐色，有光泽；头下口式；触角11节，锯齿状；前胸背板半圆形，后缘与鞘翅基部等宽；鞘翅表面光滑，无纵刻点纹。

14. 药材甲（*Stegobium pamiceum*）

危害：因杂食性主要为害药材、面粉、薯干、油饼、酒曲以及面包等。

图3-14　烟草甲

活页笔记

主要形态特征（图3-15）：体长2～3mm，长椭圆形，暗褐色，略有光泽；头下口式；触角11节，其中第3～8节念珠状，第9～11节扁平膨大；前胸背板中央明显隆起，后缘比鞘翅基部宽；鞘翅上有明显纵沟纹。

图3-15　药材甲

15. 黑粉虫（*Tenebrio obscurus*）

危害：成、幼虫为害面粉、糠麸、潮湿霉变的粮油及虫尸等，是加工厂常见的害虫。

主要形态特征（图3-16）：体长12～18mm，长椭圆形，黑色或黑褐色，无光泽；触角11节，近念珠状，第3节长约等于第1、第2节之和，末节宽大于长；前胸背板长宽接近相等，鞘翅末端比黄粉虫略尖。

图3-16　黑粉虫

16. 黄粉虫（*Tenebrio molitor*）

危害：同黑粉虫。

主要形态特征（图3-17）：体形、体大小与黑粉虫相似，主要区别是体暗赤褐色，有光泽；触角第3节短于第1、第2节之和，末节长大于宽；前胸背板宽显著大于长，横长方形，鞘翅末端圆钝。

图3-17　黄粉虫

17. 米象（*Sitophilus oryzae*）

危害：为害禾谷类及其他淀粉性植物储藏品，其中稻谷、小麦、玉米、高粱受害最严重。

主要形态特征（图3-18）：体形、体色、鞘翅斑纹等与玉米象极相似，主要区别是个体较小，体长一般不超过3mm；触角第3节与第4节几乎等长，长度比约为4∶3；前胸背板中央有一纵向狭窄的光滑区域。

图3-18　米象

18. 豌豆象（*Bruchus pisorum*）

危害：以幼虫专门蛀蚀豌豆粒。豌豆被害率有时高达100%，被害豌豆质量损失一般为60%，是豌豆的毁灭性害虫。

主要形态特征（图3-19）：体形、体色、体大小等与蚕豆象极相似，主要区别是前胸背板后缘中

活页笔记

央的白毛斑近圆形，两侧缘齿突齿尖向后弯；前足腿节黑色，胫节、跗节为赤褐色；两鞘翅末端近1/3处的白毛斑呈较宽的八字形；腹末臀板两侧黑斑明显，白毛斑呈T字形。

图3-19　豌豆象

19. 杂拟谷盗（*Tribolium confusum*）

危害：与赤拟谷盗相似。

主要形态特征（图3-20）：体形、体色、体大小与赤拟谷盗极相似，主要区别是触角末端五节逐渐膨大呈棍棒状；复眼较小，腹面观两复眼之间的距离等于复眼横直径宽度的2～3倍。

图3-20　杂拟谷盗

20. 亚扁粉盗（*Palorus subdepressus*）

危害：主要为害破碎的谷物及面粉等，是常见的后期性害虫。

主要形态特征（图3-21）：体长2.5～3mm，椭圆形，赤褐色；复眼大，两复眼在腹面距离为复眼直径的2.7～4.1倍；颊高于唇基，向后突出，从背方遮盖复眼端部区域。

图3-21　亚扁粉盗

21. 长角扁谷盗（*Cryptolestes pusillus*）

危害：破损的禾谷类、油料及粉类等，其中粉类和油料中发生最多，属于主要的后期性害虫。

主要形态特征（图3-22）：体长1.5～2.2mm，扁长形，淡黄褐色；触角11节，雄虫长丝状，末端3节两侧几乎平行；雌虫念珠状，较短；前胸背板横长方形，后缘略窄；两鞘翅的长度约为宽度的1.5倍。

22. 锈赤扁谷盗（*Cryptolestes ferrugineus*）

危害：同长角扁谷盗。

主要形态特征（图3-23）：体形、体大小与长角扁谷盗相似，主要区别是其为赤褐色；雌、雄虫触角均为念珠状，且短而细小；前胸背板明显倒梯形，后缘明显比前缘窄。两鞘翅的长度约为宽度的1.7倍。

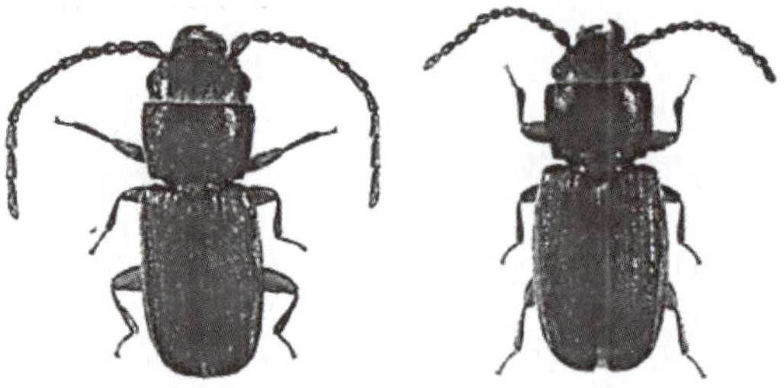

雄　雌

图3-22　长角扁谷盗

雌　雄

图3-23　锈赤扁谷盗

◆ 任务实施

1. 操作步骤

（1）将储粮害虫标本放在培养皿中。

（2）将盛有标本的培养皿放在体视显微镜的载物台上。

（3）通过调节焦距和倍率观察储粮害虫的体型、体长、体色及触角、前胸背板和翅等形态特征。

（4）综合观察到的特征，识别储粮害虫种类。

2. 注意事项

（1）不能用手或其他脏物接触体视显微镜的镜片，若镜片上有灰尘，可先用洗耳球吹掉后，再用软毛刷或专用镜头纸擦拭干净。镜面上如有吹不到的污痕可用脱脂棉蘸少许二甲苯擦干净。

（2）拿取或搬动体视显微镜时，要一手握牢固定支架，另一手托稳底座使镜身垂直，轻拿轻放，防止其从高处跌落。

（3）识别储粮害虫时不能用手直接触及储粮害虫标本。

（4）将储粮害虫放在培养皿中，再放在载物台上观察，不能直接把害虫放在载物台上。

（5）填写储粮害虫虫名时，不要写其别名或俗名，也不能用错字、别字代替。

◆ 任务评价

班级：　　　　姓名：　　　　学号：　　　　成绩：

评价任务		使用体视显微镜观察储粮害虫标本			考核时间：15min			
序号	评价内容	评价要点	配分	评分标准	检测结果	扣分	得分	备注
1	准备工作	检查实验台是否干净平整	10分	未检查扣10分				
2	操作前提	熟知体视显微镜构造	10分	回答不正确扣10分，不完整扣5分				
		掌握体视显微镜操作要点	10分	回答不正确扣10分，不完整扣5分				
3	操作过程	取出并安装体视显微镜	20分	操作错误扣10分，不规范扣5分				
		取出储粮害虫标本	10分	操作错误扣10分				
		调节焦距和倍率	10分	操作错误扣10分				
		观察储粮害虫标本	10分	观察不清晰扣10分				
4	操作结果	识别储粮害虫种类	20分	储粮害虫种类不正确扣20分				
5	安全及其他	在规定时间内完成操作	—	每超时1min总分扣5分，超时3min停止操作			—	
合计			100分					
说明：学生违章操作或发生事故须停止操作								

任务二

检查储粮害虫

知识目标

1. 了解检查储粮害虫的方法和工具。
2. 掌握分辨不同等级虫粮的方法。
3. 掌握快速分辨储粮害虫种类的方法。

活页笔记

能力目标

1. 能够正确使用和维护检查储粮害虫的工具。
2. 能够根据不同情况选择合适的储粮害虫检查方法。
3. 能够选择合适的害虫选筛筛选储粮害虫。

素质目标

1. 根据粮食样品中存在不同种类和数量的害虫，分小组检查样品中的储粮害虫种类和数量，培养团队合作精神。

2. 通过学习如何计算虫粮等级，培养节约粮食的意识，提高排查害虫安全储粮的能力。

学习情境描述

储粮害虫是指在储藏过程中，能够繁殖并危害储藏粮食的害虫。它们会吃掉储藏的粮食，繁殖并污染粮食，导致粮食的质量下降，甚至严重影响粮食的安全和卫生。

储粮害虫检查包括对储藏设施、储藏容器、储粮环境等方面的检查，以及对储藏的粮食进行抽样检测。检查时要注意储藏设施的密封性、通风性、卫生状况等，同时要检查储粮容器、储粮工具等是否干净、无害虫。对于已经储藏的粮食，要检查是否有储粮害虫存在，是否有虫粪、虫卵等污染物。如果发现储粮害虫，要及时采取措施进行消灭和防治。

本任务分解如下：	
任务2-1	了解检查储粮害虫的方法和工具
任务2-2	使用害虫选筛筛选样品中的害虫
任务2-3	确定样品中害虫种类、数量和虫粮等级

任务2-1　了解检查储粮害虫的方法和工具

◆ 任务目标

了解检测害虫的方法和工具，根据实际情况选择合适的检查储粮害虫的方法。

活页笔记

任务资讯

一、直观检查法

直观检查法是用感官在现场检查害虫的方法。该方法直观、简便，但准确性低。检查时用眼睛观察粮堆表面、仓壁、仓顶或包装粮剁的外部，注意是否有害虫活动的轨迹，如有无害虫飞行和爬行；有无虫蚀粮粒及害虫取食的粉末；有无蛾类幼虫的丝茧、结网、虫尸、虫蜕、虫粪等。可抛洒粮粒击动粮面，观察有无蛾类成虫起飞。储藏物害虫大多有趋温性，检查时应根据季节及储藏物温度的变化，重点检查温度比较高的部位。

在自然条件下，天敌常常伴随着害虫的发生而出现，因此害虫的天敌可作为一种指示性动物在害虫检查中加以利用。例如在储藏环境中发现有米象小蜂，则可以断定有象虫类害虫的发生；如果发现有麦蛾茧蜂存在，则表明储藏物中发生了蛾类害虫。因此，在害虫直观检查中，除了观察害虫的活动情况外，还要注意观察储藏物的表面、周围、仓壁特别是窗台等处是否有天敌的活动。

直观检查仅是一种初步的检查方法，它很难准确地判定虫害的种类、密度等，所以只能作为一种辅助的检查手段。

二、取样检查法

取样检查法是扦取一定的储藏物代表样品，然后检查样品中虫害的种类和密度，从而推断整个储藏物中害虫发生情况的方法。该方法是较准确和客观的一种检查方法，受环境因素影响较小，是目前国家粮食仓储管理部门规定的标准检查方法。在取样过程中，害虫完全处于被动状态，无论是哪一种害虫、任何虫期或其是否处于运动状态，都会连同粮食样品被取出。但这种方法工作量较大，同时检查人员的技术水平（如识别害虫种类的能力）会影响检查结果的准确性。

1. 储粮害虫扦样

由于不同储粮害虫的生活习性和活动规律不同，它们在不同季节的活动部位也不相同，因此储粮害虫在某一特定的储粮环境中分布是不均匀的，有的部位储粮害虫密度很大，有的部位储粮害虫密度很小，有的部位甚至查不出储粮害虫。所以在检查储粮害虫时，应采取定点与易发生储粮害虫部位相结合的办法设置扦样点。

活页笔记

扦样时每点粮食取样量不少于1kg，所取各点样品应分别单独检查储粮害虫密度，不应混合后取平均样品检查。检查的结果要以储粮害虫密度最大的部位代表全仓（囤或垛）的储粮害虫密度。这样容易引起管理者的重视，以便尽快采取措施进行处理，防止其传播蔓延，造成更大的危害。

2. 散装粮扦样方法

（1）扦样点设置　长方形粮面的仓房四角各设1个点，墙的长边设2个点，短边设1个点；圆形粮面的外周围均匀设点，浅圆仓设6个点，筒仓和地下仓等圆形粮面设4个点；柱周围、仓门内、人员进出口、排风扇口、通风道口、温度异常变化点和曾发生过虫害的部位各设1个点，每点距墙0.1～0.5m。按粮堆大小应在粮面中部区域设3～10个点。

粮堆内扦样层按粮堆高度设定：粮堆高3m以下设2个扦样层，分别设置在距底部0.5m以下和距粮面0.5m以上；粮堆高3～6m的：在上下层之间等距离增设1～2个扦样层。

（2）扦样　用电动扦样器在每一扦样点处分层扦样，表层可人工扦样。每层扦样量不少于1kg。每层每点样品作为一个检测点的样品。

3. 包装粮取样点的确定

（1）扦样点设置　以货位为取样单位，根据包装粮总包数确定采样比例，500包以下的取10个采样包，500包以上的按2%确定采样包，采样包最多不超过500个。分区分层确定采样包位置，外层适当多设采样点。分区分层方法参照散装粮扦样点设置。

（2）扦样　扦取包内样品，必要时可拆包或倒包采样。花生、蚕豆等大粒粮食和油料应拆包采样。每包采样不少于1kg。每包样品作为一个检测点的样品。

4. 器材和场所取样点的确定

装具、器材以件计算害虫密度，按2%～5%的比例抽样检查；以件计算活的储粮害虫数量表示储粮害虫密度。

空仓、货场或铺垫苫盖物料等，按散装粮面选点办法检查，每点扦样面积为$1m^2$，按每平方米活的储粮害虫数量表示储粮害虫密度。

三、诱集检查法

诱集检查法包括习性诱集和诱捕器诱集，是利用害虫本身的某些行为或习性，将其诱集到一个小范围内进行检查的一种方法。诱集检查法通常是采用一些特殊的诱捕装置，使诱捕到的害虫无法逃逸，或与一些害虫引

活页笔记

诱剂相结合，以提高诱捕效率，对于某些害虫还能起到诱杀、降低害虫密度的效果。

1. 陷阱诱捕器的基本原理和构造

储粮害虫诱捕检测设备种类很多，如陷阱诱捕器、木盒诱捕器、管状诱捕器、漏斗诱捕器、瓦楞纸诱捕器、灯光诱捕器等。陷阱诱捕器也称探管诱捕器，是最常用的一种粮堆害虫诱捕器。

陷阱诱捕器是根据储粮害虫的钻孔习性而设计的。陷阱诱捕器是一种长200～300mm、直径30mm左右的金属管或塑料管，管壁上有很多小孔，小孔由外到内应该向上倾斜，以防止小颗粒粮或粮堆中的杂质掉入诱捕器。储粮害虫通过小孔钻到诱捕器内，并掉进诱捕器底部的锥形斗内而无法逃逸。通过定期检查诱捕器就可以了解粮堆有无储粮害虫、储粮害虫种类和害虫密度等重要信息。

将诱捕器插入粮堆可诱捕到粮粒间活动的储粮害虫，如玉米象和米象成虫、赤拟谷盗、谷蠹、扁谷盗、书虱等储粮害虫。陷阱诱捕器结合信息素或引诱剂使用可提高诱捕效率，对于某些储粮害虫还能起到诱杀、降低储粮害虫密度的效果。

2. 储粮害虫诱捕器的布点要求

储粮害虫诱捕器的布点要求参照害虫检查扦样点的位置，但只在粮堆表层设置陷阱诱捕器。

3. 储粮害虫的检测期限

《粮油储藏技术规范》（GB/T 29890—2013）依据粮温高低，规定了储粮害虫的检查期限。

（1）粮温低于15℃，每月检查一次。

（2）粮温在15～25℃，检查期限为每15d至少检查一次。

（3）粮温高于25℃，检查期限为每7d至少检查一次。

（4）危险虫粮在处理后3个月内，检查期限为每7d至少检查一次。

4. 陷阱诱捕器检测害虫的计量单位

采用诱捕器检测害虫的计量单位为：诱捕的害虫数量（头）/[每台（个）诱捕器·天]。

◆ 任务实施

1. 操作步骤

（1）使用直观检查法初步判断模拟仓中的储粮虫害的种类、密度。

活页笔记

（2）使用取样检查方对模拟仓中的粮食进行取样。

（3）使用诱集检查法对模拟仓中的有虫粮进行诱集，一周后收集储粮害虫。

2. 注意事项

（1）所选取的取样点要有代表性，能够反映储粮害虫发生实际情况。

（2）取样点抽取的样品妥善存放，及时采用适当方式检查样品中储粮害虫情况。

（3）陷阱诱捕器主要用于诱捕粮堆中爬行的储粮害虫，对生活在粮粒内部的储粮害虫和在空间活动的蛾类成虫不具有诱捕作用。

（4）每个陷阱诱捕器的顶端最好系一色彩明显的绳子，陷阱诱捕器插入粮堆后绳子露出粮面，以便发现、收取。

（5）陷阱诱捕器中诱集到的储粮害虫要定期清理，防止被诱捕到的储粮害虫在锥形斗或集中瓶中死亡、霉烂。

◆ 任务评价

班级：　　　　　　姓名：　　　　　　学号：　　　　　　成绩：

评价任务		了解检查储粮害虫的方法和工具			考核时间：7d			
序号	评价内容	评价要点	配分	评分标准	检测结果	扣分	得分	备注
1	准备工作	打开模拟仓，分析模拟仓情况	10分	未分析扣10分				
2	操作前提	掌握检查储粮害虫的方法	15分	回答不正确扣15分，不完整扣5分				
		熟悉检查储粮害虫的工具	5分	回答错误扣5分				
3	操作过程	直观检查法	10分	操作错误扣10分				
		取样检查法	15分	操作错误一项扣3分，扣完为止				
		诱集检查法	15分	操作错误一项扣3分，扣完为止				
4	操作结果	填写检查情况	15分	以取样检查法收取样品，每处错误扣3分，扣完为止				
			15分	以诱集检查法收取样品，每处错误扣3分，扣完为止				
5	安全及其他	在规定时间内完成操作	—				—	
合计			100分					

说明：学生违章操作或发生事故须停止操作

活页笔记

任务2-2　使用害虫选筛筛选样品中的害虫

◆ 任务目标

了解害虫选筛的使用的方法，掌握筛选样品中害虫的方法。

任务资讯

一、害虫选筛的选用

我国粮食仓库使用的害虫选筛（图3-24）有上下两层不同直径的筛孔筛层，加筛底、筛盖共4层。上层筛孔径为2.5mm，下层筛孔径为1.5mm。

图3-24　害虫选筛

二、害虫选筛使用方法

使用害虫选筛筛选害虫时，首先要按筛孔大小顺序套好，从下向上的顺序是：筛底、1.5mm孔径筛层、2.5mm孔径筛层、筛盖。

将样品倒入上层选筛内。每次筛选的量不宜过多，以铺在筛面上的样品厚度来掌握，以不超过20mm为宜。然后加上筛盖，以双手水平回旋的方法筛动，每次筛动时间不低于1min，约120圈。筛后结合手拣使害虫与粮粒分离，以筛上拣出的害虫和筛下物中检查的害虫一并计算害虫密度。

◆ 任务实施

1. 操作步骤

（1）根据害虫选筛的孔径，套好选筛。

（2）使用害虫选筛筛取取样检查法取得的样品。

（3）使用害虫选筛筛取诱集检查法诱集的害虫样品。

2. 注意事项

检查储粮害虫时，在每个取样点扦取的粮油样品要及时筛选，防止样品存放后害虫逃逸。

◆ 任务评价

班级：　　　　　　　　姓名：　　　　　　　　学号：　　　　　　　　成绩：

评价任务		使用害虫选筛筛选样品中的害虫			考核时间：30min			
序号	评价内容	评价要点	配分	评分标准	检测结果	扣分	得分	备注
1	准备工作	取好需检查的样品	10分	未取样扣10分				
2	操作前提	选择害虫选筛的孔径	15分	回答不正确扣15分，不完整扣5分				
		选择害虫选筛的层数	5分	回答错误扣5分				
3	操作过程	按顺序安装选筛	10分	操作错误扣10分				
		倒入样品	15分	操作错误一项扣5分，扣完为止				
		筛选害虫	30分	操作错误一项扣5分，扣完为止				
4	操作结果	填写检查情况	15分	检查筛选情况，筛选不彻底，每处扣5分，扣完为止				
5	安全及其他	在规定时间内完成操作	—				—	
合计			100分					
说明：学生违章操作或发生事故须停止操作								

任务2-3　确定样品中害虫种类、数量和虫粮等级

◆ 任务目标

根据任务2-2所筛选出的害虫样品，确定害虫种类、数量和虫粮等级。

任务资讯

储粮的虫粮等级标准：《粮油储藏技术规范》规定，储粮可分为基本无虫粮、一般虫粮、严重虫粮、危险虫粮四个等级（表3-1）。

表3-1　储粮的虫粮等级标准

粮油种类	虫粮等级	害虫密度/（头/kg）	主要害虫密度/（头/kg）
原粮	基本无虫粮	≤5	≤2
	一般虫粮	6～30	3～10
	严重虫粮	>30	>10

续表

粮油种类	虫粮等级	害虫密度/（头/kg）	主要害虫密度/（头/kg）
成品粮	严重虫粮	>0（或粉类成品粮含螨类>30）	
所有粮食和油料	危险虫粮	感染了我国进境植物检疫性储粮害虫活体的粮食和油料	

注：①害虫密度和主要害虫密度两项中有一项达到规定指标即为该等级虫粮。
②“主要害虫”指玉米象、米象、谷蠹、大谷盗、绿豆象、豌豆象、蚕豆象、咖啡豆象、麦蛾和印度谷蛾。
③进境植物检疫性储粮害虫以最新公布的《中华人民共和国进境植物检疫性有害生物名录》为准。

◆ 任务实施

1. 操作步骤

（1）将害虫选筛筛取得害虫取出装入培养皿中。

（2）使用放大镜观察害虫，先确定一部分能识别的害虫，记录种类和数量。

（3）使用体视显微镜观察无法确认的害虫，识别害虫种类和数量。

（4）根据害虫种类和数量，确定虫粮等级，并将所有数据记录到表3–2中。

表3–2　储粮害虫检查记录表

检查人：　　　　检查时间：

害虫名称				
害虫数量/头				
害虫密度/（头/kg）				
害虫总密度/（头/kg）				

2. 注意事项

（1）有些储粮害虫有假死性，在筛选后应把筛下物或者筛上物静置1min后，等待害虫活动时再观察害虫数量。

（2）在气温较低的季节害虫一般不活动，这时可以把害虫放在灯光下加温，再鉴别害虫是否死亡。

（3）有些害虫经筛动后会附着在筛层的外面或嵌在筛孔中，检查时应注意。

◆ 任务评价

班级： 姓名： 学号： 成绩：

评价任务		确定样品中害虫种类、数量和虫粮等级			考核时间：30min			
序号	评价内容	评价要点	配分	评分标准	检测结果	扣分	得分	备注
1	准备工作	检查实验台是否干净	10分	未检查扣10分				
2	操作前提	熟知主要害虫的种类	10分	回答错误一次扣2分				
		熟知主要害虫的习性	10分	回答错误一次扣2分				
3	操作过程	将选筛中的害虫放置于培养皿中	10分	操作错误扣10分				
		使用放大镜观察害虫样品	15分	操作错误一项扣3分，扣完为止				
		使用体视显微镜观察害虫样品	15分	操作错误一项扣3分，扣完为止				
4	操作结果	填写检查情况	10分	害虫种类名称，每处错误扣2分，扣完为止				
			20分	害虫数量，每处错误扣2分，虫粮等级判断错误扣10分，扣完为止				
5	安全及其他	在规定时间内完成操作	—	每超时1min总分扣5分，超时3min停止操作			—	
合计			100分					
说明：学生违章操作或发生事故须停止操作								

任务三

制订储粮害虫检查方案

知识目标

1. 掌握分析粮情的方法。
2. 掌握选择检查储粮害虫的方法。
3. 掌握如何选择检查储粮害虫的工具。

能力目标

1. 能够正确分析粮情。
2. 能够正确使用和维护检查储粮害虫的工具。
3. 能够根据粮情选择合适的储粮害虫检查方法。

活页笔记

素质目标

1. 根据模拟仓粮食样品的情况，分小组制订检查害虫的方案，培养勤于思考与理论联系实际的能力。

2. 通过制订害虫检查方案过程中分析粮情、选择工具和检查工具等步骤，践行节约粮食的理念。

◆ 任务目标

实训室现有模拟仓一个，请自由组成小组（5～8人一组），分析模拟仓情况，制订出一套完整的储粮害虫检查方案。

任务资讯

储粮害虫是指在储藏过程中，能够繁殖并危害储藏粮食的害虫。它们会吃掉储藏的粮食，并污染粮食，导致粮食的质量下降，甚至严重影响粮食的安全和卫生。储粮害虫的检查是粮食质量与安全的重要保障措施。

因此，这一学习任务请通过小组合作，对现有模拟粮仓进行分析，制订检查储粮害虫的方案并执行，为制订杀虫方案保证粮食安全提供可靠的数据支持。

制订害虫检查方案

◆ 任务实施

1. 操作步骤

（1）检查和分析粮情，了解粮堆储粮害虫发生情况。

（2）明确检测粮堆储粮害虫的目的，确定粮堆中可能存在害虫的种类。

（3）了解检查储粮害虫的方法，确定储粮害虫检查的工具。

（4）正确进行储粮害虫取样。

（5）正确筛选和分类储粮害虫。

（6）确定参与检查储粮害虫的人员。

（7）确定评价粮堆储粮害虫发生情况的方法。

（8）根据粮堆储粮害虫检查结果，判断粮堆储藏状况。

2. 注意事项

（1）制订的方案包括检测目的、检测方法比较分析、检测点的确定、检测设备选择、检测结果的表示和结果的评价方法。

活页笔记

（2）在进行粮堆害虫筛选分类时，应确保检查活虫的数量和种类，避免害虫假死情况影响检查结果。

（3）制订的方案应符合安全、经济、有效的原则，并简便易行。

◆ 任务评价

班级：　　　　　　姓名：　　　　　　学号：　　　　　　成绩：

评价任务		制订储粮害虫检查方案			考核时间：90min			
序号	评价内容	评价要点	配分	评分标准	检测结果	扣分	得分	备注
1	准备工作	自行组队	—	—				
2	操作前提	分析模拟仓近两周温湿度情况	5分	未分析扣5分				
		分析可能存在的问题	5分	未分析扣5分				
3	操作过程	小组分工	5分	分工不合理扣5分				
		选择储粮害虫取样方法	5分	选择错误扣5分				
		准备工具、取样	15分	操作错误一项扣5分，扣完为止				
		筛选储粮害虫	15分	操作错误一项扣5分，扣完为止				
		储粮害虫分类	20分	分类错误扣5分，扣完为止				
		整理工具	5分	未整理工具扣5分				
4	操作结果	填写检查情况	15分	储粮害虫种类名称、储粮害虫数量、虫粮等级每处错误扣3分，扣完为止				
			10分	上报粮仓储粮害虫检查情况，未上报扣10分				
5	安全及其他	在规定时间内完成操作	—	每超时1min总分扣5分，超时3min停止操作			—	
合计			100分					

说明：学生违章操作或发生事故须停止操作

思考题

1. 使用体视显微镜时发现镜面上有吹不到的污痕，如何处理才能清洁镜面？

2. 如何计算害虫密度？

3. 害虫取样的方法有哪些？

4. 如何区分赤拟谷盗和杂拟谷盗？

5. 米象与玉米象哪一种害虫更“喜爱”飞行？

我和粮食有个约定

检查储粮害虫习题

项目四

检查鼠雀

学习导入

老鼠的繁殖方式是胎生，是哺乳动物中繁殖较快、生存能力较强的动物。全世界有鼠类大约480种，对农林、食品和衣物等的危害很大，是城市、农村防治的主要对象。

老鼠常出没于下水道、厕所、厨房、杂物堆、垃圾堆放处等，在带菌场所与干净场所来回行动，经由鼠脚、体毛及胃携带物来传播病原菌。老鼠是很多疾病的贮存宿主或媒介，已知老鼠对人类传播的疾病有鼠疫、流行性出血热、钩端螺旋体、斑疹伤寒等57种。

老鼠传播疾病有以下三个途径。

（1）鼠体外寄生虫作媒介，通过叮咬人体时，将病原体传染给人。

（2）体内带致病微生物的鼠，通过鼠的活动或粪便污染了食物或水源，造成人类食后发病。

（3）老鼠直接咬人或病原体通过外伤侵入而引起感染。

粮食作物是麻雀的主要食物来源，虽然它的个头不大，但数量过于庞大，成群结队的麻雀到农田里觅食，会直接影响粮食产量。

随着我国粮食储藏设备、技术不断发展进步，鼠雀的危害也降低了不少，但在一些特殊时期，鼠雀仍会对粮库内粮食造成一定的危害。

活页笔记

检查鼠雀

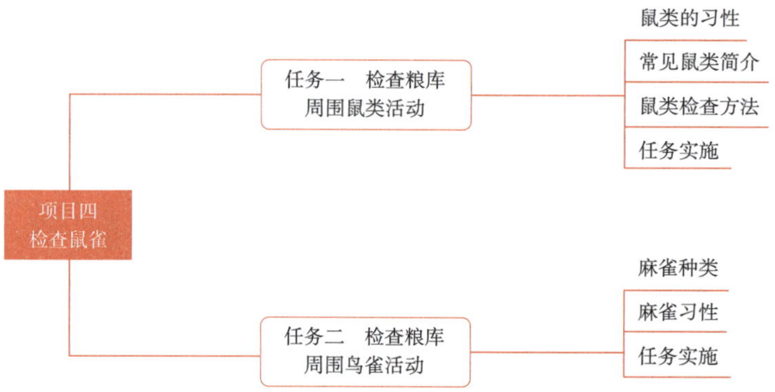

活页笔记

任务一

检查粮库周围鼠类活动

知识目标

1. 了解鼠的种类、习性和危害。
2. 了解鼠类对国家粮食安全的影响。
3. 掌握检查鼠类的方法。

能力目标

能根据足迹、粪便等检查仓房、粮堆内是否有鼠类活动。

素质目标

通过检查粮库周围鼠类活动，培养对工作负责的意识，形成“谨慎”的职业素养，提高爱粮节粮的意识。

学习情境描述

粮库周围鼠类活动可能会带来以下危害。

（1）污染粮食　鼠类可能进入粮库内部或者在粮库周围建造巢穴，从而在粮食中留下排泄物，导致粮食污染。这种污染可能导致人体健康问题，同时也会降低粮食的质量和安全性。

（2）减少粮食产量　鼠类可能以粮食为食，导致生产的粮食数量减少。

活页笔记

（3）损坏粮库和设备　鼠类在活动时可能破坏粮库和相关设备，从而导致额外的维修和更换成本。

（4）增加火灾风险　鼠类可能携带可燃材料进入粮库内部或在粮库周围建造巢穴，从而增加火灾的风险。

（5）遵守法规问题　对于某些国家和地区，关于粮库的法规和标准要求必须对粮库周围的环境进行定期检查。如果发现鼠类活动已经超出规定的限制，则会对粮库的运营产生负面影响。

◆ 任务目标

检查粮库周围鼠类活动。

任务资讯

一、鼠类的习性

鼠的种类多，习性也较为复杂，但大都具有以下共同的习性。

1. 栖息场所广泛

鼠类对环境的适应能力很强，其栖息场所非常广泛，除了比较喜欢居住的场所外，它们还能根据周围环境条件的不断变化选择不同的栖息场所，以满足自身生存的需要，几乎任何地方都可以发现它们的踪迹。根据其栖息的不同场所，鼠类可分为家栖性和野栖性两大类型。家栖性鼠类是指常年居住或经常出入于建筑物如商店、仓库、食品车间、住宅、厨房、厕所、下水道等处的鼠种，粮食仓库的鼠类大多属于此类。野栖性鼠类是指生活于建筑物以外的农田、堤坝、草地、荒山、森林、沙漠等处的鼠种。

鼠类一般都具有很强的挖洞本领，并且大多数的鼠种都是在地下挖洞过穴居生活，一般的鼠洞是由洞口、洞道、窝巢、盲道构成。由于不同鼠种之间的生活习性、个体大小、季节活动等方面存在一定的差异，所以鼠洞的深浅、洞道的长短及粗细都不完全相同，鼠洞常常有多个出入的洞口。

在检查鼠情时，可根据洞口的情况判断洞内有无鼠类，凡有鼠居住的鼠洞口，都比较光滑、整齐，无蜘蛛网，有的洞口还有足迹、跑道、食物、新挖出来的碎土堆等；无鼠居住的洞口多积满灰尘、有蜘蛛网等。但也有少数鼠种不挖洞，如一些小家鼠就很少挖洞，而是在柜子、箱子、抽屉等处，仅以碎布、棉絮、碎纸等杂物筑巢栖息。

活页笔记

2. 活动规律比较固定

一般情况下，大多数家鼠都以晚间活动为主，尤其在黄昏后和黎明前会出现两个活动的高峰期。在这两个高峰期中家鼠的活动最为频繁，活动范围也较大，取食的次数和数量也最多。有些鼠种白天也外出活动和觅食，如小家鼠、褐家鼠，只不过白天的活动次数远少于夜晚，活动范围也远小于夜晚。

鼠类的活动时间、地点及活动能力等会因种类、年龄、环境条件和人类活动的不同而出现差异。鼠类的活动能力很强，不少的种类不仅奔跑迅速，还善于攀缘、游泳。如家鼠大多都喜欢沿着一定的路线出入洞穴和寻找食物，很少在空旷的地方活动。褐家鼠常常沿着墙根狭窄的夹道、粮食和食品的堆垛底下、堆放器材的阴暗处行走活动，并在这些地方形成明显的通道。对这类有固定行走路线的鼠类，可在其通道上安放捕鼠器械进行捕杀。

3. 食性比较复杂

从本质上说，鼠类应是素食性动物，即主要吃一些植物的种子和叶，有时也会吃植物的茎和根。鼠类特别喜欢吃一些带有香味、甜味和咸味的食品，如面包、蛋糕、饼干、油炸果品、糖果、甘蔗、红枣、花生等。

但随着生物的不断进化和鼠类所处生活环境的不断变化，加上人类经济活动对鼠类食物来源改变的影响，致使鼠类的食性也变得越来越复杂，尤其是生活于商店、仓库、住宅、食品加工厂等处的家栖性鼠类，食性就变得更加复杂。粮食、糕点、干鱼、咸肉、香肠、蔬菜、干鲜果品……凡是人们能吃的东西，它们都能加以危害，甚至连蜡烛、肥皂等用品也能啮食。有些鼠种还能捕食一些昆虫、小鱼、小虾、小青蛙、鸡雏、鸭雏、刚生下来的小猪、笼养家兔及一些家禽蛋等。当食物缺乏时，鼠类则会饥不择食，见什么食物就吃什么食物，甚至连垃圾堆中的腐败物品、动物尸体、厕所中的粪便，也是其充饥的对象。

鼠类的食量很大，平均每天的摄食量可为自身体重的（1/10）~（1/2）。一只褐家鼠一年可直接和间接危害谷物达60多千克。在进行灭鼠工作时，应根据当地的具体情况并按鼠种的食性，选用对其诱惑力强的食物作为诱饵。

4. 咬啮性强

在鼠类比较多的地方，尤其是在比较安静的时候，常会听到鼠类啃咬物品的声音。在商店、仓库、住宅中，一些木质的柜台、桌椅、箱子、用具、门窗等都常常被鼠类咬坏。

鼠类经常啃咬这些用具的主要原因有两点。一是通过啃咬，开凿通

活页笔记

道，以便出入和寻找食物。二是因为鼠类属于啮齿类动物，啮齿类动物的门牙一直在不断地生长，如果不磨去多余部分，则会影响正常的咀嚼。因此，鼠类的一生要不断地磨去门牙的多余部分，以便使门牙保持在适当的长度。其门牙的外表面是一层比较坚硬的釉质，里面则是较松软的牙质，在磨牙的过程中，外表面磨去的长度比里面少，可使牙齿保持锋利状态。凡是硬度低于鼠类门牙硬度的家具、门窗、墙壁、塑料、铅管等物品，都是鼠类用于磨牙时的啃咬对象。如家鼠的门牙如果不磨，一年可长出大约130mm，将无法继续咀嚼食物。

5. 警觉性与记忆力强

鼠类的视觉、听觉、嗅觉和味觉都是非常灵敏的。尽管鼠类是色盲，分辨不出物体的颜色，但它的眼睛却可以准确地辨认一切物体的大小和形状，以及一切活动着的物体。尤其是鼠类已适应了夜间活动，可以在完全黑暗的情况下观察事物。鼠类除了能听到人们能听到的声音外，还能听到高频声波，且常常能发出超声波用来相互联系，而不被人和其他天敌动物所察觉。鼠类凭自己敏锐的嗅觉和味觉，可以准确地辨别气味，可以从100mm深的土下找到食物，识别出食物中所含有的少量药物的味道。

鼠类具有高度的警觉性，变成了一种非常多疑的动物。如果在它经常出入的地盘内出现一种新的物体，哪怕是一张纸片，甚至是最喜欢吃的食物，它也要长时间地躲避、观察，直到确认没有危险时，方才小心谨慎地慢慢与之接触，即便如此，也还是会随时做好逃避的准备。这就是为什么在鼠类经常活动的区域内放置它喜欢吃的食物，开始一段时间鼠类吃得少，而在以后的时间内才会大量取食的主要原因。

鼠类的警觉性因鼠种的不同而不同，同一种类的鼠类，成年鼠比幼鼠的警觉性要高得多。经常灭鼠地区的鼠类，其警觉性也相应高得多。如投放一些鼠药后，在短时间内会导致鼠群中大批个体的死亡，或口鼻出血等现象，这些现象常常会引起没有中毒的鼠类的警觉和恐慌，进而拒食那些含有鼠药的食物。

鼠类有很强的记忆能力，对经常活动的范围内的事物记得非常清楚。对一种新的现象也能记忆一星期以上；被鼠夹打过的鼠类逃脱以后，会很长时间，甚至终生都远远地避开鼠夹；鼠药中毒后没有死亡的鼠类，也会牢牢记住鼠药的气味，很长时间不再取食含有这种鼠药的食物。

6. 繁殖力强

大多数家鼠的繁殖力都是非常强的，但繁殖力的大小，会因鼠种的不

活页笔记

同以及环境条件的优劣出现较大的差异。

一般来说，家鼠的个体比较小，最小种类的成年家鼠平均体重不过15g，最大的种类也不超过300g；它们生长发育的速度很快，性成熟所需时间短，也就是说，从刚生下来的幼鼠到能交配生仔只需很短的时间，长的不过3个月左右，而短的只需60d。家鼠的怀孕期一般为18～25d，且一胎能产多个仔鼠，最多的可达16只，家鼠都无冬眠的习性，一年可以生殖多次，如果有良好的环境条件，大多数家鼠一年四季都可生殖，在正常的情况下，生殖次数少的为3～4次，多的可达10次。但在自然环境中，因为食物条件、栖息条件、温度条件等都有一定的影响，加上猫、黄鼠狼、蛇等一些天敌的捕食，会使其种群数量稳定在一定的范围之内。如果其种群数量低于这个范围，则出生率会大于死亡率，即种群数量增加；反之如果种群数量大于这个范围，则会由于环境条件的限制出现死亡率大于出生率，种群数量则趋于减少。

家鼠的寿命因鼠种的不同而长短不一，小家鼠的寿命最短，一般为1年左右；褐家鼠的寿命则可长达3～5年。

二、常见鼠类简介

常年居住或经常出入仓库、住宅等建筑物中的鼠类，都是哺乳纲动物，绝大多数是啮齿类。鉴别鼠种最可靠的依据是根据鼠类的头骨来判断。但对常见的家鼠来说，根据外形也可较准确地识别，识别的要点如下。

体长：自吻前端至肛门后缘的长度。

尾长：自肛门后缘至尾末端（不包括尾端毛）的长度。

体长与尾长：相互间长短的比例。

尾毛长短分布情况：如尾毛长而成束，尾毛短、稀少等。

毛色：鼠的背、腹，体侧、头、尾各部的毛色（毛尖和毛基）及所构成的斑纹等。

耳的大小、厚薄：如褐家鼠耳短而厚，向前折拉不能遮住眼部。

另外还有乳头的对数、后脚的大小等。

在仓库中常见的鼠类有小家鼠、褐家鼠、黄胸鼠、黑家鼠等。

1. 小家鼠（又称小鼠、小耗子、小鼠类、鼷鼠）

（1）形态特征　小家鼠是常见家栖鼠类中体型最小的一种，如图4-1。一般体长为55～100mm，尾的长度等于或略短于体长，体重7～20g。小家鼠的毛色变化较大，常随季节和环境的不同而异。背部毛色

活页笔记

呈灰褐、灰棕色至黑褐色，腹部毛色由纯白色至灰色、灰黄色，尾毛多呈现上下两色，上面为棕褐色或黑褐色，下面多呈稍浅的灰黄色，前后足的背面多呈暗褐色或白色。小家鼠有乳头5对，3对在胸部，2对在腹部。

图4-1　小家鼠

（2）生活习性　小家鼠是一种具有家栖和野栖两性的鼠种，活动范围也非常广，凡人到之处都能见到小家鼠。在室内，常以棉、麻、碎布、纸、羽毛、干草茎和叶做巢栖居于阴暗隐蔽处，如地板下、天花板上、墙壁缝隙、屋梁角落、粮食与食品垛下、柜子里、抽屉里、衣服里等处，或打洞栖息于室内。不少小家鼠常栖息于室外，如田埂、水渠埂、农田、荒地、麦草垛等处均可经常见到，小家鼠在室外以打洞穴居，它们所打的洞不深，短而简单，一般有几个出入的洞口，但当雌鼠产仔后，会将大部分的洞口堵住，只留下一个洞口出入。

小家鼠食性很杂，它所取食的食物与季节、栖息的环境中的食物来源有着密切关系，但主要以粮食及其加工的食品为主，如小麦、玉米、稻子、高粱、大豆、馒头、糕点、豆制品等，以及芝麻、花生等油料籽粒，其他还取食干鱼、腊肉、香肠、水果、蔬菜等。在野外生活的小家鼠也取食草籽和昆虫，食物缺乏时则会咬食农作物青苗。每只小家鼠每天取食3g左右的食物，但它们的粪便及其分泌物则会污染更多的食物，致使一些食品含有大量的病菌或带有浓重的异味，甚至完全失去食用价值。

小家鼠繁殖能力极强，只要条件适宜，几乎一年四季都能繁殖，其中以夏、秋两季的繁殖力最强。每年能繁殖6～8次，每胎能产仔6～8只，多的可达10只以上。怀孕期平均18～20天，产仔以后即能马上再交配受孕。

（3）地理分布　遍及全国，凡有人居住的地方几乎都有发现。

2. 褐家鼠（又称沟鼠、大家鼠、挪威鼠）

（1）形态特征　褐家鼠是家栖性鼠类中体型最大的一种，如图4-2所示。躯体粗大，一般体长为120～140mm，尾长短于体长，体重多为75～200g。

褐家鼠的毛色与其年龄和栖息环境有一定的关系，大多数的背部毛色呈棕

图4-2　褐家鼠

活页笔记

褐色至灰褐色，且毛的基部呈深灰色，毛尖深棕色，头部及背部中央生有许多全黑色的毛，因而较体侧的颜色深。腹部毛色多为浅灰色，且与体侧的毛色有明显的分界，足背毛白色。尾毛分上下2色，上面黑褐色，下面则为灰白色。幼鼠的毛色较成年鼠的毛色深。背部毛色为黑褐色，毛端部的棕色不太明显，尾毛稀少，表面鳞片明显，尾环显著，耳朵短而厚，向前折拉不能遮住眼部，后脚粗大，长度大于33mm，但不超过45mm，具有6对乳头，胸部2对、腹部1对、腰部3对。

（2）生活习性　褐家鼠是具有家栖和野栖两性的鼠种，它与人类的关系极其密切，是给人类造成严重经济损失的害鼠之一。

褐家鼠栖息场所十分广泛。在人们的居住地，无论是住房、厨房、粮食和食品仓库、食品和饲料加工厂，还是垃圾堆、厕所、厩圈、下水道，以及野外的路旁、沟渠、农田、菜地、河湖边等地，均能正常生存。鼠窝通常是用碎布、烂棉花、碎纸、植物茎叶等做成，凡是墙缝、空隙、杂物堆及其他能隐蔽藏身之处，都会被用来做窝栖息。善于掘洞，它所掘的洞构造较为复杂，洞道很长（可长达2m以上），分支很多，有洞口2～4个，多开口于墙角下或阴沟中，还善于攀缘绳索和游泳。

褐家鼠食性很杂。喜欢取食肉类和水分大的果品。在粮食和食品仓库及加工厂内，盗食各种粮食、食品、饲料、下脚物品等；在住宅内，盗食各种食品及蔬菜、水果；在阴沟和垃圾堆内取食污物；在厕所中甚至会取食粪便，因此会传染一些肠胃病；还经常拖咬鸡雏、鸭雏等幼小家禽；香肠、腊肉、干鱼等也是其理想的食品；在野外则取食各种成熟的作物，如小麦、稻谷、花生、甘薯等，还吃一些草籽、小鱼、青蛙、虾、小蟹等。耐受饥饿的能力较差，所以需要频繁地取食。

褐家鼠视觉较差，但它的嗅觉、听觉和触觉却非常灵敏。有极强的记忆力和很高的警惕性，行动起来总是小心谨慎，对环境中的微小变化也非常敏感，遇到异物更是疑心重重，会徘徊观望。

褐家鼠繁殖能力很强，如果条件适宜，一年四季均可繁殖。雌鼠怀孕20d后即能产仔，每年平均可繁殖6～10次，每胎可产仔7～10只，最多可达16只，幼鼠生长发育3～4个月后，即可开始生育。

（3）地理分布　几乎遍及全国，凡有人居住的地方，都有该鼠存在。

3. 黄胸鼠（又称黄腹鼠、长尾鼠）

（1）形态特征　黄胸鼠是我国南方和长江流域各省常见的家栖性鼠种，如图4-3所示，体形比褐家鼠瘦小，一般体长为130～190mm，尾长超过体长，体重多为60～180g，体毛稍粗，背部毛色多呈棕褐色或黄褐色。毛的基部呈深灰色；尖端则呈棕褐色或黄褐色，背部中央杂生许多长而全黑色毛，因此较身体两侧的颜色深，头部棕黑色，比其他部位的毛色稍深，体面毛色为灰黄色，喉及胸部中间的毛呈棕黄色，有时略带褐色，深于腹部其他部位的毛色，由此得名“黄胸鼠”。其前足背面中央深褐色，后足背面为灰白色：尾毛一色，上下均黑褐色；鳞片发达构成明显环状。幼鼠体毛较成年鼠细软，毛色也较之灰暗，毛尖端的棕色部分不明显。黄胸鼠的鼻较尖；耳朵大而薄，向前折拉可遮盖眼睛，后胸细长，大于30mm，有乳头5对，胸部2对、鼠蹊部3对。

图4-3　黄胸鼠

（2）生活习性　黄胸鼠是家栖性鼠种，兼有野栖性，在长江以南的城区内，数量也较多，通常栖息于粮仓、食品商店、住宅、厨房等建筑物中，在墙缝、门框、窗框、屋顶、椽瓦间隙等处筑洞而居，并能在用具、杂物堆、柜、天花板等隐蔽处藏身。黄胸鼠善于攀登，因此多栖息于建筑物的上层。在火车、客货轮船等交通工具上也能大量生存。其窝内常见有碎布、碎纸、烂棉絮、草屑、麦穗、花生壳等杂物。其洞穴构造比较简单，洞口直径为40～50mm；但在夹墙中的洞穴构造一般较复杂，洞口很多，洞道可上通天花板，下达地板，能前后左右连通多个房间。在其巢穴内，常寄生许多蚤类、螨类和拟蝎等。黄胸鼠的活动和取食，会污染食品和人们的生活环境。

黄胸鼠食性复杂，无论是粮食（如小麦、玉米、谷子、大米）、油料（如豆类、花生仁等）及其加工成的食品（如馒头、饼干、糕点等），还是干肉（如干鱼、火腿）、蔬菜（芋头、辣椒等）都能加以危害，但比较喜食植物性的食物和含水多的食物，有时还能捕杀一些鸡雏、鸭雏。

黄胸鼠多夜晚间活动，尤其在黄昏后和黎明前更为频繁，白天也时常出洞活动，但与夜晚比较，次数要少一些，时间也短一些。活动范围很广，住宅内外、食品商店、仓库、厨房、加工厂、垃圾堆、田沟、厕所等处，都能发现其踪迹；因此除了盗食食品之外，黄胸鼠还是一些疾病的传播者。黄胸鼠在野外的活动有一定的季节性，每当农作物的成熟期，一些黄胸鼠会从室内迁入田间野栖生活，待农作物收获完毕，又返回室内。

黄胸鼠繁殖力很强，一年四季均可繁殖，每年可繁殖3～4次，每胎

活页笔记

产仔4～13只，平均8.5只。繁殖能力最旺盛的时期一般是在每年的4～6月份。

（3）地理分布　长江以南各省均有。

三、鼠类检查方法

1. 鼠迹检查法（挡鼠板）（粮库周围环境）

有鼠患的场所很容易找到鼠类脚爪印、尾迹、通道、鼠洞、鼠体擦的油污和咬痕等。鼠密度高时还能见到鼠的活动。检查鼠迹的有无和多少是一种最方便的调查方法，适用于房屋、船舶和火车车厢鼠患程度的估计。调查的场所重点是地下室和第一层建筑、屋顶、屋基四周、暗道、下水道、贮藏室等。鼠患程度一般可以分为以下三个等级。

（1）无鼠或鼠患很轻未发现鼠迹　若有鼠存在也是最近从四周迁入的。

（2）中等程度鼠患　有陈旧的鼠粪便和咬痕；夜间能见到1～2只鼠活动；白昼看不到鼠活动。

（3）鼠患严重　有新鲜鼠粪、鼠迹和鼠咬痕；夜间能看到3只以上的鼠活动，或白天也见到鼠活动。

2. 粉片检查法

在检查的场所撒布20cm×20cm大小的滑石粉片若干，间隔5～10m，或15m^2大小的房屋布2片。早晨仔细检查出现的爪印和尾迹。一般检查场所的面积最好能布放300块左右的粉片，以计算鼠迹密度。

还有夹线法、饱和食饵消耗法等其他检查方法，可根据具体情况选用。

◆ 任务实施

1. 操作步骤

（1）使用鼠迹检查法检查粮库周围鼠类活动的痕迹。

（2）使用粉片检查法检查粮库周围鼠类活动的痕迹。

（3）将检查情况填入表4-1。

表4-1　　粮库周围鼠类活动记录表

检测人：　　检测时间：

项目	数量	位置
鼠迹检查		
粉片检查		

2. 注意事项

（1）注意鼠洞是否光滑、整齐，无蜘蛛网。

（2）注意鼠洞一般有多个出入口。

（3）勤检查、前后多比较，是否有鼠类足迹、粪便、窝巢及危害痕迹。

◆ 任务评价

班级：　　　　　　　　姓名：　　　　　　　　学号：　　　　　　　　成绩：

评价任务		检查粮库周围鼠类活动			考核时间：30min			
序号	评价内容	评价要点	配分	评分标准	检测结果	扣分	得分	备注
1	准备工作	自行组队	—	—				
2	操作前提	分析粮库周围可能发生鼠害的情况	10分	未分析扣5分				
		分析可能存在的隐患	10分	未分析扣10分				
		说出鼠类的检查方法	10分	少一种扣5分，扣完为止				
3	操作过程	小组分工	10分	分工不合理扣5分				
		鼠迹检查	20分	操作错误一项扣5分，扣完为止				
		粉片检查	20分	操作错误一项扣5分，扣完为止				
		上报检查结果	20分	上报粮仓鼠害检查情况，未上报扣10分				
4	安全及其他	在规定时间内完成操作	—	每超时1min总分扣5分，超时3min停止操作			—	
合计			100分					

说明：学生违章操作或发生事故须停止操作

任务二

检查粮库周围鸟雀活动

知识目标

1. 了解鸟雀的种类、习性及危害。
2. 了解鸟雀对国家粮食安全的影响。
3. 掌握检查鸟雀的方法。

活页笔记

能力目标

能根据足迹、粪便、窝巢及危害痕迹检查仓房、粮堆内是否有鸟雀活动。

素质目标

通过检查粮库周围的鸟雀活动，了解人与自然的关系，培养对工作负责的意识，提高爱粮节粮的意识。

学习情境描述

粮库周围鸟雀活动可能会带来的危害有以下几点。

（1）粮食污染风险　鸟雀可能侵入粮库或筑巢，排泄物污染粮食，威胁人体健康与粮食品质。

（2）粮食减产　鸟雀食用粮食导致产量减少，影响供应与需求。

（3）设施损坏　鸟雀活动可能破坏粮库设备，增加维修与更换成本。

（4）火灾风险　鸟雀携带可燃材料入库或筑巢，增加火灾风险。

（5）违反法规　违规鸟雀活动可能影响粮库运营，甚至使粮库面临法律处罚。

◆ 任务目标

检查粮库周围是否有鸟雀足迹、粪便、窝巢及危害痕迹。

任务资讯

粮库周围鸟雀活动检查对象通常以麻雀为主。

一、麻雀种类

麻雀（图4-4）已经列入国家三有保护鸟类，亦称北国鸟（地方方言又称为：家雀、户巴拉），嘴短而强健，呈圆锥形，稍向下弯；外缘具两道淡色横斑，世界共有19种，中国产5种，其中树麻雀为常见种，雌雄相似。

图4-4　麻雀

活页笔记

二、麻雀习性

麻雀是与人类伴生的鸟类，分布范围极广，一般麻雀体长为140mm左右，褐色。常成群结队地在田间、晒场、粮堆中啄食粮粒，还在粮堆排泄粪便，影响粮堆清洁，传播螨类等有害动物。麻雀行动敏捷，善于跳跃，机警、多疑，并有一定的记忆力。春夏多在仓房、露天垛、土圆仓的檐下、瓦缝或墙洞中做巢，也有在树洞、枯井里做窝的。寒冬季节，麻雀成群飞到仓库寻食，晚上集中到仓房、圆垛屋檐下等处栖息。麻雀繁殖力很强，产卵期从每年3月到8月，一对麻雀一年可繁殖3～4次，每次产卵4～6枚，卵灰白色，满布褐色斑点。雌雄轮流孵卵，麻雀在孵化、育雏时期有固定的住所，并很少外出，孵化期11～12d。雏鸟全身裸露，15d以后才能飞出自行寻食。

◆ 任务实施

1. 操作步骤

（1）检查粮库周围屋檐是否有鸟雀活动痕迹。

（2）将检查情况填入表4–2。

表4–2　　粮库周围鸟雀活动记录表

检测人：　　　　检测时间：

项目	数量	位置
鸟雀踪迹检查		
鸟雀巢穴		

2. 注意事项

（1）仔细检查仓房檐下、瓦缝或墙洞，是否有鸟雀窝巢；粮食是否有鸟雀危害痕迹；粮面、粮堆是否有鸟雀足迹；仓内、粮面及粮堆周边是否有鸟雀粪便。

（2）鸟雀多于在檐下、瓦缝或墙洞筑巢；筑巢时需要干草、树枝、树叶、毛发等。

（3）鸟雀啄食过的粮食，一般只剩糠壳、碎屑。

（4）勤检查、前后多比较，是否有鸟雀足迹、粪便、窝巢及危害痕迹。

粮库密封窗

◆ 任务评价

班级：　　　　　　　　姓名：　　　　　　　　学号：　　　　　　　　成绩：

评价任务		检查粮库周围鸟雀活动			考核时间：30min			
序号	评价内容	评价要点	配分	评分标准	检测结果	扣分	得分	备注
1	准备工作	检查粮库周围环境卫生	10分	未检查扣10分				
2	操作前提	鸟雀检查要求	20分	回答不正确扣20分，不完整扣10分				
3	操作过程	检查鸟雀活动痕迹	20分	未检查扣20分				
		检查粮库周围鸟雀	10分	未检查扣10分				
		检查屋檐鸟巢	10分	未检查扣10分				
4	操作结果	填写鸟雀检查情况表	15分	填写不正确，每处扣3分，扣完为止				
			15分	填写有涂改，每处扣3分，扣完为止				
5	安全及其他	在规定时间内完成操作	—	每超时1min总分扣5分，超时3min停止操作			—	
合计			100分					
说明：学生违章操作或发生事故须停止操作								

环境巡查与鼠雀防治

检查鼠雀习题

思考题

1. 简述储粮中鼠雀的危害。
2. 粮库可以采取哪些防鼠防雀的措施？
3. 鼠迹检查法都需要检查什么？

项目五

检测粮油质量和品质

学习导入

活页笔记

从种子到美食，从田间到餐桌，一粒粮食会经历怎样的旅程呢？

被称作“大豆之乡”的黑龙江省嫩江市，有肥沃广袤的黑土地为粮食提供绝佳的生长环境。在中央储粮北方农业开发有限公司种子繁育示范基地，处于灌浆鼓粒期的大豆正在接受表型鉴定，经过良种引进、试验鉴定、选育推广、提纯扶壮等一系列环节，再综合考察原种纯度、净度和发芽率，适合高寒地区种植的新品种就诞生了，到了4月春耕时期，精心挑选出的大豆种子将会在搅拌机中穿上一层防虫、防病、抗低温的“高科技外套”，这个环节称“种子包衣”，之后，种子只需静待天气回暖，当土壤墒情适宜时，作业机车就会牵引着精密播种机昼夜赶播。到了10月，大豆摇铃千里金，通过智能化、现代化的机械收割作业，成熟的大豆可迅速完成籽粒分离、杂质清选、卸粮运输等过程，结束它在黑土地上100余天的漫长生长，经过脱粒、整晒，新收获的大豆就将被送入粮仓开始了它漫长的“冬眠”。在中央储粮嫩江直属库的现代化粮仓内可24小时在线监测粮食温度，还有内环流控温等一系列绿色储粮技术为粮食护航，当一个保管周期结束，库存粮食将会被轮换出库踏上一段全新的精彩旅程。

- 项目五 检测粮油质量和品质
  - 任务一 感官判断粮食品种
    - 小麦品种的鉴定
    - 稻谷品种的鉴定
    - 玉米品种的鉴定
    - 大豆品种的鉴定
    - 任务实施
  - 任务二 检测小麦和玉米容重
    - 任务2-1 感官判断小麦和玉米容重
      - 容重的概念
      - 粮食感官鉴定的概念
      - 粮食感官鉴定的意义
      - 感官判断粮食容量
      - 任务实施
    - 任务2-2 使用仪器检测小麦和玉米容重
      - 容重器的基本构造
      - 容重检测方法
      - 任务实施
  - 任务三 检验粮油杂质、不完善粒
    - 任务3-1 感官判断粮油杂质
      - 粮油杂质的概念
      - 感官判断粮油杂质的方法
      - 任务实施
    - 任务3-2 使用仪器检验粮油杂质、不完善粒
      - 粮油杂质、不完善粒的检验原理与步骤
      - 任务实施
  - 任务四 检测粮油水分
    - 任务4-1 感官判断粮油水分
      - 粮油水分的概念
      - 感官判断粮油水分的方法
      - 任务实施
    - 任务4-2 使用仪器检测粮油水分
      - 定温定时烘干法测定粮油水分的原理与步骤
      - 任务实施
  - 任务五 检测稻谷出糙率
    - 任务5-1 感官判断稻谷出糙率
      - 稻谷出糙率
      - 感官判断稻谷出糙率的方法
      - 任务实施
    - 任务5-2 使用仪器检测稻谷出糙率
      - 砻谷机
      - 出糙率的测定
      - 任务实施
  - 任务六 检测大豆完整粒率
    - 任务6-1 感官判断大豆完整粒率
      - 完整粒率的概念
      - 感官判断大豆完整粒率的方法
      - 任务实施
    - 任务6-2 检测大豆完整粒率
      - 检测大豆完整粒率的方法
      - 任务实施
  - 任务七 粮油色泽、气味和滋味的感官检验
    - 任务7-1 粮食、油料的色泽、气味的感官检验
      - 粮食、油料的色泽、气味的感官检验方法
      - 任务实施
    - 任务7-2 油脂的透明度、气味和滋味的感官检验
      - 透明度鉴定
      - 气味、滋味鉴定
      - 任务实施
  - 任务八 分析储粮品质变化原因
    - 主要粮食储存品质判定指标与判定规则
    - 粮食在储存期间的品质变化
    - 影响储粮品质变化的因素
    - 任务实施

活页笔记

任务一
感官判断粮食品种

知识目标

1. 了解不同粮食的品种。
2. 了解不同品种粮食的主要区别。

能力目标

能够感官分辨不同粮食的品种。

素质目标

1. 通过学习感官判断小麦、玉米等粮食品种，培养认真负责的工作态度和仔细、专注的习惯。

2. 通过了解水稻的品种和特点，感悟“杂交水稻之父”袁隆平院士一生追求水稻的“高产梦”，激励自身坚持不懈、追逐梦想。

学习情境描述

小麦、稻谷、玉米和大豆等粮食作物在我国具有重要的经济、农业和社会地位，也是保障国家粮食安全和农业可持续发展的重要基础。判断不同粮食的种类和品种可为粮食分类储藏提供依据，保障粮食质量和安全。

◆ 任务目标

不同的粮食品种有着不同的特征，按其籽粒形状、色泽等主要特点，感官判断主要粮食的品种。

任务资讯

一、小麦品种的鉴定（GB 1351—2008《小麦》）

GB 1351—2008《小麦》

按照小麦籽粒皮色的不同，可将小麦分为红皮小麦和白皮小麦，简称

活页笔记

为红麦和白麦。

红皮小麦（也称为红粒小麦）籽粒的表皮为深红色或红褐色；白皮小麦（也称为白粒小麦）籽粒的表皮为黄白色或乳白色；红白小麦混在一起的称做混合小麦。

按照籽粒粒质的不同，小麦可以分为硬质小麦和软质小麦，简称为硬麦和软麦。硬麦的胚乳结构为紧密，呈半透明状，亦称为角质或玻璃质；软麦的胚乳结构疏松，呈石膏状，亦称为粉质。

就小麦籽粒而言，当其角质占其中部横截面1/2以上时，称为角质粒，为硬麦；而当其角质不足1/2时，称为粉质粒，为软麦。

对一批小麦而言，按国家标准，硬质小麦是指角质率不低于70%的小麦；软质小麦是指粉质率不低于70%的小麦。

二、稻谷品种的鉴定（GB 1350—2009《稻谷》）

GB 1350—2009《稻谷》

稻谷按粒形和粒质可分为籼稻、粳稻、糯稻三类。

籼稻籽粒细而长，呈长椭圆形或细长形，米粒强度小，耐压性能差。籼稻在加工时容易产生碎米，出米率低。用籼稻米制成的米饭胀性较大，黏性较小。粳稻籽粒短而阔，较厚，呈椭圆形或卵形，米粒强度大，耐压性能好。粳稻在加工时不易产生碎米，出米率较高。用粳稻米制成的米饭胀性较小，黏性较大。根据籽粒粒质和收获季节的不同，籼稻和粳稻又可分为早稻谷和晚稻谷两类。就同一类型的稻谷而言，一般情况下，早稻谷米粒腹白在，角质粒少，品质比晚稻谷差。早稻谷米质疏松，耐压性差，加工时易产生碎米，出米率较低。而晚稻谷米质坚实，耐压性好，加工时碎米较少，出米率较高。就米饭的食味而言，早稻谷比晚稻谷差；就稻谷的品质而言，晚籼稻谷的品质则优于早粳稻谷。

糯稻谷米粒呈乳白色，不透明或半透明，黏性大，按其粒形可分为籼糯稻谷（稻粒一般呈长椭圆形或细长形）和粳糯稻谷（稻粒一般呈椭圆形）。

三、玉米品种的鉴定（GB 1353—2018《玉米》）

GB 1353—2018《玉米》

玉米按颜色分为黄玉米、白玉米、混合玉米。

（1）黄玉米　种皮为黄色或略带红色的，籽粒含量不低于95%的玉米。

（2）白玉米　种皮为白色或略带淡黄色或略带粉红色的，籽粒含量不低于95%的玉米。

（3）混合玉米　不符合黄玉米和白玉米要求的黄、白玉米互混的玉米。

活页笔记

四、大豆品种的鉴定（GB 1352—2009《大豆》）

GB 1352—2009中把大豆分为黄大豆、青大豆、黑大豆、其他大豆和混合大豆。

（1）黄大豆　种皮为黄色，脐为黄褐色、浅褐色或深褐色的，籽粒不低于95%的大豆。

（2）青大豆　种皮为青色的籽粒不低于95%的大豆。按其子叶的颜色分为青皮青仁大豆和青皮黄仁大豆。

（3）黑大豆　种皮为黑色的籽粒不低于95%的大豆。按其子叶的颜色分为黑皮青仁大豆和黑皮黄仁大豆。

GB 1352—2009《大豆》

（4）其他大豆　种皮为褐色、棕色、赤色等单一颜色的大豆及双色大豆（种皮为两种颜色，其中一种为棕色或黑色，且其覆盖粮粒面1/2以上）等。

（5）混合大豆　不符合其他几种规定的大豆。

◆ 任务实施

1. 操作步骤

（1）感官判断小麦的品种，记录于表5-1。

（2）感官判断稻谷的品种，记录于表5-1。

（3）感官判断玉米的品种，记录于表5-1。

（4）感官判断大豆的品种，记录于表5-1

表5-1　　感官判断主要粮食的品种记录表

检测人：　　　　　检测时间：

样品	判断结果1	判断结果2
小麦		
稻谷		
玉米		
大豆		

2. 注意事项

仔细观察粮食的色泽、外观，因受生长环境、收获时期、储藏条件及加工、包装、运输等过程的影响，粮食会存在着外观的差异。

◆ 任务评价

班级：　　　　　　　姓名：　　　　　　　学号：　　　　　　　成绩：

评价任务		感官判断粮食品种			考核时间：20min			
序号	评价内容	评价要点	配分	评分标准	检测结果	扣分	得分	备注
1	准备工作	检查实验台是否干净平整	10分	未检查扣10分				
2	操作前提	查找相应国家标准	10分	未查找扣10分				
3	操作过程	感官判断小麦种类	15分	判断错误扣15分				
		感官判断稻谷种类	15分	判断错误扣15分				
		感官判断玉米种类	15分	判断错误扣15分				
		感官判断大豆种类	15分	判断错误扣15分				
4	操作结果	填写判断结果	20分	涂改一处错误扣5分				
5	安全及其他	在规定时间内完成操作	—	每超时1min总分扣5分，超时3min停止操作			—	
合计			100分					
说明：学生违章操作或发生事故须停止操作								

活页笔记

任务二

检测小麦和玉米容重

知识目标

1. 了解容重的概念。
2. 了解容重对粮食的影响。

能力目标

1. 能够初步感官判断小麦和玉米容重。
2. 能使用仪器检查小麦和玉米的容重。

活页笔记

素质目标

1. 通过触觉、视觉、味觉等感官判断小麦和玉米容重，培养脚踏实地、严谨务实的工作态度。

2. 感官评价与其他分析方法各有优点，辩证地看待感官评价与其他分析方法的关系，能应用唯物辩证法科学分析事物。

学习情境描述

在粮食入库和出库中，粮食容重，容重的大小是粮油品种、成熟度、籽粒大小、形状、整齐度、相对密度、腹沟深浅、胚乳质地等特性的综合标志。一般说来粮油籽粒饱满、结构紧密、粒形短、水分小者容重大；而籽粒结构疏松、不饱满、粒形长、水分大者容重小。

本任务分解如下：	
任务2-1	感官判断小麦和玉米容重
任务2-2	使用仪器检测小麦和玉米容重

任务2-1　感官判断小麦和玉米容重

◆ 任务目标

感官检验具有简便、快速的特点，通过感觉器官接触小麦和玉米判断其容重。

任务资讯

一、容重的概念

单位容积中粮油籽粒的质量称为容重，单位用g/L表示。测定粮油容重，可以判断粮油品质的优劣。

二、粮食感官鉴定的概念

感官鉴定就是凭借人体各种感觉器官（眼、耳、嘴、鼻、手）接触粮

活页笔记

油产生的客观感觉，根据质量标准和以往实践经验直接鉴定粮油品质的方法。一般采用该法对粮油的杂质及不完善粒含量或色泽、气味、滋味和外观形态进行综合性的鉴定和评价。

人们在挑选农产品时，都会用感觉器官，包括视觉、触觉、嗅觉、味觉甚至听觉去判断产品的质量，根据感觉判断的结果去做出选择。因此，目前感官评定法仍然是国际上最通用的方法。农产品的色泽等外观特性可以利用人的视觉系统进行检测分级，此种方法在水果、蔬菜和畜禽肉上都有应用。如肉色是通过人眼将肉样与标准比色板颜色相比较，将其界定为与之相称的比色板的颜色等级。风味通常也是由品尝小组进行品尝试验来确定，不同品尝人员对风味的敏感程度不同，个人喜好也不同，因而评定结果也会有所不同。人体感官评定方法简单、直接，可以真实反映人们的需求特点，但缺点是评定结果难免带有主观片面性，是对质量的一种模糊评定，不能准确量化。

三、粮食感官鉴定的意义

（1）感官鉴定具有简便、快速的特点　在粮油征购入库和对粮油进行一般品质鉴定时，有其实用价值，尤其对粮油的外观品质如色泽、气味和滋味的鉴定，更是十分简便 。

（2）无需特殊设备仪器　有利于广大基层单位采用和广大农民所接受，有利于标准的贯彻执行。

在粮油各业务环节的检验中，一般采用感官鉴定法来鉴定粮油杂质、水分、不完善粒及色泽、气味、滋味等项目是否正常，可以反映农产品制品的商品外观价值、物理特性和工艺品质。

四、感官判断粮食容重

1. 触觉检验法

用手抓一把粮食，掂其分量，感觉光滑、沉重有分量，说明容重较大，反之则较小。

2. 视觉检验法

（1）看色泽　不成熟的粮粒粒面生皱且颜色呆白，光泽不好或无光泽，容重较小。

（2）看粒形　粒大、饱满而匀称的粮食容重较大。

（3）看不完善粒含量　如果不完善粒比例小，则容重较大。

活页笔记

（4）看质地　随机取粮食籽粒数粒，用刀片将粮粒横向切断，看质地结构，估算硬质粮粒比例。硬质粮粒质地紧密，容重较大；软质粮粒质地疏松，硬度小，容重较小。

3. 齿觉检验法

随机取粮粒数粒，用门牙将其咬断，通过咬断时所用的力度和产生的响声，判断粮食的水分含量和质地软硬。水分较低的粮食，容重较大；质地坚硬的粮食，容重较大。

◆ 任务实施

1. 操作步骤

（1）混匀样品。

（2）操作过程：按触觉和视觉检验法进行操作，用手依次掂量小麦、玉米样品并通过看色泽、粒形、不完善粒含量、质地等因素判断容量。

（3）操作结果：正确判断小麦和玉米容量，把感官判断的小麦和玉米容量记录在表5-2中。

表5-2　感官判断容重结果记录表

检验人：　　　　检验时间：　　　　单位：g/L

样品	玉米	小麦
判断结果1		
判断结果2		

2. 注意事项

（1）新粮收购时，必须制备出各品种、各等级的粮食标准样品，方便对照检验。

（2）感官检验结果必须经常与仪器检验对照，有偏差及时纠正，从中积累经验。

（3）工作要集中精力，认真进行质量评定，严格执行技术标准及检验规程，以便最大限度地缩小感官检验误差。

（4）感官检验要避免工作时间过长，要适当休息，否则会出现“一眼高一眼低”现象。

◆ 任务评价

班级：　　　　姓名：　　　　学号：　　　　成绩：

评价任务		感官判断小麦和玉米容重			考核时间：20min			
序号	评价内容	评价要点	配分	评分标准	检测结果	扣分	得分	备注
1	准备工作	检查实验台是否干净平整	10分	未检查扣10分				
2	操作前提	容重的概念	20分	口述不正确扣10分，不完整扣5分				
3	操作过程	感官判断玉米容重	20分	操作错误扣5分，扣完为止				
		感官判断小麦容重	20分	操作错误扣5分，扣完为止				
4	操作结果	计算和填写小麦和玉米容重判断结果	20分	每项错误扣5分，扣完为止				
5	整理	整理卫生	10分	整理不整洁扣5分，扣完为止				
6	安全及其他	在规定时间内完成操作	—	每超时1min总分扣5分，超时3min停止操作			—	
合计			100分					
说明：学生违章操作或发生事故须停止操作								

任务2-2　使用仪器检测小麦和玉米容重

活页笔记

◆ 任务目标

使用容重器检测小麦和玉米的容重。

任务资讯

一、容重器的基本构造

容重器主要由谷物筒、中间筒、容量筒、排气砣、插片、衡器标尺（大标尺刻度0～900g，小标尺刻度0～100g），大小游锤及衡器支架组成。

活页笔记

二、容重检测方法

1. 仪器和用具

天平（分度值0.1g），容重器［HGT-1000型容重器（图5-1）；HGT-1000A型容重器，在HGT-1000型容重器的基础上增加了一个漏斗直径为40mm的谷物桶；CHCS-1000型容重器］等。

图5-1　HGT-1000型容重器

2. 检测过程

（1）试样制备　从平均样品中分区试样约1000g，用规定的筛层分次进行筛选，取下层筛筛上物，与上层筛筛上物（拣出空壳和比粮粒大的杂质）合并混匀后作为检测容重的试样。

（2）容重器安装和调试　按仪器使用说明书进行容重器的安装、调试。

（3）容重检测　取下容量筒，倒出排气砣，将容量筒安装在铁板底座上，插上插片，放上排气砣，套上中间筒。选择漏斗直径为30mm的谷物筒，将制备的试样倒入谷物筒内，装满刮平，再将谷物筒套在中间筒上，打开漏斗开关，待试样全部落入中间筒后关闭漏斗开关。用手握住谷物筒与中间筒的接合处，平稳地抽出插片，使试样与排气砣一同落入各量筒中，再将插片平稳地插入豁口槽中，依次取下谷物筒拿起中间筒和各量筒，倒净插片上多余的试样，抽出插片，将容量筒挂在吊环上称量。试验完毕，清理容重器，然后将各部件依次放入箱内。

（4）结果表示　两次检测结果的允许差不超过3g/L，求其平均值即为检测结果，检测结果取整数。

使用仪器检查小麦和玉米容量

◆ 任务实施

1. 操作步骤

（1）安装调试容重器。

（2）使用容重器检测玉米样品的容重，记录于表5-3。

（3）使用容重器检测小麦样品的容重，记录于表5-3。

（4）计算双试验误差和平均值，记录于表5-3。

（5）清理容重器，仪器复位。

表5-3　　仪器检测容重结果记录表

检测人：　　检测时间：　　单位：g/L

样品	玉米	小麦
检测结果1		
检测结果2		
双试验误差		
平均值		

活页笔记

2. 注意事项

（1）抽出插片前，一定要倒净插片上多余的样品。

（2）检测小麦（玉米）容重双试验结果允许测不超过3g/L，求其平均数作为检测结果。

（3）实验台不要遗留个人物品。

（4）检测玉米容重要选择漏斗直径为400mm的谷物筒。

（5）检测小麦容重要选择漏斗直径为300mm的谷物筒。

（6）检测玉米容重筛层选择：上层筛为12.0mm，下层筛为3.0mm。

（7）检测小麦容重筛层选择：上层筛为4.5mm，下层筛为1.5mm。

（8）容重器要放置于平整的桌面。

◆ 任务评价

班级：　　姓名：　　学号：　　成绩：

评价任务		使用仪器检测小麦和玉米容重			考核时间：20min			
序号	评价内容	评价要点	配分	评分标准	检测结果	扣分	得分	备注
1	准备工作	检查实验台是否干净平整	10分	未检查扣10分				
2	操作前提	容重的概念	10分	口述不正确扣10分，不完整扣5分				
3	操作过程	仪器检测小麦容重	20分	操作错误扣5分，扣完为止				
		仪器检测玉米容重	20分	操作错误扣5分，扣完为止				
4	操作结果	计算和填写小麦和玉米容重	20分	每项错误扣5分，扣完为止				
5	整理	整理卫生	20分	整理不整洁扣5分，扣完为止				
6	安全及其他	在规定时间内完成操作	—	每超时1min总分扣5分，超时3min停止操作			—	
合计			100分					

说明：学生违章操作或发生事故须停止操作

活页笔记

任务三 检验粮油杂质、不完善粒

知识目标

1. 了解粮油杂质、不完善粒的概念。
2. 了解粮油杂质、不完善粒对储粮的影响。

能力目标

1. 能够感官判断粮油杂质。
2. 能够使用仪器检验粮油杂质、不完善粒。

素质目标

1. 在试验过程中保持严谨求实、勤奋进取的学习和工作态度，保证试验结果的真实性和准确性，培养实事求是的科学态度。

2. 干一行、爱一行、专一行、精一行，在学习中培养爱岗敬业的品德。

学习情境描述

粮食、油料中混有杂质不但降低食用价值，而且往往由于杂质含水量高，存在微生物和虫卵，容易引起储粮生虫、霉变、发热，影响储粮安全。因此，入库粮食、油料的杂质含量常作为分等分级储藏的依据之一。在粮食、油料加工中，杂质含量高，将影响出品率，可根据杂质含量大小指导加工和应采取的除杂措施。此外，有些杂质、种子和针刺状金属物等，人、畜食用后会产生有害作用。因此，在粮食、油料的质量指标中以杂质作为限制性项目，我国主要粮食、油料品种中除油菜籽规定其杂质不得大于3%外，其他的均规定其杂质含量不得大于1%。大米、小麦粉等成品粮限制更严。

本任务分解如下：	
任务3-1	感官判断粮油杂质
任务3-2	使用仪器检验粮油杂质、不完善粒

活页笔记

任务3-1 感官判断粮油杂质

◆ 任务目标

粮食、油料中的杂质严重影响粮油品质，通过视觉或辅助检验法可判断粮油杂质。

任务资讯

一、粮油杂质的概念

所谓杂质是指夹杂在粮食、油料中没有使用价值的物质和影响粮食、油料质量的异种粮粒。

杂质按其性质可以分为以下三类。

（1）筛下物　粮食、油料杂质的一种，通常指通过规定筛层的物质，如小麦通过1.5mm，稻谷通过2.0mm，玉米、花生仁、大豆通过3.0mm，花生通过5.0mm圆孔筛的物质均属之。

（2）无机杂质　粮食、油料杂质的一种，一般指夹杂在粮食、油料中的泥土、砖瓦块及其他无机杂质。

（3）有机杂质　粮食、油料杂质的一种，一般指夹杂在粮食、油料中的无使用价值的粮油籽粒或异种粮粒、杂草种子，自然脱落的稻壳、植物体及其他有机杂质。

二、感官判断粮油杂质的方法

操作过程中照明条件应符合GB/T 22505—2008《粮油检验　感官检验环境照明》的要求。

GB/T 22505—2008《粮油检验　感官检验环境照明》

1. 视觉检验法

通过查看粮粒表面，检查粮粒表面的清爽程度，以及各类杂质、无食用价值粮食和异种粮粒的数量、比例。需要注意的是，有机杂质（如粮食、油料植株的根、茎、叶、颖壳等）往往质轻，多留在粮食表层，比较醒目，但不一定会使杂质超标。

活页笔记

也可用手插入粮食中，并顺手抓出一把样品，向上松开手掌，轻轻抖动手掌使粮粒徐徐下落，看手掌心和指缝间的泥沙含量，如很少（无明显泥沙），则含量在1%以内；如较明显，则超过1%。对于中粒粮和大粒粮，因粒间孔隙较大，杂质往往在包装或粮堆的中下部，手插取样时应尽量深入至中下部。

2. 选筛辅助检验法

随机取样品约250g，把被检粮食放入选筛中筛动，套上筛底和筛盖，用力筛理片刻后，使粮食和杂质分离，然后检查筛底中的筛下物含量，估测杂质百分率。

3. 瓷盘辅助检验法

把粮食放在磁盘中摊平，通过抖动瓷盘，使杂质集中到瓷盘的下面，然后移开粮食，看盘中杂质多少判断粮食杂质。

◆ 任务实施

1. 操作步骤

（1）使用视觉检验法感官判断粮油杂质。

（2）使用选筛辅助检验法感官判断粮油杂质。

（3）使用瓷盘辅助检验法感官判断粮油杂质。

（4）所有数据统计到表5-4中。

表5-4　　感官判断粮油杂质记录表

检验人：　　　　检验时间：

检验项目	检验结果1	检验结果2
杂质总量/%		
平均值/%		

2. 注意事项

（1）必须熟练掌握粮食检验操作规程。

（2）必须熟悉各种杂质、不完善粒检验项目的具体规定和解释。

（3）新粮收购前必须掌握当年当地的农情、品种，各乡镇粮食质量和特点。

◆ 任务评价

班级：　　　　　　姓名：　　　　　　学号：　　　　　　成绩：

评价任务		感官判断粮油杂质			考核时间：90min			
序号	评价内容	评价要点	配分	评分标准	检测结果	扣分	得分	备注
1	准备工作	检查实验台是否干净平整	10分	未检查扣10分				
2	操作前提	熟知粮油杂质的概念	20分	口述不正确扣20分，不完整扣5分				
3	操作过程	感官判断粮油杂质	40分	操作错误扣5分，扣完为止				
4	操作结果	计算和填写粮油杂质检验结果	30分	每项错误扣5分，扣完为止				
5	安全及其他	在规定时间内完成操作	—	每超时1min总分扣5分，超时3min停止操作			—	
合计			100分					
说明：学生违章操作或发生事故须停止操作								

任务3-2　使用仪器检验粮油杂质、不完善粒

◆ 任务目标

杂质、不完善粒的存在会使粮油食用价值降低，通过使用仪器检验粮油杂质和不完善粒，了解相关标准，掌握检验原理、步骤及技术。

任务资讯

粮油杂质、不完善粒的检验原理与步骤如下。

1. 仪器用具

（1）天平：分度值0.01，0.1，1g。

（2）谷物选筛。

（3）电动筛选器。

（4）分样器或分样板。

（5）分析盘、毛刷、镊子等。

2. 照明要求

操作过程中照明条件应符合GB/T 22505—2008《粮油检验　感官检验

环境照明》的要求。

3. 样品制备

检验杂质的试样分为大样、小样两种。

（1）大样　大样是用于检验大样杂质，包括大型杂质和绝对筛层的筛下物。

（2）小样　小样是从检验过大样杂质的样品中分出少量试样，检验与粮粒大小相似的并肩杂质。按GB/T 5491—1985《粮食、油料检验　扦样、分样法》的规定分取试样至表5-5规定的试样用量。

活页笔记

GB/T 5491—1985《粮食、油料检验 扦样、分样法》

表5-5　　检验杂质的试样用量规定

粮食、油料名称	大样质量/g	小样质量/g
小粒：如粟、芝麻、油菜籽等	约500	约10
中粒：如稻谷、小麦、高粱、小豆、棉籽	约500	约50
大粒：如大豆、玉米、豌豆、葵花籽、小粒蚕豆等	约500	约100
特大粒：如花生果、花生仁、蓖麻籽、桐籽、茶籽、大粒蚕豆等	约1000	约200
其他：甘薯片、大米中带壳稗粒和稻谷粒检验	500 ~ 1000	—

4. 操作流程

称样→筛选→大样杂质检验→小样杂质检验→矿物质检验→分别计算结果

GB/T 5494—2019《粮油检验　粮食、油料的杂质、不完善粒检验》

5. 操作步骤

（1）筛选样品

①电动筛选器法。按质量标准中规定的筛层套好（大孔筛在上，小孔筛在下，套上筛底）。按规定称取试样放入筛上，盖上筛盖，放在电动筛选器上，接通电源，选筛自动地向左、向右各筛1min，转速110 ~ 120r/min，筛后静置片刻，将筛上物和筛下物分别倒入分析盘，卡在筛孔中间的颗粒属于筛上物。

②手筛法。按照上法将筛层套好，倒入试样，盖好筛盖，然后将选筛放在光滑的桌面上，用双手以110 ~ 120r/min的速度，按顺时针方向和逆时针方向各筛动1min，筛动的范围从选筛直径扩大至8 ~ 10cm。筛后的操作与上法相同。

（2）大样杂质检验　从平均样品中，按照规定用量分取大样试样并称量（记为m），精确至1g，按规定的筛选法分两次进行筛选（特大粒粮

活页笔记

食、油料分四次筛选），然后拣出筛上大型杂质和筛下物合并称量（记为m_1），精确至0.01g（小麦大型杂质在4.5mm筛上检出）。

大样杂质百分率按下式计算。

$$M = \frac{m_1}{m} \times 100\%$$

式中 M——大样杂质百分率，大样杂质占试样总量的质量分数，%；

m_1——大样杂质质量，g；

m——大样质量，g。

在重复性条件下，获得的两次独立测试结果的绝对差值不大于0.3%，求其平均数即为测试结果，测试结果取小数点后一位。

（3）小样杂质检验　操作方法从检验过大样杂质的试样中，按规定用量分取小样试样并称量（记为m_2）。小样用量≤100g时，精确至0.01g；小样用量>100g时，精确至0.1g，倒入分析盘中，按质量标准的规定拣出杂质，称量（记为m_3），精确至0.01g。

小样杂质百分率按下式计算。

$$N = (1 - M) \times \frac{m_3}{m_2}$$

式中 N——小样杂质百分率，小样杂质占试样总量的质量分数，%；

m_3——小样杂质质量，g；

m_2——小样质量，g；

M——大样杂质百分率，%。

在重复性条件下，获得的两次独立测试结果的绝对差值不大于0.3%，求其平均数，即为测试结果，测试结果保留到小数点后一位。

（4）矿物质检验　质量标准中规定有矿物质指标的（不包括米类），从拣出的小样杂质中拣出矿物质，称量（记为m_4），精确至0.01g。

矿物质百分率按下式计算。

$$A = (1 - M) \times \frac{m_4}{m_2}$$

式中 A——矿物质百分率，矿物质占试样总量的质量分数，%；

m_4——矿物质质量，g；

m_2——小样质量，g；

M——大样杂质百分率，%。

活页笔记

在重复性条件下，获得的两次独立测试结果的绝对差值不大于0.1%，求其平均数即为测试结果，测试结果取小数点后两位。

（5）不完善粒检验　在检验小样杂质的同时，按质量标准的规定拣出不完善粒，称量（记为m_5），精确至0.01g。

（6）杂质总量计算　一般粮食、油料的杂质总量按下式计算。

$$B = M + N$$

式中　B——杂质总量，%；

M——大样杂质百分率，%；

N——小样杂质百分率，%。

测试结果取小数点后一位。

（7）不完善粒计算　不完善粒（w）以质量分数（%）表示，按下式计算：

$$w = (1 - M) \times \frac{m_5}{m_2}$$

式中　m_5——不完善粒质量，g；

m_2——小样质量，g。

在重复性条件下，获得的两次独立测试结果的绝对差值：大粒、特大粒粮不大于1.0%，中小粒粮不大于0.5%，求其平均数，即为测试结果，测试结果保留到小数点后一位。

◆ 任务实施

1. 操作步骤

（1）筛选样品。

（2）大样杂质检验。

（3）小样杂质检验。

（4）矿物质检验。

（5）不完善粒检验。

（6）杂质总量计算。

（7）不完善粒计算。

（8）所有数据统计到表5-6中。

表5-6　　仪器检验粮油杂质、不完善粒记录表

检验人：　　　　检验时间：

检验数据	检验结果1	检验结果2
大样质量/g		
大样杂质质量/g		
小样质量/g		
小样杂质质量/g		
矿物质质量/g		
不完善粒质量/g		
大样杂质百分率/%		
小样杂质百分率/%		
矿物质百分率/%		
不完善粒百分率/%		
杂质总量/%		
杂质总量平均值/%		
不完善粒平均值/%		

2. 注意事项

在重复性条件下，获得的两次独立测试结果的绝对差值不大于0.1%，求其平均数即为测试结果，测试结果取小数点后两位。

◆ 任务评价

班级：　　　　姓名：　　　　学号：　　　　成绩：

评价任务		使用仪器检验粮油杂质、不完善粒			考核时间：90min			
序号	评价内容	评价要点	配分	评分标准	检测结果	扣分	得分	备注
1	准备工作	检查实验台是否干净平整	10分	未检查扣10分				
2	操作前提	熟知粮油杂质的概念	10分	口述不正确扣10分，不完整扣5分				
3	操作过程	仪器检验粮油杂质	40分	操作错误扣5分，扣完为止				
		仪器清理复位	20分	未清理复位扣20分				
4	操作结果	计算和填写粮油杂质检验结果	20分	每项错误扣5分，扣完为止				
5	安全及其他	在规定时间内完成操作	—	每超时1min总分扣5分，超时3min停止操作			—	
合计			100分					
说明：学生违章操作或发生事故须停止操作								

活页笔记

任务四
检测粮油水分

知识目标

1. 了解粮油水分的概念。
2. 了解粮油水分对储粮的影响。

能力目标

1. 能够感官判断粮油水分。
2. 能够使用仪器检测粮油水分。

素质目标

1. 在学习和试验过程中遇到困难，应该向全国劳动模范和先进工作者学习，学习他们“执着专注、精益求精、一丝不苟、追求卓越”的品质，激发追求卓越的工匠精神。

2. 含水量的测定对于粮食安全储藏和加工生产等方面都有重要影响。粮食安全关乎人民生命健康，要立志做粮食安全的维护者。

学习情境描述

水分是一种重要的营养成分，对人体具有重要的生理意义，是生物体内化学反应的介质，也是生化反应的参与者，且具有体内物质运输及载体的作用。水分与蛋白质、脂类、碳水化合物、灰分等是构成粮油及制品的基本物质，它是食物成分表中不可缺少的内容。

粮食中的水分不仅是粮食籽粒本身生命活动和保持其色、气、味及食用品质所必须的，同时也是加工工艺和技术参数选择的必备依据，还是粮食在商业环节中以质论价的依据。在粮食油料的收购、销售、调拨中，水分含量是质量标准中一项重要的限制性项目，凡高于或低于标准规定的水分指标，要进行扣量、增量处理。含水量的测定对于粮食、油料的安全储藏和加工生产，以及购、销、调拨等方面都有着很重要的意义。

活页笔记

本任务分解如下：	
任务4-1	感官判断粮油水分
任务4-2	使用仪器检测粮油水分

任务4-1　感官判断粮油水分

◆ 任务目标

粮油中的水分含量是质量标准中的一项重要限制性项目，高于或低于标准规定的水分含量指标，都要进行处理。通过学习视觉、触觉和齿觉感官检验法，掌握感官判断不同的粮油的水分含量的方法。

任务资讯

一、粮油水分的概念

粮食、油料的水分含量是指粮食、油料试样中水分的质量占试样质量的百分比。所有正常粮食、油料的水分含量大小，都在一定数值范围之内。一般禾谷类粮食的临界水分为13%~15%；油料的临界水分为8%~10%。

目前测定粮食、油料水分含量的方法有：加热干燥法、电测法、核磁共振法以及近红外分光光度法等。测定时可根据测定的准确性、重复性和再现性，操作的难易程度，测定所需时间，分析时所需成本来选择测定方法。

GB 5009.3—2016《食品安全国家标准　食品中水分的测定》

粮食、油料水分测量目前主要依据GB 5009.3—2016《食品安全国家标准　食品中水分的测定》规定的方法进行测定，标准中主要包括直接干燥法、减压干燥法、蒸馏法和卡尔费休法，其中前两法适用于粮食、油料中水分的测量。此外，快速水分测定法也被广泛应用，根据仪器原理常用的快速水分测定法有电阻法、电容法、高频法、红外灯加热法、卤素灯加热法以及近红外快速检测法，除此之外还可采用水浸悬浮法进行测定（LS/T 6103—2010）。

LS/T 6103—2010《粮油检验　粮食水分测定　水浸悬浮法》

活页笔记

二、感官判断粮油水分的方法

1. 触觉检验法

用手插入粮食中，并抓满一把，紧紧握住并用力使手掌内的粮食转动，此时用心感觉。

（1）手插入粮食中的阻力大小　对于同种粮食来说，手插入较为容易的，表明水分较低。

（2）脆滑还是滞涩　脆滑，松爽者干燥，反之则潮湿。

（3）软硬与刺手程度　手掌感觉硬且刺手，则水分较低，反之则水分较高。

（4）凉热程度　手掌感觉温热时水分较低，反之则水分较高。

2. 齿觉检验法

用牙咬时感觉坚硬，响声清脆，一咬两段，则水分较低；如咬断时发软疏松，响声轻、浊，则水分高，如咬断时粮粒呈粉状或将粮粒咬扁，则水分很高。齿觉检验水分时，要注意区分粮食自身的质地状况，相同含水量的粮食，硬质粒比软质粒更坚硬，用门牙咬断粮粒时所用的力度更大，响声也更清脆。

3. 视觉检验法

（1）稻谷　取一定数量的稻谷，放在手木砻内碾出糙米，吹去谷壳看糙米。如出糙容易、糙米饱满、光洁、完整、碎粒少，说明稻谷水分较低；如出糙不匀、糙米表面毛糙、碎粒多，则说明稻谷水分较高。

（2）小麦　看麦粒的表皮来判断水分的高低，如表皮紧缩、色泽淡黄或淡红且均匀一致时，水分较低。还可查看用门牙咬断麦粒时的断面情况，如断面光洁、一咬两段，则水分符合标准，反之则水分较高。

（3）玉米　玉米主要看胚部，胚紧缩起皱，蒂松脆易断，则水分符合标准。

4. 不同粮食的简易感官检验方法

（1）稻谷水分的简易感官检验　“一看、二抓、三牙咬”，其中“牙咬”是主要依据，“看”和“抓”作为辅助方法。

一看：稻谷含水不同，其色也不同。一般说来稻壳色泽明亮，水分低，色泽晦暗，则含水分高。

二抓：手插入粮堆内容易，紧握时有“嚓嚓”声，表示含水分低；手插入时阻力大，握在手中时感到粗糙发涩，表示含水分高。

活页笔记

三牙咬：用牙咬断稻谷，咬断时，声脆，震牙，谷壳分开，表示籼稻和籼糯稻的水分在13%以内；晚粳稻和粳糯稻在14.5%左右；晚籼稻在13.5%左右。

如牙咬时，声脆但不震牙，表示早籼稻、籼糯稻的水分在14%左右；粳糯稻在15%以上；晚籼稻在14.5%左右；晚粳稻在15%～16%。

如牙咬不脆有闷声，表示晚籼稻、籼糯稻水分约 16%；粳稻、粳糯稻水分在18%左右。

（2）小麦水分的简易感官检验

①硬质小麦：用牙咬时，麦粒断面光滑呈玻璃质，组织结构坚实紧密。

②软质小麦：用牙咬时，麦粒断面呈粉质状，组织结构松软。

③手抓检验法：手插入粮堆，感觉阻力小，有滑感。再抓起一把，紧握时有"咔咔"声，同时从拳头两端麦粒溢出较快，这时麦粒水分在13%以内。

手插时，感觉有一定阻力，紧握时声音较小，拳头两端外溢较少较慢，其水分在14%左右。若手插时，阻力较大，有潮湿感觉，紧握麦粒无声，拳头两端麦粒不易溢出，其水分在15%以上。

④牙咬检验法：硬质小麦，用牙咬时，声音清脆，横断面整齐无毛边，表明水分大致为12%；如咬10粒，有8粒稍震牙，能发出声响，断面欠齐，稍有毛边，有2粒较软，水分约为13%；牙咬时响而不脆，稍带软感，断面起毛边，表示水分约为14%；牙咬时声小，断面不齐，甚至呈锯齿状，不起粉状，表示水分约为15%；牙咬时声微，横断难分，中部难分开或中部呈凹形，又粘牙，表示水分约为16%。

（3）玉米水分的简易感官检验　玉米粒顶部的细纹越多越干；抓一把紧握，外溢多的玉米较干；牙咬时声音清脆，硌牙的玉米较干；胚芽干燥，呈白色，横断成碎粉状，表示水分约为13%。

用手指甲掐玉米胚部上部两边凹边，有点痕迹，表示水分约为14%；若痕迹较大，有破皮现象，水分约为15%；若掐玉米胚部上端发软，粒色灰暗，水分约为16%。

（4）大豆水分的简易感官检验　皮色光亮鲜明，牙咬（门牙竖咬豆粒）声脆，震牙，子叶横断整齐，皮肉分离，水分约为12%；皮色有光，牙咬响声大，横咬两断，竖咬开瓣，不易脱皮，水分为13%～14%；皮色灰暗，牙咬响声较小，横断面有毛边不粘牙，开瓣不脱皮，水分约为

活页笔记

15%；用手紧据豆粒，发出“吱吱”响声，皮色滞而无光，牙咬松软，富有弹性，牙咬不断有的甚至粘牙，水分为16%。

（5）油菜籽水分的简易感官检验

①用大拇指和食指抓一油菜籽，用力揉时，感到坚硬而有“嚓嚓”声，水分约为7%以下；捻时感到稍有弹性，水分在8%～9%；捻时发软，水分约10%；捻时结团，水分在12%以上。

②把油菜籽平摊在桌上，用指甲或竹片使劲边拖边压，如种皮和籽叶分开，多数半粒仁呈粉状、呈淡黄色，水分约6%；压后种皮和籽叶虽分开，但很少粉状或没有，粒仁呈黄色，水分约8%；压后种皮和籽叶有部分分开，水分在9%～10%；种皮和籽叶全部不能分开，粒仁黄色带绿，水分在10%以上。

◆ 任务实施

1. 操作步骤

（1）使用触觉检验法感官判断粮油水分。

（2）使用齿觉检验法感官判断粮油水分。

（3）使用视觉检验法感官判断粮油水分。

（4）所有检验数据记录到表5-7中。

表5-7　　　　感官判断粮油水分记录表

检验人：　　　　　　检验时间：

检验数据	检验结果1	检验结果2
试样中水分含量/%		
平均值/%		

2. 注意事项

（1）感官检验结果必须经常与仪器检验对照，有偏差及时纠正，从中积累经验。

（2）工作要集中精力，认真进行质量评定，严格执行技术标准及检验规程，以便最大限度地缩小感官检验误差。

（3）感官检验要避免工作时间过长，要适当休息，否则会出现“一眼高一眼低”现象。

◆ 任务评价

班级：　　　　　　　姓名：　　　　　　　学号：　　　　　　　成绩：

评价任务		感官判断粮油水分			考核时间：90min			
序号	评价内容	评价要点	配分	评分标准	检测结果	扣分	得分	备注
1	准备工作	检查实验台是否干净平整	20分	未检查扣20分				
2	操作前提	熟知粮油水分的概念	20分	口述不正确扣20分，不完整扣5分				
3	操作过程	感官判断粮油水分	20分	操作错误扣5分，扣完为止				
4	操作结果	填写粮油水分检验结果	20分	每项错误扣5分，扣完为止				
5	整理	整理及卫生清洁	20分	整洁不到位视情况扣分				
6	安全及其他	在规定时间内完成操作	—	每超时1min总分扣5分，超时3min停止操作			—	
合计			100分					
说明：学生违章操作或发生事故须停止操作								

活页笔记

任务4-2　使用仪器检测粮油水分

◆ 任务目标

GB 5009.3—2016《食品安全国家标准　食品中水分的测定》中适用于粮食、油料中水分的测量两种方法是直接干燥法和减压干燥法。本任务采用GB/T 5009.3—2016标准中定温定时烘干法测定粮油水分。

使用仪器检查粮油水分

任务资讯

定温定时烘干法测定粮油水分的原理与步骤如下。

1. 测定原理

在一定规格的烘盒内称取一定质量试样，在规定加热温度的烘箱内，烘干一定时间，烘干前后质量差即为水分含量。

2. 仪器与设备

（1）扁形铝盒。

活页笔记

（2）电热恒温干燥箱。

（3）干燥器：内附变色硅胶干燥剂。

（4）天平：感量为0.1mg。

（5）实验室用电动粉碎机、测水专用磨。

3. 操作流程

样品制备→定温→铝盒恒质→称样→样品烘干→冷却→称量→结果计算

4. 测定步骤

（1）试样制备　从平均样品中分取一定量的样品，按表5-8中规定的方法制备试样。

试样用量计算：本法用定量试样，先计算铝盒底面积，再按每平方厘米为0.126g计算试样用量（底面积×0.126）。如用直径4.5cm的铝盒，试样用量为2g；用直径5.5cm的铝盒，试样用量为3g。试样制备方法见表5-8。

表5-8　试样制备方法

粮种	分样量/g	制备方法
粒状原粮或成品粮	30～50	除去大样杂质和矿物质，粉碎细度通过1.5mm圆孔筛的不少于90%，装入磨口瓶内备用
大豆	30～50	除去大样杂质和矿物质，粉碎细度通过2.0mm圆孔筛的不少于90%，装入磨口瓶内备用
花生仁、桐仁等	约50	取净仁切成0.5mm以下的薄片或剪碎，装入磨口瓶内备用
带壳果实（花生果、菜籽、桐籽、蓖麻籽、文冠果等）	约100	取净果（籽）剥壳，分别称量，计算壳、仁百分比，将壳磨碎或研碎，将仁切成薄片，分别装入磨口瓶内备用
棉籽、葵花籽等	约30	取净籽剪碎或用研钵敲碎，装入磨口瓶内备用
油菜籽、芝麻等	约30	除去大样杂质的整粒试样，装入磨口瓶内备用
甘薯片、甘薯丝、甘薯条	约100	取净片（丝、条）粉碎，细度同粒状粮，装入磨口瓶内备用

（2）测定　用已烘至恒质的铝盒称取定量试样（准确至0.001g），待烘箱温度升至135～145℃时，将盛有试样的铝盒送入烘箱内温度计周围的烘网上，在5min内将烘箱温度调到130℃±2℃，开始计时，烘40min后取出放干燥器内冷却，称量。

5. 结果计算

试样中的水分含量，按如下公式进行计算。

活页笔记

$$X=\left(\frac{m_1-m_2}{m_1-m_3}\right)\times 100\,\%$$

式中　X——试样中水分的含量，%；

m_1——铝盒和试样的质量，g；

m_2——铝盒和试样干燥后的质量，g；

m_3——铝盒的质量，g。

水分含量≥1%时，计算结果保留三位有效数字；水分含量＜1%时，计算结果保留两位有效数字。在重复性条件下获得的两次独立测定结果的绝对差值不得超过算术平均值的10%。

◆ 任务实施

1. 操作步骤

（1）试样制备。

（2）运用定温定时烘干法测定粮油水分。

（3）结果计算。

（4）所有数据记录到表5-9中。

表5-9　　粮油水分检测记录表

检测人：　　　　检测时间：

检测数据	检测结果1	检测结果2
铝盒和试样质量/g		
铝盒和试样干燥后的质量/g		
铝盒的质量/g		
试样中水分含量/%		
平均值/%		

2. 注意事项

（1）定温定时烘干法用105℃烘干法进行校核，找出在一定规格铝盒中，盛装一定质量的试样，烘干的适宜温度和时间，使其测定值与105℃烘干法测定值之差≤0.5%。

（2）定温定时烘干法也不能忽视大气湿度的影响，必须把烘箱放置在相对湿度≤70%的室内进行干燥。

活页笔记

（3）为保证测定值有良好的准确性和精密度，必须严格控制干燥温度、时间以及样品称样量和称量瓶规格。

（4）水分含量≥1%时，计算结果保留三位有效数字；水分含量<1%时，计算结果保留两位有效数字。在重复性条件下获得的两次独立测定结果的绝对差值不得超过算术平均值的10%。

◆ 任务评价

班级：　　　　姓名：　　　　学号：　　　　成绩：

评价任务		使用仪器检测粮油水分			考核时间：90min			
序号	评价内容	评价要点	配分	评分标准	检测结果	扣分	得分	备注
1	准备工作	检查实验台是否干净平整	10分	未检查扣20分				
2	操作前提	熟知粮油水分的概念	20分	口述不正确扣20分，不完整扣5分				
3	操作步骤	仪器检测粮油水分	20分	操作错误扣5分，扣完为止				
		仪器清理复位	20分	未清理复位扣15分				
4	操作结果	计算和填写粮油水分检测结果	20分	每项错误扣5分，扣完为止				
5	整理	整理及卫生清洁	10分	整洁不到位视情况扣分				
6	安全及其他	在规定时间内完成操作	—	每超时1min总分扣5分，超时3min停止操作			—	
合计			100分					
说明：学生违章操作或发生事故须停止操作								

任务五

检测稻谷出糙率

知识目标

1. 了解出糙率的概念。
2. 了解出糙率对粮油品质的影响。

能力目标

1. 能感官判断稻谷出糙率。

活页笔记

2. 能使用仪器检验稻谷出糙率、大豆完整粒率。

素质目标

1. 了解中国农业科技的创新，从智慧农业到智能化粮情检查，树牢科技创新意识。

2. 通过使用仪器检查粮油的杂质、不完善粒可以确定其质量等级，在试验过程中要仔细、认真，遵守基本的操作、试验数据填写规范，培养实事求是的职业操守。

学习情境描述

出糙率是确定稻谷等级的指标，直观地反映了稻谷的好坏、饱满程度和出米率的高低，并且能客观地评价稻谷受品种特性、生长环境及病虫害影响的程度，因此，客观全面准确地掌握出糙率检验方法尤为重要。

本任务分解如下：	
任务5-1	感官判断稻谷出糙率
任务5-2	使用仪器检测稻谷出糙率

任务5-1　感官判断稻谷出糙率

◆ 任务目标

根据出糙率可计算稻谷加工出米率。通过触觉和辅助检验法感官判断稻谷出糙率的高低。

任务资讯

一、稻谷出糙率

稻谷出糙率是指净稻谷脱壳后的糙米质量占试样质量的百分率，稻谷的出糙率高低直接反映了稻谷的工艺品质与碾米产量的潜力。一般出糙率高的稻谷，籽粒成熟、饱满，极少受病、虫害的影响，加工出米率高，食用品质也较好。

二、感官判断稻谷出糙率的方法

1. 触觉检验法

用手抓一把稻谷，摊平在手掌上掂量掂量，感觉其分量。然后观察稻谷的成熟度、饱满度。

2. 手木砻辅助检验法

用手木砻将试样脱粒出糙，通过观察稻米的色泽、外观、稻壳的厚薄、不完善粒多少判断稻谷出糙率高低。

（1）糙米的色泽　糙米色泽以颜色鲜艳，浅黄色为佳，光泽明显为佳。

（2）糙米的外观　观察糙米籽粒是否饱满、均匀，纵向沟纹深浅和腹白大小等。如果糙米颗粒大、均匀、饱满、纵向沟纹浅、腹白小、光泽好，则出糙率高。

（3）稻壳的厚薄　如果稻壳的内外颖厚，则出糙率就会偏低。

（4）不完善粒的含量　看糙米中死青米（外观呈淡青色，既无光泽又不透明，外观全部为粉质的颗粒）、灰质米（白片、死米，指外表白色无光泽，里面皱缩粗糙，外观全部为粉质的颗粒）等未熟粒的含量多少和虫蚀、病斑、生芽、生霉粒所占的比例。不完善粒含量低的稻谷出糙率高。

◆ 任务实施

1. 操作步骤

（1）触觉检验法。

（2）手木砻辅助检验法。

（3）将数据记录于表5-10中。

表5-10　　感官判断稻谷出糙率结果记录表

检验人：　　　　检验时间：

检验项目	检验结果1	检验结果2
出糙率/%		

活页笔记

2. 注意事项

（1）感官检验结果必须经常与仪器检验对照，有偏差及时纠正，从中积累经验。

（2）感官检验要避免工作时间过长，要适当休息，否则会出现“一眼高一眼低”现象。

◆ 任务评价

班级： 姓名： 学号： 成绩：

评价任务		感官判断稻谷出糙率			考核时间：20min			
序号	任务内容	任务要点	配分	评分标准	检测结果	扣分	得分	备注
1	准备工作	检查实验台是否干净平整	20分	未检查扣20分				
2	操作前提	熟知稻谷出糙率的概念	20分	口述不正确扣20分，不完整扣5分				
3	操作过程	感官判断稻谷出糙率	20分	操作错误扣5分，扣完为止				
4	操作结果	填写稻谷出糙率检验结果	20分	每项错误扣5分，扣完为止				
5	整理	整理及卫生清洁	20分	整洁不到位视情况扣分				
6	安全及其他	在规定时间内完成操作	—	每超时1min总分扣5分，超时3min停止操作			—	
合计			100分					
说明：学生违章操作或发生事故须停止操作								

任务5-2　使用仪器检测稻谷出糙率

◆ 任务目标

本任务使用稻谷脱壳且不损伤糙米粒的小型实验室用砻谷机检测稻谷出糙率。

活页笔记

任务资讯

一、砻谷机

1. 实验砻谷机的基本构造

实验砻谷机（图5-2）是由电动机、胶辊、风机、进料斗、稻糠抽斗、糙米抽斗等部分组成。

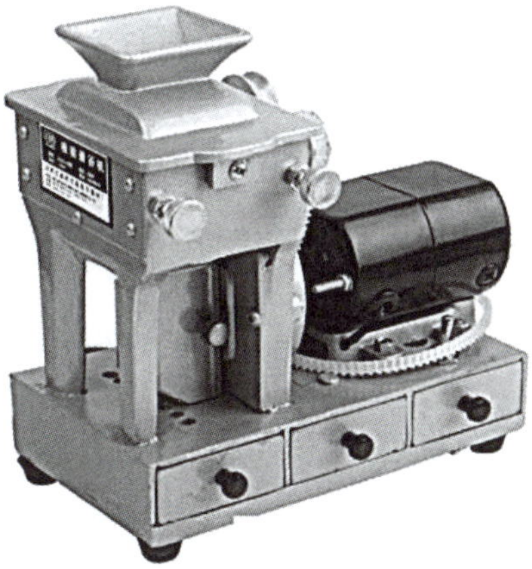

图5-2　实验砻谷机

2. 实验砻谷机的工作原理

实验砻谷机是仿胶辊砻谷机原理制成的，它利用两胶辊相对差速运动，对稻谷粒产生摩擦而使稻谷脱壳，因稻壳与糙米的密度不同，稻壳被风机吸走，糙米自然下落而进行壳糙分离。

二、出糙率的测定

使用仪器检查稻谷出糙率

1. 仪器和用具

天平（分度值0.01g）、分样器（或分样板）、谷物选筛（直径20mm圆孔筛）、检验用砻谷机、分析盘、镊子等。

2. 测定过程

（1）将砻谷机平稳地放在工作台上，根据稻谷的粒形，用调节螺丝调整胶辊间距。

（2）从平均样品中，称取净稻谷（除去谷外糙米）试样20～25g（记为m），先拣出生芽粒，单独剥壳，称量生芽粒剥壳后的不完善粒质量（记为m_1），将剩余试样放在附件小畚斗中备用。

（3）打开砻谷机电源开关，稍等片刻后，将盛有试样的小畚斗放在进料斗上，利用砻谷机振动将试样缓缓倒入进料斗内，试样流完后，抽出盛糙米抽斗，拣出糙米中少量稻谷，再重新脱壳或手工脱壳。

（4）关闭电源开关，除去糙米中的糠杂，称量砻谷机脱壳后的糙米质量（记为m_2），感官检验拣出糙米中不完善粒，称量（记为m_3）。

活页笔记

（5）结果计算，稻谷出糙率按下式计算。

$$X = \frac{(m_1 + m_2) - (m_1 + m_3)/2}{m} \times 100\%$$

式中 X——稻谷出糙率，%；

m_1——生芽粒剥壳后的不完善粒质量，g；

m_2——糙米质量，g；

m_3——糙米中不完善粒质量，g；

m——试样质量，g。

在重复性条件下，获得的两次独立测试结果的绝对差值不大于0.5%，取平均数即为测试结果，测试结果取小数点后一位。

◆ 任务实施

1. 操作步骤

（1）根据使用说明书检查砻谷机是否正常运行。

（2）分取稻谷样品，取净稻谷样品，用托盘称重。

（3）使用砻谷机对稻谷样品进行脱壳。

（4）称取砻谷机脱壳后糙米种类，记录于表5-11中。

（5）计算双试验误差和平均值，记录于表5-11中。

（6）清理砻谷机，仪器复位。

表5-11　　仪器检测稻谷出糙率结果记录表

检测人：　　　　　　　检测时间：

检测数据	检测结果1	检测结果2
净稻谷重/g		
糙米重/g		
出糙率/%		
双试验误差/%		
平均值/%		

2. 注意事项

（1）使用托盘天平时不能用手直接拿砝码，应该用镊子夹取砝码，增添砝码时应该由大到小。

（2）稻谷的生霉粒和生芽粒应单独剥壳归属不完善粒称重，不能用砻

活页笔记

谷机脱壳。

（3）在使用电动粮油检测仪器时，要注意用电安全，使用过程中，手不要触及传动部位。

（4）检测稻谷的出糙率双试验结果允许测不超过0.5%，求其平均数作为测定结果，测定结果保留一位小数。

◆ 任务评价

班级：　　　　姓名：　　　　学号：　　　　成绩：

评价任务		使用仪器检测稻谷出糙率			考核时间：20min			
序号	评价内容	评价要点	配分	评分标准	检测结果	扣分	得分	备注
1	准备工作	检查实验台是否干净平整	10分	未检查扣10分				
2	操作前提	熟知稻谷出糙率的概念	10分	口述不正确扣10分，不完整扣5分				
3	操作过程	检查砻谷机工作是否正常	10分	操作错误扣5分，扣完为止				
		脱壳，拣不完善粒	20分	操作错误扣5分，扣完为止				
		称糙米质量，记录并处理数据	20分	操作错误扣5分，扣完为止				
4	操作结果	计算和填写稻谷出糙率检测结果	20分	每项错误扣5分，扣完为止				
5	整理	整理及卫生清洁	10分	整洁不到位视情况扣分				
6	安全及其他	在规定时间内完成操作	—	每超时1min总分扣5分，超时3min停止操作			—	
合计			100分					
说明：学生违章操作或发生事故须停止操作								

任务六

检测大豆完整粒率

知识目标

1. 了解完整粒率的概念。
2. 了解完整粒率对储粮的影响。

活页笔记

能力目标

能够检测大豆完整粒率。

素质目标

1. 在检测大豆完整粒率试验中，按照质量标准规定拣出不完善粒，培养仔细观察、规范操作的习惯。

2. 根据检测大豆完整粒率结果，参考国家标准，判定大豆等级，培养理论联系实际的能力。

学习情境描述

大豆完整粒率是指大豆中完整的豆粒所占的比例。这个比例越高，说明大豆中的营养成分和功能性成分就越完整，对人体的营养和健康作用也就越佳。完整的大豆粒中含有更多的蛋白质、膳食纤维、维生素和矿物质等营养成分，这些成分对人体的健康非常重要。大豆中含有丰富的异黄酮、大豆异黄酮、大豆皂苷等功能性成分，这些成分对预防心血管疾病、骨质疏松等疾病有很好的保健作用。完整的大豆粒在烹饪时口感更好，更容易入味，可以制作出更美味的豆制品。完整的大豆粒在加工过程中不容易破碎，可以减少加工损失，降低食品加工成本。

本任务分解如下：	
任务6-1	感官判断大豆完整粒率
任务6-2	检测大豆完整粒率

任务6-1　感官判断大豆完整粒率

◆ 任务目标

以感官方法判断大豆完整粒率。

活页笔记

任务资讯

一、完整粒率的概念

完整粒，即色泽正常、籽粒完好正常的颗粒。完整粒率，即完整粒占试样的质量分数。

二、感官判断大豆完整粒率的方法

随机数出约100粒大豆，拣出杂质、损伤粒、破碎粒、未熟粒，折算出它们相当于完整粒的个数，计算完整粒率。

◆ 任务实施

1. 操作步骤

（1）随机数出约100粒大豆。

（2）折算出它们相当于完整粒的个数，计算完整粒率，记录于表5-12中。

表5-12　　感官判断大豆完整粒率结果记录表

检测人：　　　　检测时间：

检测数据	检测结果1	检测结果2
损伤粒（含热损伤粒）、未熟粒、破损粒质量/g		
完整粒率/%		
双试验差/%		
平均值/%		

2. 注意事项

（1）感官检验要避免工作时间过长，要适当休息，否则会出现“一眼高一眼低”现象。

（2）检验室周围要避免红、黄、绿三色的存在，外界或室内要保持散射自然光，避免在强光或弱光下工作。

◆ 任务评价

班级：　　　　　　　　　姓名：　　　　　　　　学号：　　　　　　　　　　　成绩：

评价任务		感官判断大豆完整粒率			考核时间：20min			
序号	评价内容	评价要点	配分	评分标准	检测结果	扣分	得分	备注
1	准备工作	检查实验台是否干净平整	10分	未检查扣10分				
2	操作前提	熟知大豆完整粒率的概念	20分	口述不正确扣10分，不完整扣5分				
3	操作过程	感官判断杂质、损伤粒、破碎粒、未熟粒	40分	操作错误扣5分，扣完为止				
4	操作结果	计算和填写大豆完整粒率	20分	每项错误扣5分，扣完为止				
5	整理	整理及卫生清洁	10分	整洁不到位视情况扣分				
6	安全及其他	在规定时间内完成操作	—	每超时1min总分扣5分，超时3min停止操作			—	
合计			100分					
说明：学生违章操作或发生事故须停止操作								

任务6-2　检测大豆完整粒率

◆ 任务目标

根据GB 1352—2023《大豆》及GB/T 5494—2019《粮食、油料检验　扦样、分样法》检测大豆完整粒率。

任务资讯

按GB/T 5491—1985分取500g试样，按GB/T 5494—2019规定的方法分两次筛选，然后拣出筛上大型杂质和筛下物合并称量。

GB/T 5494—2019《粮油检验　粮食、油料的杂质、不完善粒检验》

依据GB/T 5494—2019《粮油检验　粮食、油料的杂质、不完善粒检验》GB 1352—2009，大豆完整粒率按下式计算。

$$Z=\left(1-\frac{m_2}{m_1}\right)\times\left(\frac{m_3-m_4-m_5-m_6}{m_3}\right)\times 100\%$$

式中　Z——大豆完整粒率，%；

活页笔记

m_1——大样质量，g；

m_2——大样杂质质量，g；

m_3——小样质量，g；

m_4——小样杂质质量，g；

m_5——损伤粒（含热损伤粒）质量，g；

m_6——未熟粒、破碎粒质量，g。

◆ 任务实施

1. 操作步骤

（1）确定样品大豆大样质量、杂质质量，记录于表5-13中。

（2）确定样品大豆小样质量、杂质质量，记录于表5-13中。

（3）挑出未熟粒、损伤粒、破碎粒，称重，记录于表5-13中。

（4）根据公式计算大豆完整粒率，记录于表5-13中。

（5）计算双试验误差和平均值，记录于表5-13中。

表5-13　　检测大豆完整粒率记录表

检测人：　　　　检测时间：

检测数据	检测结果1	检测结果2
大样质量/g		
大样杂质质量/g		
小样质量/g		
小样杂质质量/g		
损伤粒（含热损伤粒）质量/g		
未熟粒、破损粒质量/g		
完整粒率/%		
双试验误差/%		
平均值/%		

2. 注意事项

（1）使用托盘天平时不能用手直接拿砝码，应该用镊子夹取砝码，增添砝码时应该由大到小。

（2）双试验结果允许差不超过1%，求其平均数即为测试结果，测试结果取小数点后一位。

◆ 任务评价

班级：　　　　姓名：　　　　学号：　　　　成绩：

评价任务		检测大豆完整粒率			考核时间：20min			
序号	评价内容	评价要点	配分	评分标准	检测结果	扣分	得分	备注
1	准备工作	检查实验台是否干净平整	10分	未检查扣10分				
2	操作前提	熟知大豆完整粒率的概念	10分	口述不正确扣10分，不完整扣5分				
3	操作过程	确定大样质量、大样杂质质量	20分	操作错误扣5分，扣完为止				
		确定小样质量、小样杂质质量	20分	操作错误扣5分，扣完为止				
		挑出未熟粒、破碎粒，称重	20分	操作错误扣15分				
4	操作结果	计算和填写大豆完整粒率	20分	每项错误扣5分，扣完为止				
5	安全及其他	在规定时间内完成操作	—	每超时1min总分扣5分，超时3min停止操作			—	
合计			100分					
说明：学生违章操作或发生事故须停止操作								

活页笔记

任务七
粮油色泽、气味和滋味的感官检验

知识目标

1. 了解粮油的色泽、气味。
2. 了解粮油储藏中色泽、气味的变化。

能力目标

1. 能按照国家标准对粮油的色泽、气味进行感官检验。
2. 能够自主查找资料完成任务。

素质目标

了解感官检验的起源，知晓神农尝百草的故事，培养对中华优秀传统文化的热爱。

活页笔记

学习情境描述

粮油在储藏过程中，很容易受到氧化、光照、温度、湿度等因素的影响，从而导致其色泽、气味变化。粮食在储藏过程中易受到虫蛀，导致色泽变黄、气味不佳；油品在储藏过程中容易受到氧化反应的影响，导致色泽变深、气味变化等。

本任务分解如下：	
任务7-1	粮食、油料的色泽、气味的感官检验
任务7-2	油脂的透明度、气味和滋味的感官检验

任务7-1　粮食、油料的色泽、气味的感官检验

◆ 任务目标

借助检验者的感觉器官和实践经验对粮食、油料的色泽、气味的优劣进行感官检验。

任务资讯

粮食、油料的色泽、气味鉴定依据GB/T 5492—2008《粮油检验　粮食、油料的色泽、气味、口味鉴定》。

GB/T 5492—2008《粮油检验　粮食、油料的色泽、气味、口味鉴定》

1. 方法

取一定量的样品，去除其中的杂质，在规定条件下，按照规定方法借助感觉器官鉴定其色泽、气味，以“正常”或“不正常”表示。

2. 用具

（1）天平：分度值1g。

（2）谷物选筛。

（3）贴有黑纸的平板（20cm×40cm）。

（4）广口瓶。

（5）水浴锅。

3. 环境和实验室

环境符合GB/T 10220—2012《感官分析方法总论》和GB/T 22505—2008

《粮油检验　感官检验环境照明》的规定，实验室应符合GB/T 13868—2009《感官分析 建立感官分析实验室的一般导则》的规定。

GB/T 10220—2012《感官分析　方法学总论》

GB/T 13868—2009《感官分析　建立感官分析实验室的一般导则》

GBT 5490—2010《粮油检验　一般规则》

4．操作方法

（1）试样准备　试样的扦样、分样按GB/T 5490—2010执行。样品应去除杂质。

（2）色泽鉴定　分取20～50g样品，放在手掌均匀摊开，在散射光线下仔细观察样品的整体颜色和光泽。

对色泽不易鉴定的样品，根据粮种不同，取100～150g样品，在黑色平板上均匀摊成15cm×20cm的薄层，在散射光线下仔细观察样品的整体色泽。

（3）气味鉴定　分取20～50g样品，放在手掌用哈气或摩擦的方法，提高样品的温度后，立即嗅其气味。

对气味不易鉴定的样品，分取20g样品，放入广口瓶，置于60～70℃的水浴锅中，盖上瓶塞，颗粒状样品保温8～10min，粉末状样品保温3～5min，开盖嗅辨气味。

（4）结果表示　粮油、油料的色泽、气味鉴定结果以“正常”或“不正常”表示，对“不正常”应加以说明。

◆ 任务实施

1．操作步骤

（1）按照GB/T 5491—1985《粮食、油料检验　扦样、分样法》进行扦样、分样、处理样品。

（2）按照GB/T 5492—2008《粮油检验　粮食、油料的色泽、气味、口味鉴定》对粮食的色泽和气味进行感官检验。

（3）将检验结果填入表5-14。

表5-14　粮食、油料的色泽、气味的感官检验记录表

检验人：　　　　　　检验时间：

检验样品	色泽	气味
小麦		
稻谷		
玉米		

2．注意事项

注意区别不同粮种的色泽和气味。

◆ 任务评价

班级：　　　　　　　　姓名：　　　　　　　　学号：　　　　　　　　　　　　成绩：

评价任务		粮食、油料的色泽、气味的感官检验			考核时间：120min			
序号	评价内容	评价要点	配分	评分标准	检测结果	扣分	得分	备注
1	准备工作	检查实验台是否干净平整	10分	未检查扣10分				
2	操作前提	学习相关国家标准	10分	未收集此任务为0分				
3	操作过程	样品混匀、称量	10分	操作错误扣5分，扣完为止				
		色泽感官检验	30分	操作错误扣5分，扣完为止				
		气味感官检验	30分	操作错误扣5分，扣完为止				
4	操作结果	记录结果	10分	每项错误扣5分，扣完为止				
5	安全及其他	在规定时间内完成操作	—	每超时1min总分扣5分，超时3min停止操作			—	
合计			100分					
说明：违章操作或发生事故须停止操作								

任务7-2　油脂的透明度、气味和滋味的感官检验

◆ 任务目标

对油脂的透明度、气味和滋味进行感官检验。

任务资讯

油脂的透明度、气味和滋味的感官检验依据GB/T 5525—2008《植物油脂　透明度、气味、滋味鉴定法》。

GBT 5525—2008《植物油脂　透明度、气味、滋味鉴定法》

一、透明度鉴定

1. 仪器和用具

比色管：100mL，直径25mm。

恒温水浴：0～100℃。

乳白色灯泡。

2. 操作方法

当油脂样品在常温下为液态时，量取试样100mL注入比色管中，在

活页笔记

20℃下静置24h（蓖麻油静置48h），然后移置到乳白色灯泡前（或在比色管后衬以白纸）。观察透明程度，记录观察结果。

当油脂样品在常温下为固态或半固态时，根据该油脂熔点溶解样品，但温度不得高于熔点5℃。待样品溶化后，量取试样100mL注入比色管中，设定恒温水浴温度为产品标准中“透明度”规定的温度，将盛有样品的比色管放入恒温水浴中，静置24h，然后移置到乳白色灯泡前（或在比色管后衬以白纸）。迅速观察透明程度，记录观察结果。

3. 结果表示

观察结果用“透明”“微浊”“混浊”字样表示。

二、气味、滋味鉴定

1. 仪器和用具

烧杯：100mL。

温度计：0～100℃。

可调电炉：电压220V，50Hz，功率小于1000W。酒精灯。

2. 品评人员

（1）品评人员选择　油脂品尝是依靠人的感觉器官，对油脂的气味、滋味进行品尝，以评定油脂品质的优劣，因此要求品评人员具有较敏锐的感觉器官和鉴别能力，在开始进行品尝评定之前，应通过鉴别试验挑选感官灵敏度较高的品评人员。

按标准等级规定制作油脂样品4份，其中有2份油脂是同一试样制成的，同时按标准规定进行品评，要求品评人员鉴别找出相同的两份油脂样品来，记录于表5-15。

表5-15　油脂品评结果登记表

品评人：　　　　日期：

试样号	鉴别结果
1	
2	
3	
4	

注：在相同两份试样的编号后打“√”。

鉴别试验应重复两次，结果登记于表5-16。答对者打“√”，答错者打“×”，如果两次都答错，则表明其品评鉴尝灵敏度太低，应予以淘汰。

表5-16　　油脂品评人员成绩登记表

品评人员编号	鉴别试验结果		成绩
	1	2	
P1			
P2			
P3			
P4			
P5			
P6			

品评小组一般由5～10人组成，品评人员在品评前1h内不吸烟，不吃东西，但可以喝水；品评期间具有正常的生理状态，不能饥饿或过饱；品评期间不使用化妆品或其他有明显气味的用品。

（2）品评实验室　品评应在专用实验室进行。实验室应由样品制备室和品评室组成，两者应独立。品评室应充分换气，避免有异味或残留气体的干扰，室温20～25℃，无强噪声，有足够的光线强度，室内色彩柔和，避免强对比色彩。品评人员应相互隔离。

（3）品评试验　品评时间应在饭前1h或饭后2h进行。品评前品评人员应用温开水漱口，把口中残留物去净。品评试样应一人1份，每次品评不宜超过8份样品。品评时应保持室内环境安静，无干扰。评分时不能讨论，以免相互影响，主持人不应向品评人员说明与试样质量有关的情况。

3. 操作方法

取少量油脂样品注入烧杯中，均匀加热至50℃后，离开热源，用玻璃棒边搅边嗅气味，同时品尝样品的滋味。

4. 结果表示

（1）气味表示　当样品具有油脂固有的气味时，结果用“具有某某油脂固有的气味”表示。

当样品无味、无异味时，结果用“无味”“无异味”表示。

当样品有异味时，结果用“有异常气味”表示，再具体说明异味为何，如哈喇味、酸败味、溶剂味、汽油味、柴油味、热糊味、腐臭味等。

活页笔记

（2）滋味表示　当样品具有油脂固有的滋味时，结果用“具有某某油脂固有的滋味”表示。

当样品无味、无异味时，结果用“无味”“无异味”表示。

当样品有异味时，结果用“有异常滋味”表示，再具体说明异味为何，如哈喇味、酸败味、溶剂味、汽油味、柴油味、热煳味、腐臭味、土味、青草味等。

◆ 任务实施

油脂的透明度、气味和滋味的感官检验操作步骤如下。

（1）按照GB/T 5491—1985《粮食、油料检验　扦样、分样法》进行扦样、分样、处理样品。

（2）按照GB/T 5525—2008《植物油脂　透明度、气味、滋味鉴定法》对粮食的色泽和气味进行感官检验。

（3）将检验结果填入表5-17。

表5-17　油脂的透明度、气味和滋味的感官检验记录表

检验人：　　　　检验时间：

检验样品	透明度	气味	滋味
样品1			
样品2			
样品3			

◆ 任务评价

班级：　　　　姓名：　　　　学号：　　　　成绩：

评价任务		油脂的透明度、气味和滋味的感官检验			考核时间：120min			
序号	评价内容	评价要点	配分	评分标准	检测结果	扣分	得分	备注
1	准备工作	检查实验台是否干净平整	10分	未检查扣10分				
2	操作前提	收集相关国家标准	10分	未收集为0分				
3	操作过程	扦样、分样、处理样品	30分	操作错误扣5分，扣完为止				
		油脂的透明度、气味和滋味的感官检验	30分	操作错误扣5分，扣完为止				

续表

评价任务		油脂的透明度、气味和滋味的感官检验			考核时间：120min			
序号	评价内容	评价要点	配分	评分标准	检测结果	扣分	得分	备注
4	操作结果	记录结果	20分	每项错误扣5分，扣完为止				
5	安全及其他	在规定时间内完成操作	—	每超时1min总分扣5分，超时3min停止操作			—	
合计			100分					
说明：学生违章操作或发生事故须停止操作								

任务八

分析储粮品质变化原因

知识目标

1. 了解储粮品质。
2. 了解储粮品质对国家粮食安全的影响。

能力目标

能根据国家标准等分析储粮品质变化。

素质目标

1. 分析储粮品质变化原因，分组协作完成任务，培养团队合作精神。
2. 通过粮情检测数据，分析储粮品质变化及原因，培养分析问题、解决问题的能力。

学习情境描述

粮食在储藏期间，无论是有生命力的种子还是无生命力的成品粮，在储藏期间虽未发热、霉变或有其他损坏，但随着储藏时间的延长，粮食的物理性质、化学成分和生理特性都将发生一系列的变化，使储藏的粮食发生由新到陈、由旺盛到衰老的不可逆的变化。研究粮食在储藏期间的品质

活页笔记

变化，可及时了解储藏粮食的种用品质、食用品质，以便在生产实践中不断改善储粮条件，推陈储新，使储藏的粮食始终保持较好的品质。

◆ 任务目标

根据给定条件，分析储粮品质变化原因。

任务资讯

一、主要粮食储存品质判定指标与判定规则

1. 稻谷储存品质判定指标

稻谷储存品质判定指标见表5-18。

表5-18 稻谷储存品质判定指标

项目	籼稻谷			粳稻谷		
	宜存	轻度不宜存	重度不宜存	宜存	轻度不宜存	重度不宜存
色泽、气味	正常	正常	基本正常	正常	正常	基本正常
脂肪酸值（KOH/干基）/（mg/g）	≤30.0	≤37.0	>37.0	≤25.0	≤35.0	>35.0
品尝评分值/分	≥70	≥60	<60	≥70	≥60	<60

注：其他类型稻谷的类型归属，由省、自治区、直辖市粮食行政管理部门规定，其中省间贸易的按原产地规定执行。

稻谷储存品质判定规则如下。

（1）宜存　色泽、气味、脂肪酸值、品尝评分值指标均符合表5-18“宜存”规定的，判定为宜存稻谷，适宜继续储存。

（2）轻度不宜存　色泽、气味、脂肪酸值、品尝评分值指标均符合表5-18“轻度不宜存”规定的，判定为轻度不宜存稻谷，应尽快安排出库。

（3）重度不宜存　色泽、气味、脂肪酸值、品尝评分值指标中，有一项符合表5-18“重度不宜存”规定的，判定为重度不宜存稻谷，应立即安排出库。因色泽、气味判定为重度不宜存的，还应报告脂肪酸值、品尝评分值检验结果。

2. 小麦储存品质判定指标

小麦储存品质判定指标见表5-19。

表5-19 小麦储存品质判定指标

项目	宜存	轻度不宜存	重度不宜存
色泽、气味	正常	正常	基本正常
面筋吸水量/%	≥180	＜180	—
品尝评分值/分	≥70	≥60且＜70	＜60

小麦储存品质判定规则如下。

（1）宜存　色泽、气味、面筋吸水量和品尝评分值指标均符合表5-19“宜存”规定的，判定为宜存小麦，适宜继续储存。

（2）轻度不宜存　色泽、气味、面筋吸水量和品尝评分值指标有一项符合表5-19“轻度不宜存”规定的，判定为轻度不宜存小麦，应尽快安排出库。

（3）重度不宜存　色泽、气味和品尝评分值指标中，有一项符合表5-19“重度不宜存”规定的，判定为重度不宜存小麦，应立即安排出库。因色泽、气味判定为重度不宜存的，还应报告品尝评分值检验结果。

3. 玉米储存品质判定指标

玉米储存品质判定指标见表5-20。

表5-20 玉米储存品质判定指标

项目	宜存	轻度不宜存	重度不宜存
色泽、气味	正常	正常	基本正常
脂肪酸值（KOH/干基）/（mg/g）	≤50.0	≤78.0	＞78.0
品尝评分值/分	≥70	≥60且＜70	＜60

玉米储存品质判定规则如下。

（1）宜存　色泽、气味、脂肪酸值、品尝评分值指标均符合表5-20“宜存”规定的，判定为宜存玉米，适宜继续储存。

（2）轻度不宜存　色泽、气味、脂肪酸值、品尝评分值指标均符合表5-20“轻度不宜存”规定的，判定为轻度不宜存玉米，应尽快安排出库。

（3）重度不宜存　色泽、气味、脂肪酸值、品尝评分值指标中，有一项符合表5-20“重度不宜存”规定的，判定为重度不宜存玉米，应立即安排出库。因色泽、气味判定为重度不宜存的，还应报告脂肪酸值、品尝评分值检验结果。

GB/T 31785—2015《大豆储存品质判定规则》

4．大豆储存品质判定指标

大豆按含油率可分为高油大豆和大豆两类，储存品质指标见表5-21和表5-22。

高油大豆检验结果显示色泽、气味、粗脂肪酸值均符合表5-21“宜存”规定的，判定为宜存大豆，适宜继续储存；色泽、气味、粗脂肪酸值均符合表5-21“轻度不宜存”规定的，判定为轻度不宜存大豆，应尽快安排出库；色泽、气味、粗脂肪酸值有一项符合表5-21“重度不宜存”规定的，判定为重度不宜存大豆，应立即安排出库。因色泽、气味判定为重度不宜存的，还应报告粗脂肪酸值检验结果。

表5-21　　高油大豆储存品质指标（GB/T 31785—2015）

项目	宜存	不宜存	
		轻度	重度
色泽、气味	正常	正常	基本正常
粗脂肪酸值（KOH）/（mg/g）	≤3.5	≤5.0	>5.0

表5-22　　大豆储存品质指标（GB/T 31785—2105）

项目	宜存	不宜存	
		轻度	重度
色泽、气味	正常	正常	基本正常
粗脂肪酸值（KOH）/（mg/g）	≤3.5	≤5.0	>5.0
蛋白质溶解比率/%	≥75	≥60	<60

活页笔记

大豆检验结果显示色泽、气味、粗脂肪酸值、蛋白质溶解比率均符合表5-22“宜存”规定的，判定为宜存大豆，适宜继续储存；色泽、气味、粗脂肪酸值、蛋白质溶解比率均符合表5-22“轻度不宜存”规定的，判定为轻度不宜存大豆，应尽快安排出库；色泽、气味、粗脂肪酸值有一项符合表5-22“重度不宜存”规定的，判定为重度不宜存大豆，应立即安排出库。因色泽、气味判定为重度不宜存的，还应报告粗脂肪酸值、蛋白质溶解比率检验结果。

活页笔记

粮食在储存期间的物理特性变化

二、粮食在储存期间的品质变化

1. 粮食在储存期间的物理特性变化

粮食在储存期间，物理特性常常发生较大的变化，主要表现在以下几个方面。

（1）粮食色泽发生变化　一般情况下，随着储存时间的延长，粮食色泽逐渐加深变暗，在不良环境下储存常会发生黄变、褐变和点翠等。如稻谷的黄粒米增加，大米的色泽由白色、透明且富有光泽变为灰暗混浊；小麦发生褐胚现象，甚至发生黑胚现象；玉米发生点翠现象。

（2）粮食气味发生变化　粮食在储存期间容易产生陈仓气味，其主要成分是乙醛、丙醛、戊醛、己醛、丙酮及丁醛等，其中戊醛和己醛会使大米带有陈米气味，并影响米饭的风味。另外，大米在储存过程中挥发性硫化物的含量逐渐减少，使米饭失去应有的米香气味。

（3）粮食的籽粒形态发生变化　在储存期间，粮食的籽粒形态也会发生一定的变化，如小麦和玉米的胚部发生萎缩，胚乳变得不充实，外皮发皱，体积变小，小麦的腹沟变浅；粮粒组织硬化，柔韧性变弱，米质变脆。

（4）粮食的千粒重降低　粮食是活的生命体，在储存期间不断进行着新陈代谢，进行呼吸需要消耗体内的储存物质，如淀粉和脂肪等干物质，所以随着储存时间的延长，粮食籽粒的绝对质量会逐渐减少，千粒重也会相应降低。

（5）稻米的物理特性变化　随着稻谷储存时间的延长，其大米的加热吸水率增大；在吸水量相同的情况下，膨胀率也有所增大，淀粉颗粒变硬，糊化能力降低，黏度逐渐减少；用陈米沥出的米汤比较稀，米汤中的固形物含量减少，而用新米沥出的米汤比较稠而黏，固形物的含量也比陈米高。

（6）小麦和面粉物理特性变化　降落数值是反映小麦和面粉中α-淀粉酶活性的一项重要指标。一方面，在正常的储存条件下，小麦中α-淀粉酶活性随着时间的延长而减少，所以降落数值随着储存时间的延长而增大。如果小麦入库时的水分含量过大，或者粮仓内空气的湿度过高，而使小麦发芽，就会产生大量的α-淀粉酶，使降落数值降低。另一方面，小麦随着储存时间的延长，其面粉的特性也发生相应的变化，如面团的延伸性变小，抗延伸性增大，曲线面积随之增大；面筋的吸水量下降，面粉发酵性能减弱，面包品质较差等。

活页笔记

2. 粮食在储存期间的化学特性变化

粮食的化学成分变化中，一般脂类变化较快，淀粉次之，蛋白质变化比较缓慢。

（1）脂类的变化　脂肪储存的稳定性很差，最容易发生酸败变质。酸败是指粮食在储存过程中，由于水分、温度、空气、光照、微生物、脂肪酶、金属离子等因素的影响，脂类发生化学变化，生成游离脂肪酸和醛、酮等小分子物质，从而产生强烈苦涩味和特殊酸臭味的现象。粮食中脂类的变化主要有两个方面：一种是受脂肪酶水解而产生甘油与脂肪酸；另一种是本身发生自动氧化产生氢过氧化物和由脂肪中不饱和烃链被氧化后产生羰基化合物，主要为醛和酮类物质，这种变化在成品粮中较为明显。原粮中由于籽粒中含有的抗氧化剂起保护作用，所以在正常的条件下氧化变质的现象并不明显。

粮食在储存期间的化学特性变化

保管时间长的大米产生“陈米”气味、面粉味道“变苦”、油料产生的“哈喇”味，油脂产生的“恶臭”味等，都是因为脂肪酸败造成的。脂肪发生酸败后，粮油的脂肪酸值、酸度、过氧化值、皂化值等都会有不同程度的增加。新收获的稻谷脂肪酸值一般在15mgKOH/100g以内，很少超过20mgKOH/100g。在储存过程中，粮食的脂肪酸值会不断升高。如果粮食在含水量高、环境湿度大的条件下，这一升高过程会大大加快，从而使粮食品质发生劣变。如小米面的脂类含量比较高，脂肪酸值增加很快，当脂肪酸值达到30mgKOH/100g时即有刺激性异味，此时小米面已经发生劣变。

（2）淀粉的变化　淀粉是粮食中的主要储存物质，在储存过程中虽然受淀粉酶的作用，但总的变化百分比不明显。一般情况下，淀粉的量变不是主要方面，而质变却是最主要的。新鲜粮食在储存初期，因淀粉酶活性较强，淀粉水解为麦芽糖和糊精，使粮食黏度较强，食用味美。储存时间较长，麦芽糖和糊精继续水解，还原糖增加，非还原糖显著减少，粮食开始陈化。具体表现为淀粉的黏性随着时间的延长而下降，亲水性增加，米汤或淀粉糊的固形物含量减少，碘值明显下降，糊化温度升高。这些变化都是粮食品质劣变的结果，并且不适当的储存条件会使这种劣变加快。

随着时间延长，在水分较大、温度适宜的情况下，粮食中的还原糖能继续氧化，含量又可能减少，生成二氧化碳和水，或者酵解生成乙醇和乳酸，使粮食带酸味，品质劣变，陈化加深，严重时可失去食用价值。试验证明，籼米淀粉的运动黏度与其品尝评分值有关，玉米也是如此。研究认为这类变化机理与脂肪酸有一定的关系，是游离脂肪酸与淀粉分子相结合

活页笔记

而改变了淀粉的性质，尤其是黏度；还有一种可能性是淀粉分子间的聚合降低了糊化与分散的性能。

（3）蛋白质的变化　陈化粮食中的蛋白质变化主要是发生水解和变性。粮食在储存时，受外界物理、生物等因素的影响，易引起蛋白质水解和变性。蛋白质水解后，游离氨基酸增加，酸度也增加。蛋白质变性后，肽键延展，空间结构松散，非极性基外露，亲水基内藏，面筋的吸水量下降，蛋白质与脂肪乳化共存的晶体结构被破坏，蛋白质由溶胶变为凝胶，溶解度降低，其种用、食用、工艺品质均降低。粮食中蛋白质的醇溶性、盐溶性降低，被胃蛋白酶和胰蛋白酶的消化率降低。例如，大豆在储存10个月后，盐溶性蛋白质减少20%，用这种豆子制成的豆腐品质也较差。

小麦在储存过程中全氮量基本不变，而蛋白氮、盐溶性氮、醇溶性氮都显著减少，采用低温储存的小麦可使这些变化延缓。另据报道，小麦在长期储存时，尤其是在高水分及高温的促进下，胚部还原糖与氨基酸的缩合反应，容易使胚部变褐。褐胚率的增加可以综合体现小麦的发芽率和烘焙品质的劣变情况。

（4）维生素的变化　粮食中含有维生素B_1、维生素E、泛酸、肌醇、吡哆醇等维生素，这些维生素在储存期间容易发生变化而失去原有的性质，其变化程度与粮食的水分、温度和湿度等有密切的关系。水分含量为17%的小麦经过5个月的室温储存后，维生素B_1的含量损失了30%；而水分含量为12%的小麦维生素B_1的含量只损失12%左右。水分含量为12.7%的热入仓小麦经过半年的储存后，每克小麦中维生素B_1的含量由5.73μg减少为4.15μg，降低27%左右。黄色玉米中含有胡萝卜素比较多，胡萝卜素是光敏感色素，受光照会遭到破坏，所以玉米一般在暗处储存比较好。

3. 粮食在储存期间的生理特性变化

粮食在储存期间生命力逐渐降低，主要表现为酶活性、代谢水平和发芽率的变化。酶的活性变化比发芽率变化表现得更早、更明显，粮食中酶的活性减弱或丧失，粮食的生命力也随之降低或丧失，其生理作用也随之减弱或停止。水稻在储存初期含有活性较高的过氧化氢酶、α-淀粉酶，这些酶类随着储藏时间的延长，活性下降。据测定稻谷在储存3年后，过氧化氢酶的活性可降低至原来的1/5，淀粉酶活性等于零。大米在储存期内，过氧化氢酶的活性逐渐丧失，呼吸由强变弱，最后停止。α-淀粉酶对粮食品质影响较大。如陈米煮饭不如新米口感好，就是因陈米中的α-淀粉酶失去活性，淀粉液化程度降低，黏度下降所致。

粮食在储存期间的生理特性变化

活页笔记

脱氢酶在粮食劣变过程中，氧分子参加糖的有氧降解反应，经各种脱氢酶的催化作用，在三羧酸循环反应中，有五次脱氢过程，脱去的氢经递氢体的传递，最后与氧结合成水放出。氢的脱去及其与氧的结合，都是逐步放能和储能的过程，这在粮食生理上是极为重要的。可见，在粮食的劣变过程中，脱氢酶的活性也随之降低。

4. 粮食在储存期间食用品质的变化

食用品质是指粮食在制作熟食过程中所表现的各种性能，以及食用时人体感觉器官对熟食品的反映，如熟食品的色、香、味、软硬度、黏度和润滑度等，通常用品尝评分值表示。食用品质的评定内容和方法随粮食的品种而定，大米蒸煮成米饭，小麦粉蒸成馒头，而玉米则制作成窝头。

综合评分以品质一般正常者定为60分；优于一般正常者为70分、80分、90分、100分；具有不正常气味、滋味、适口性差者可定为50分以下（10～40分），有严重异味者可定0分。品评人数以8～10人为宜，根据每人的评分结果加以整理、统计。品评还应考虑当地大多数群众食用习惯，凡综合评分在60分以上者，必须是大多数消费者所能接受的，而综合评分在60分以下者，即为大多数消费者所不能接受的。

品尝大米蒸煮品质的内容为米饭的色泽、气味、滋味和外观结构。用新稻米的蒸煮成的米饭，色泽正常、具有光泽，有正常米饭的清香气味，味道香而甜，米饭外观结构正常而紧密；而陈稻米蒸煮成的米饭，色泽一般发暗、发灰、无光泽，有轻微的陈米味、酸味，米饭味道无香而甜的滋味，有时发酸、发苦，米饭外观结构松散；陈化严重的稻米蒸煮成的米饭，色泽发黄、呈暗黄色，有明显的酸味、哈喇味，米饭味道呈明显酸味、哈喇味和苦涩味，米饭外观结构不正常。

品尝小麦粉蒸煮品质的内容为馒头的色泽、气味、食味、弹性、韧性、黏性等。用良好品质小麦粉的蒸成的馒头，色泽正常，外表光滑，具有发酵麦香味，手指按压回弹性好，食之具有正常小麦固有的香味，咬劲强，爽口不粘牙；相反，用储存时间很长的小麦粉蒸成的馒头，色泽稍暗或者灰暗，气味平淡或者有明显的异味，手指按压回弹性弱或者不回弹，食之具有轻微的异味或者严重的异味，咬劲较差强，咀嚼不爽口而且粘牙。

新收获入仓的小麦，食用品质未达最佳状态，在前两年储存期间，其食用品质有改善的趋势。但小麦储存两年以上，如品尝评分值在70分以下，一般不宜再储存。

活页笔记

品尝玉米粉蒸煮品质的内容为窝头的色泽、气味、滋味、外观形状、内部性状等。良好品质玉米粉蒸成的窝头色泽正常，具有正常的清香味，食之具有正常玉米固有的香味，外观表皮光滑，内部无色浅的夹生状结块；而随着储存时间的延长，窝头的色泽变淡、发暗，具有较浓的甜气味或轻微酒味，甚至有严重的辛辣味、哈喇味等不正常的气味，食之具有苦味、哈喇味或者酶味，其外观表皮粗糙有裂纹，内部有色浅的夹生状结块。

三、影响储粮品质变化的因素

影响储粮品质的因素分内因和外因两个方面。影响储粮品质的内在因素是由种子的遗传和本身质量决定的。不同粮种在正常储藏条件下，有的寿命长，有的寿命短。种子的寿命可分为长命、中间寿命及短命3类。寿命在15年以上的称长命种子；3～15年的称中间寿命种子（又称常命种子）；3年以下的称短命种子。一般地，长命种子品质变化速度慢，短命种子品质变化速度快。另外，充分成熟，籽粒饱满的完整粮粒生命力强，比未成熟的小粒、瘪粒和破损的粮粒品质变化速度慢。

影响粮食品质变化的外在因素主要是温度、湿度，其次是气体成分、光以及仓虫和微生物。在低温条件下，种子呼吸作用非常微弱，物质与能量消耗极少，因而胚部细胞能长期保持生活力。通常在-10℃和相对湿度30%下，对主要农作物种子生活力的保持较为有利，小麦保存35年，水稻保存700年，仍有90%的发芽率。但高温会使种子内部物质分解过快或蛋白质凝固而死亡，种子储存的最高温度不宜超过40℃。种子如保存在潮湿状态下，会很快丧失生活力，在干燥的状态下，就能延缓陈化。高温、高湿的综合作用，对种子生活力的影响更大。在储存过程中，往往每经过一次高温、高湿季节，粮食就会发生明显品质劣变。与呼吸作用关系密切的氧气和二氧化碳对种子寿命有一定程度的影响。干燥种子保存在缺氧或高二氧化碳的环境中不但无害，而且比在空气中保持的寿命还要长，但高水分种子在缺氧条件下会很快丧失生命力。种子经强烈而持久的日光照射后，由于种子受过高温促进脂肪氧化，容易丧失生命力。种子受仓虫、霉菌等微生物危害后，大多数是胚部先受侵害，致使生命力下降或丧失，继而使粮食品质变化速度加快。

活页笔记

◆ 任务实施

1. 操作步骤

（1）调查了解储粮基本情况，主要包括储存粮食的品种、杂质含量、生产年度、储存时间；入库时粮食品质指标、当前粮食品质指标；储粮的围护结构、堆装形式、粮堆含氧量；储存期间的“三温”记录、粮食在储存期间所采用的通风、熏蒸、压盖、气调等储存措施。

（2）根据储粮在储存期间的品质变化，结合有关情况编写储粮品质变化分析与处理报告。

（3）根据储粮品质检测结果，提出储粮轮换建议。

2. 注意事项

（1）储粮品质变化情况分析与处理报告应包括储粮基本情况、粮食在储存期间的“三温”记录分析、粮食在储存期间所采用的通风、熏蒸、压盖、气调等储藏措施分析、储粮品质检测记录分析、品质判定结果、品质变化原因分析、储粮轮换建议等内容。

储粮基本情况是指储粮品种、储粮数量（t）、生产年度、入库时间、仓房类型、入仓方式及堆装形式、入库水分（%）、杂质含量（%）、是否压盖、粮堆氧含量（%）、是否通风、是否熏蒸等。

粮食在储存期间的“三温”记录分析内容包括储粮在不同时间的平均气温、平均仓温、平均粮温、最高粮温、最低粮温等内容。

储粮品质检测记录分析内容包括储粮在不同时间检测的色泽、气味品尝评分、脂肪酸值（KOH，mg/100g）、面筋吸水量（%）、其他相关指标等。储存品质判定结果以“宜存”“轻度不宜存”“重度不宜存”表示。

（2）储粮品质分析以《谷物储存品质判定规则》（GB/T 20569—2006，GB/T 20570—2015，GB/T 20571—2006）中规定的指标为主，还要结合储粮的物理特性变化、生理特性变化、化学成分变化、酶活性变化等情况进行综合分析。

（3）在进行储粮品质变化原因分析时，必须结合储存环境及储存过程中可能发生的影响因素进行综合分析。储粮轮换建议以“继续储存”“尽快安排出库”“立即安排出库”表示。

GB/T 20569—2006《稻谷储存品质判定规则》

GB/T 20570—2015《玉米储存品质判定规则》

GB/T 20571—2006《小麦储存品质判定规则》

◆ 任务评价

评价任务		分析储粮品质变化的原因			时间：25min			
序号	评价内容	评价要点	配分	评分标准	检测结果	扣分	得分	备注
1	准备工作	阅读典型案例资料	4分	提问2点，每答错一点扣2分				
		填写储粮基本情况	10分	漏记或记错，每一点扣1分，扣完为止				
2	操作前提	检测当前情况	20分	未检测或检测错误扣20分				
		填写当前情况记录	10分	漏记或记错，每一点扣1分，扣完为止				
3	操作过程	分析粮食在储存期间的“三温”记录	10分	分析不正确每点扣10分				
		分析粮食在储存期间所采用的通风、熏蒸、压盖、气调等储藏措施	12分	分析不正确扣12分				
		分析储粮品质检测记录	12分	分析不正确扣12分				
		分析品质判定结果	12分	分析不正确扣12分				
4	操作结果	填写水分变化分析报告	5分	填写有涂改，每处扣1分，扣完为止				
5	使用工具	熟练规范使用工具	3分	使用水分检测仪不正确扣3分				
		工具使用维护	2分	水分检测仪使用后乱摆乱放扣2分				
6	安全及其他	按国家法规或企业规定操作	—	违规一次总分扣5分；严重违规停止操作			—	
		在规定时间内完成操作	—	每超时1min总分扣5分，超时3min停止操作			—	
合计			100分					

说明：①不会利用粮食水分快速检测仪检测当前粮食水分的停止操作，成绩计零分；
②学生违章操作或发生事故须停止操作，成绩计零分

思考题

1. 小麦随着储存时间的延长，其面粉的特性也会发生相应的变化吗?

2. 早籼稻与晚籼稻的区别是什么?

3. 感官判断小麦和玉米容重需要注意什么?

4. 感官判断粮油杂质需要注意什么?

5. 如何使用感官判断储存中小麦、水稻、油菜籽的水分?

推行“吹哨人”制度，守护“舌尖上的安全”

检测粮油质量和品质习题

项目六

农户储粮

活页笔记

学习导入

在粮食产后环节中，农户储备是重要组成部分。中国农户自古以来就有储粮备荒的传统，绝大多数农户会储备一年的口粮和饲料用粮，加上部分商业库存，农户储粮数量庞大。研究显示，农户储粮数量占当年产量的40%～50%。作为中国粮食储备体系的重要一环，农户储备关系到国家粮食安全。因此，需要对农户从储粮准备、储粮入仓、粮情检查、储粮技术、储粮安全等方面进行系统培训，并加大节粮减损宣传，提升农户节约意识，实现藏粮于技、藏粮于民。

- 项目六 农户储粮
  - 任务一 农户储粮准备和入仓
    - 可以安全储藏的粮食要求
    - 保障新收获的粮食干燥
    - 保障新收获的粮食干净
    - 储粮装具的选择
    - 储粮位置的选择
    - 入仓时要达到“一干、二净、三饱满”
    - 任务实施
  - 任务二 农户粮情检查
    - 粮食的外观检查
    - 温度、水分的检查
    - 害虫检查
    - 储粮鼠害的检查
    - 小麦储藏的注意事项
    - 任务实施
  - 任务三 农户储粮技术
    - 粮食干燥
    - 高温密闭储藏
    - 气密缺氧储藏
    - 低温隔热储藏
    - 防虫治虫
    - 防霉防鼠
    - 任务实施
  - 任务四 农户储粮中的安全
    - 粮食处理中的安全
    - 化学药剂使用安全
    - 药剂中毒与急救
    - 粮食的污染与安全
    - 任务实施

任务一

农户储粮准备和入仓

活页笔记

知识目标

1. 了解粮食干燥方法。
2. 了解储粮装具。

能力目标

能够合理选择粮食干燥方法和储粮装具。

活页笔记

素质目标

1. 通过学习农户储粮准备和入仓，了解农民的艰辛，培养踏实肯干的精神。

2. 通过掌握农户储粮知识，把课堂学习和乡村实践紧密结合起来，练就兴农本领，培养“吾农”“务农”和“悟农”的“三农”情怀。

学习情境描述

农户储粮准备和入仓

农户储粮是我国粮食储藏的重要组成部分，科学选择合适的粮食干燥方法、储粮装具、储粮位置，将大大降低农户储粮的成本。

任务目标

科学选择粮食干燥方法、储粮装具种类、储粮位置。

任务资讯

一、可以安全储藏的粮食要求

粮食的安全储藏基本条件如下。

（1）良好的粮质　粮食籽粒要饱满，破损粒少；粮食干净，杂质少；粮食干燥，含水量低；粮食中没有害虫。

干燥：要达到手握干净，口咬脆响的程度才能入仓或装袋。

干净：杂质少，尘土少。杂质包括杂草种子、植物的树叶残片、异种粮粒以及泥土、石子等。

（2）性能良好的粮仓　储藏粮食的粮仓或装具要具有良好的密封、隔热、防潮和防鼠性能。

（3）整洁的储粮环境　放置粮食的房间要保持整洁的环境，屋内不堆放杂物，地面不留散落的粮食，屋顶不漏水，地坪不返潮，屋内通风及干燥条件良好。达到以上三条储粮的基本条件，结合平时的日常管理就可以保证粮食的安全储藏。

活页笔记

二、保障新收获的粮食干燥

一般情况下，现在小麦品种已可以在收割之前达到充分干燥，但如果遇到连续阴雨天气等特殊情况，造成新收粮食不够干燥或返潮，一定要在太阳下暴晒1～2d，暴晒过程中每隔1h均匀翻面，直到充分干燥。

通过烈日暴晒，可降低小麦含水量，同时在暴晒过程中可以起到高温杀虫灭菌的效果，对于新收获的小麦还有促进后熟的作用，可减少小麦呼吸强度，有利于长期安全储藏。

三、保障新收获的粮食干净

新收获的粮食不管用了哪种收割方式，粮食杂质含量还是达不到安全储粮的入仓要求，所以粮食入仓或装袋前一定要进行简单清理，方法有以下几种。

（1）送到粮食产后服务中心进行代清理。

（2）送到当地粮站的代清理点清理。

（3）请个体清粮设备所有者有偿清理。

（4）当地没有这类机械清理服务的，有水泥地坪的可以利用自然风扬麦去杂。

（5）若粮食数量较少，可以过筛进行简单清理。

四、储粮装具的选择

储粮装具是农村储粮的基础，储粮装具的好坏，直接关系到粮食保管的效果。选择适当的储粮装具，不但可以保证粮食品质，而且能节省储藏费用。

1. 防潮性能

粮食储藏期间容易出现的发热霉变、结块结露均是由于粮食水分的变化引起的，而造成粮食水分增加的主要原因是大气湿度，因此粮仓良好的防潮性至关重要，是保证粮食安全性的首要条件。农户粮食储藏装具应选择具有防潮性的材料制作，如粮仓的防潮性不符合要求，可在装粮前将塑料薄膜衬于仓内再装粮。

2. 气密性能

粮仓的气密性会关系到储粮技术实施的效果，如气调储藏、熏蒸杀虫等技术都与气密性有关。另外气密性良好的粮仓也可以在一定程度上防止虫害的感染。采用熏蒸杀虫（即用气体杀虫剂，如磷化铝）的装具，一定

活页笔记

要保证较高的气密性，以免熏蒸杀虫时毒气泄漏，造成人员伤亡事故。

3. 防鼠性能

农户储粮环境的鼠害较严重，粮食的鼠害损失在农户储粮损失中所占比例最大，预防难度也较大。鼠害不但造成储粮损失，而且可传染疾病，所以农户粮仓应具有良好的防鼠性能，以确保储粮安全。

4. 进出粮方便

农户储粮容量不大，但要经常取用，所以要充分考虑进出粮方便，在仓体上应设计有进出粮口，进粮口不能太高，最好不要超过1.5m。出粮口与地面要有一定距离，便于出粮操作。

5. 外形、容量适中

农户粮仓的容量、外形尺寸要与农户的储粮量、农家房间的建筑尺寸、装粮的方便性相适应，最大不可拆卸尺寸应方便进出房间，高度最好不要超过1.5m，以方便进粮。容量一般在1000kg左右较为适宜。另外，还要考虑装具的美观和移动收藏的方便性。

6. 隔热性能

粮温是影响粮食安全的重要粮情，外温的变化可在一定程度上引起粮温的变化，但是农户一般储粮在室内，所以粮仓的隔热不成问题。如有条件也可在高温季节到来之前，利用家中具有保温性的物品对仓体进行隔热保冷处理，如仓顶盖棉被、棉褥、稻壳等。另外，农户储粮装具还应坚固耐用、价廉易购。

无论采用哪种装具储粮，装粮前均应保证装具清洁、干燥、无虫。装具使用前应进行如下处理。

（1）清理　对储粮装具先内后外进行清扫，扫净残存的粮食、杂质。

（2）杀虫　对于发现感染害虫的装具，进行杀虫处理后方可装粮。

（3）干燥　经清理和杀虫处理过的装具，应充分晾干或晒干后方可装粮。

（4）封存　经处理后的装具要尽快装粮，在装粮之前要将装具封好，防止外界害虫再次感染。

五、储粮位置的选择

储粮最好放在自家屋外院子里的遮阳棚下，储粮装具或堆垛选择地面平整、地势较高的地方放置，遮阳棚可以有效遮挡雨雪。室外比室内具有更好的通风条件，不易生虫，而且人员走动频繁，老鼠也不易躲藏。

活页笔记

无论粮食储藏在屋外还是屋内都应具备良好的通风条件、周围不能有杂物堆放，保持周围环境的干净整洁卫生。储粮位置应远离家禽、牲畜圈和一些污秽场所。

六、入仓时要达到“一干、二净、三饱满”

要保持粮食在储藏期间的质量稳定性，必须在入仓时达到“一干、二净、三饱满”的基本要求。

一干：粮食要干燥，水分低，达到安全水分标准。需通过晾晒，使粮食充分干燥，达到手握干滑、口咬脆响的要求。

二净：粮食要干净，无虫杂。杂质和不完善粒越少越好。储藏前可通过风扬、风车、筛子等清理除杂，除去粮食中的害虫、各种有机和无机杂质，以减轻虫霉感染，均匀粮食品质，增大粮堆孔隙度，利于散发湿热。

三饱满：粮食籽粒成熟、丰满，未熟粒、不完善粒少。粮食的收割要适时，脱粒方法要恰当。

◆ 任务实施

1. 操作步骤

（1）干燥新收获的粮食。

（2）根据家庭情况选择合适的储粮装具。

（3）选择合适的储粮位置。

（4）将选择情况填入表6-1。

表6-1　农户储粮准备和入仓选择情况

选择项目	选择方法	选择结果
干燥粮食		
选择储粮装具		
选择储粮位置		

2. 注意事项

（1）入仓前粮食应达到“一干、二净、三饱满”。

（2）粮食入仓前，储粮装具周围应彻底打扫干净。

◆ 任务评价

班级： 姓名： 学号： 成绩：

评价任务		农户储粮准备和入仓			考核时间：120min			
序号	任务内容	任务要点	配分	评分标准	检测结果	扣分	得分	备注
1	准备工作	农户储粮环境分析	10分	未分析扣10分				
2	操作前提	农户储粮入仓前的准备工作	10分	少答一项扣5分，扣完为止				
3	操作过程	粮食干燥	20分	操作错误扣5分，扣完为止				
		保持粮食干净	20分	操作错误扣5分，扣完为止				
		选择储粮位置和装具	30分	操作错误扣5分，扣完为止				
4	操作结果	记录方案	10分	每项错误扣5分，扣完为止				
5	安全及其他	在规定时间内完成操作	—	每超时1min总分扣5分，超时3min停止操作			—	
合计			100分					
说明：学生违章操作或发生事故须停止操作								

任务二

农户粮情检查

活页笔记

知识目标

学习农户粮情检查。

能力目标

1. 能够感官分析粮食情况。
2. 能够分析储粮温度和水分。
3. 能够检查害虫和鼠类。

素质目标

1. 通过学习农户粮食的外观、粮温、水分、害虫等粮情检查，培养知粮、守粮、节粮的职业素养。

2. 通过储粮检查帮助农户降低储粮成本，减少粮食损失。

活页笔记

学习情境描述

粮食入库和入库后的定期检查对于安全储粮至关重要，合理的检查将大大降低储粮损失，帮助农户降低储粮成本。

◆ 任务目标

检查农户储粮情况。

任务资讯

一、粮食的外观检查

1. 检查内容

（1）粮食的色泽　粮食的色泽是一个重要的感官鉴定指标，每种新鲜的粮食会带有不同的色泽，在储藏期间这些颜色由于储粮温、湿度的变化和微生物的感染会发生不同的颜色变化，如色泽加深或变浅，在粮粒上出现绿色、红色斑点或“褐胚”均说明储粮品质发生了变化。

（2）粮食气味　粮食气味也是重要的感官鉴定指标之一。每种粮食均会带有一些本身所固有的气味，而这些气味在储藏期间，由于粮食内部发生了变化、微生物感染等原因，会不断地变化，并可在一定程度上反映粮食的状况及稳定性，如粮食长期储藏会逐渐出现陈粮味。当在检查粮情时发现粮食气味发生明显变化时，应引起足够的重视，有些气味与粮食的发热霉变关系密切，如甜味、酒味、酸味、霉味等都会出现在发热霉变的不同时期。因此及时发现粮食气味的变化可帮助判断粮情。

检查粮食的外观和水分

（3）粮食籽粒的散落性　储藏期间散落性的变化，可在一定程度上反映粮食的储藏稳定性。安全储藏的粮食总是具有良好的散落性。如果粮食出汗、返潮，水分增大，霉菌滋生，就会使散落性降低；严重的发热结块会形成90°角的直壁状，完全丧失散落性，所以粮食储藏期间能及时发现粮食散落性的变化，有利于尽快尽早处理不正常的粮食，减少储粮损失。

2. 检查时机

（1）粮食入仓前检查　粮食入仓时要仔细观察记录新粮的色泽、气味和散落性等感官状况，以便作为原始状况与以后储粮期间的感官检查结果进行对比。

活页笔记

（2）粮食入仓后要定期检查　储藏期间要视粮食的稳定状况定期检查，如果在非高温季节粮食比较稳定时，可与温度、水分的检查结合起来，15d检查一次，否则应增加检查次数。另外由于外观检查简单方便，在每次取用粮食时，均可进行外观的检查。

（3）高温高湿时节要随时检查　高温高湿时节也是粮食比较容易出现问题的时候，应相对增加检查的次数，但在检查时要注意选择检查的时机和缩短检查持续的时间，尽可能减少由于检查而带来的粮食水分和温度的增加。

3. 检查方法

（1）观色　用眼观看粮食的色泽是否正常，和新粮的颜色是否一致。

（2）嗅味　用鼻嗅粮食中是否有甜味、酒味、酸味、霉味等异味并与新粮的气味进行比较。

（3）触摸　用手抓粮食或将手插入粮堆，观察粮食散落性是否发生变化。

（4）牙咬　将粮粒放入口中用牙咬，听声音是否清脆，并观察横断面整齐程度。

二、温度、水分的检查

1. 检查内容

（1）粮食的温度是否正常　粮堆温度的变化是粮堆内外热交换的具体反映，粮堆温度的高低是说明储粮稳定性的重要标志之一。另外，粮堆温度异常有时不是整仓发热，而是局部发热，检查粮温时应予以注意。

（2）粮食的水分是否在安全水分以内　水分是粮食中的重要化学成分之一，它不但会显著影响粮食颗粒的生理，而且与粮食的安全储藏、加工品质等都有着密切的关系。粮食水分是反映粮食安全性、稳定性的灵敏指标，所以粮食含水量的测定是粮情检测的重要内容之一。

2. 检查时机

（1）粮温的检查　在粮温高于15℃时，每隔15d至少检查一次粮温。注意粮温是否有突然升高的现象，特别是季节交替时，容易发生粮堆发热现象，此时应增加检查次数。

（2）水分的检查　若粮食入仓时水分不高，检查的间隔时间可长于粮温的检查。粮食水分检测对于粮食的征购、加工、储藏、运输都具有重要意义，在我国，由于水分检测手段的不完善，每年有大量的粮食因水分含

活页笔记

量过高在储藏与运输过程中霉烂变质，损失巨大。因此，粮食水分一直是国内外粮食部门控制的一项非常重要的质量指标，采用正确的水分检测方法对粮食水分做出准确的度量是十分必要的。

（3）高温高湿时节检查　在特殊的环境条件下，如高温、高湿、梅雨时节，要随时检查，确保粮食安全。

3. 检查方法

（1）温度检查　检查粮温的方法，最好是将粮温计插入粮堆测量，或将手插入粮堆，若感觉凉爽，则表明粮温正常；若感觉有热气，表明已发热；若感觉烫手，则为高热。

（2）水分检查　稻谷、小麦、玉米等简易水分感官检验方法，参见项目五中任务4-1感官判断粮油水分的内容。

（3）仪器检查　粮食的温度、水分除采用感官检查外，用仪器检查更具有科学性。可在仪器专卖店购置用于粮食储藏的快速水分温度检测仪，操作简单，携带方便。

三、害虫检查

1. 检查的时机

（1）粮食入仓前检查　粮食在入仓时应仔细检查虫霉感染情况，准备长期储藏的粮食最好是新收获的无虫霉粮，如在入仓时发现虫霉应及时处理。

害虫和鼠类检查以及小麦储藏注意事项

（2）粮食入仓后要定期检查　规定的检查害虫的期限：粮温＜15℃，检查期限自定；粮温＝15～25℃，每15d内至少检查一次；粮温＞25℃，每7d至少检查一次。

（3）高温高湿时节　要随时检查。

2. 检查方法

（1）取样方法

①散装粮：采用定点与易发生害虫部位相结合的方法，至少设两个取样点。堆高2m以下的，一般粮面取样，堆高2m以上的，上下两层取样。每点取样量为1kg。

②包装粮：10包以下的粮堆，逐包取样；11～100包的粮堆，取10包；100包以上的粮堆，按10%的比例取样。先检查包外害虫数量，再拆包取样，每包取样量为1kg。

（2）害虫的检查方法　分别从粮堆顶部和出粮口两个部位各取1kg粮

活页笔记

食，分别过筛后检查筛出的活的害虫数量。

（3）害虫密度的计算方法　将各取样点的粮食分别过筛，计算各点的害虫密度，并以最严重的点代表全仓（囤）。害虫密度以头/kg计。

四、储粮鼠害的检查

储粮鼠害的检查时机主要有以下两个。

（1）粮食入仓前检查　粮食在入仓时应仔细检查粮仓周围环境情况，准备长期储藏的粮食最好储藏在封闭或离地面一定高度的地方，如在入仓时发现老鼠应及时处理。

（2）粮食入仓后要定期检查　粮食入仓后，要定期检查粮仓周围环境是否存在鼠洞，粮仓是否出现破损等情况，一经发现应立即处理。

五、小麦储藏的注意事项

（1）严格控制水分　由于小麦吸湿性强，小麦储藏应注意降水、防潮。应充分利用小麦收获后的夏季高温条件进行暴晒，使小麦水分控制在12.5%以下，再行入仓。入仓后应做好防潮措施，并注意后熟期可能引起的水分分层和上层“结顶”现象。

（2）热入仓密闭储藏　小麦趁热入仓密闭储藏，是我国传统的储藏方法。通过日晒，可降低小麦含水量，同时在日晒和入仓密闭过程中可以收到高温杀虫灭菌的效果，对于新收获的小麦有促进后熟作用。可减弱小麦呼吸强度，有利于长期安全储藏。另外，热入仓密闭储藏所使用的仓房、器材、用具等均需事先杀虫。

（3）低温密闭储藏　小麦虽能耐高温，但在高温下持续长时间储藏也会降低小麦品质。因此，可将小麦在秋凉以后进行自然通风或机械通风充分散热，并在春暖前进行压盖密闭以保持低温状态。低温储藏是小麦长期安全储藏的基本方法。小麦保持一定的低温，对于延长种子寿命，保持品质有一定的好处。

小麦还可以处于冷冻的条件下，保持良好的品质，如干燥的小麦在−5℃的低温条件下储藏，有利于其生命力的增强。因此，利用冬季严寒低温，进行翻仓、除杂、冷冻，将麦温降到0℃左右，而后趁冷密闭，对于消灭麦堆中的越冬害虫，有较好的效果。低温密闭小麦可以长期储藏，但要严防与湿热气流接触，以免造成麦堆表层结露。

任务实施

1. 操作步骤

（1）检查粮食外观情况。

（2）检查储粮温度和粮食水分。

（3）检查害虫情况。

（4）检查鼠类发生情况。

（5）将检查情况填入表6-2。

表6-2　农户粮情检查表

检查人：　　　　检查时间：

检查项目	检查方法	检查结果
粮食外观检查		
储粮温度检查		
粮食水分检查		
害虫检查		
鼠类检查		

2. 注意事项

（1）害虫检查要随机抽取具有代表性的点位。

（2）注意鼠洞一般有多个出入口。

任务评价

班级：　　　　姓名：　　　　学号：　　　　成绩：

评价任务		农户粮情检查			考核时间：120min			
序号	评价内容	评价要点	配分	评分标准	检测结果	扣分	得分	备注
1	准备工作	粮情检查的要点	10分	回答错误扣10分				
2	操作前提	分析检查的时机	15分	少答一项扣5分，扣完为止				
3	操作过程	检查粮食色泽	10分	操作错误扣5分，扣完为止				
		检查粮食气味	10分	操作错误扣5分，扣完为止				
		检查粮食籽粒的散落性	5分	操作错误扣5分				
		检查温度、水分	20分	操作错误扣5分，扣完为止				
		检查害虫、鼠类	20分	操作错误扣5分，扣完为止				

续表

评价任务		农户粮情检查			考核时间：120min			
序号	评价内容	评价要点	配分	评分标准	检测结果	扣分	得分	备注
4	操作结果	记录方案	10分	每项错误扣5分，扣完为止				
5	安全及其他	在规定时间内完成操作	—	每超时1min总分扣5分，超时3min停止操作			—	
合计			100分					
说明：学生违章操作或发生事故须停止操作								

活页笔记

任务三

农户储粮技术

知识目标

学习农户储粮技术。

能力目标

能够选择合适的储粮技术科学储粮。

素质目标

1. 合理分析农户家庭情况，选择合适的储粮技术帮助农户以最经济的方法储藏粮食，培养结合实际情况，灵活处理问题的能力。

2. 在实施防虫治虫和灭鼠技术时，注意药物对环境和健康的影响，培养环保、健康和安全意识。

学习情境描述

合适的储粮技术不仅可以帮助农户降低储粮成本，还能最大限度上保证粮食安全储藏。

活页笔记

◆ 任务目标

学习农户储粮技术。

任务资讯

一、粮食干燥

1. 粮食干燥的目的

（1）降低粮食水分，减缓自身呼吸　当粮食籽粒在田间生长时，它是有生命的机体。当粮食进入储藏阶段，仍然是一个活的有机体，它要进行呼吸，与外界进行能量交换。粮食水分含量高时，不但自身呼吸强度高，而且粮食本身所携带的害虫与微生物也会快速生长繁殖，只要温度适当，高水分粮食会在很短时间内出现粮堆发热，严重时会产生霉变，直接影响粮食的食用品质。粮食水分含量高低是决定粮食能否安全储藏及安全度夏最主要、最关键的条件之一，必须及时地将多余的粮食水分除去，使其达到标准安全水分。因此，粮食干燥作业可以提高粮食的储藏稳定性。

（2）促进粮食后熟　通常新收获的粮食都有后熟期，例如小麦，只有经过后熟期，其品质如发芽率等才能达到最佳状态，食品的工艺性能与食用品质可得到进一步改善。利用粮食机械对新收获的粮食进行处理，能使粮粒的水分含量与成熟度进一步趋向均匀，有助于提高和改善粮食品质。

粮食干燥

（3）抑制害虫及微生物的生长和繁殖　当粮食干燥后，水分含量减少，使害虫及微生物失去发育繁殖的适合条件，同时在烘干机内受高温的作用，杀死粮食中的害虫，微生物感染的程度得到缓解。

（4）降低运输费用　如果粮食水分远远超过安全水分，在长途运输中，一方面导致因运输时间长而使粮食发热霉变，造成粮食损失；另一方面运输大量多余的水分，浪费人力、物力与财力。

2. 粮食的干燥方法

（1）日晒干燥降水　华北地区一般气候比较干燥，特别是在小麦收获的高温季节，空气的相对湿度低，雨水也较少，所以多数情况下靠日晒是可以将小麦的水分降至安全水分以下的。

选择晴朗高温天气，在上午9时将晒场晒热后，先把小麦薄摊到晒场上，再把麻袋等器具、物料搬出晾晒。小麦要勤翻，使麦温上升到

活页笔记

48～52℃，水分含量降到12.5%以下，于下午3时前后聚堆，趁热闷半小时，立即进仓。用经过消毒晾晒处理的物料进行压盖，然后用薄膜密封，保持粮温在40℃以上，持续8～40d，可杀死害虫卵、蛹、幼虫及成虫。

（2）机械干燥　利用烘干机进行粮食的干燥，是一种高效的粮食干燥方法。我国生产的粮食烘干机械种类繁多，但绝大多数只适合大规模的粮食仓库使用，由于农户家中的粮食数量有限，且大型粮食烘干设备价格高，所以不适合农户使用。适合农户使用的小型专用粮食烘干设备有待进一步研发。

3. 储粮的防潮

粮食收获后在整晒和储藏期间如遇高温高湿季节，一旦保管不当，很容易生虫霉变。现介绍几种安全储藏粮食防潮的技术。

（1）塑料薄膜密闭法　选用较厚的塑料薄膜，根据储粮的多少，裁制成筒状备用（接缝用电烙铁烫牢即可）。选高温晴天，在干燥的晒场上将小麦摊开曝晒3～5h，使小麦含水量降至12%以下，趁热装入麻袋或编织袋，将筒形薄膜横放在库房，然后把袋装粮食码入薄膜筒内，扎紧两头筒口。保持7～10d，即可起到杀虫灭菌效果。随后开口通风降温再扎口存放。如膜内温度已下降，也可不通风。如果粮食需保存多年，应在粮堆的底层放入占粮食质量5%～10%的生石灰作为干燥剂，防潮效果更好。

（2）提高装具防潮性　为防止粮食在储藏期间的吸湿返潮、水分增加，农户粮食储藏装具应具有良好的防潮性，常用的粮仓防潮材料有塑料薄膜、沥青、油及其他防水涂料等。

（3）管理期间的防潮　粮食在储藏期间，开仓取粮或检查粮情应选在气候干燥的时段，以免造成环境相对湿度高而引起的粮食吸湿增水。

二、高温密闭储藏

1. 高温热密闭储藏原理

高温储藏是粮食储藏技术之一，一般高温储藏的粮种是选择耐高温的小麦，其目的是在保持粮食品质不发生明显变化的情况下，将粮食在一段时间内储藏在高温环境下，达到杀虫和促进粮食后熟作用的目的。高温储藏在操作时一定要严格选择储藏粮种和严格控制储藏时的温度和时间，以免严重影响粮食的品质。高温热密闭主要适用于耐高温的小麦储藏。热密闭储藏是在小麦收获后，不论是否完成后熟作用，经日晒趁热入仓，由于小麦具有较强的耐高温性，保持7～10d的高温不会降低发芽率，而且由

高温密闭储藏

活页笔记

于高温促进后熟作用，还能不同程度地提高其发芽率。热密闭的小麦由于水分低，生理活动很微弱，在整个储藏期间，小麦的水分、温度变化对小麦的品质方面也无明显影响。

2. 操作方法

利用夏季高温曝晒小麦，晒麦时要掌握迟出早收，薄摊勤翻的原则，上午晒场晒热以后，将小麦薄摊于晒场上，使麦温达到42℃以上，最好是50～52℃，保温2h。为提高杀虫效果，有的地方采取两步打堆和聚热杀虫的方法，即在下午3时左右趁气温较高时，先把上层粮食收拢（第一步打堆），使粮温较低的底层粮食经过曝晒，再把这部分粮食收拢（第二步打堆）。聚热杀虫是把达到杀虫温度的粮食收拢，堆成2000～2500kg一堆，热闷0.5～1h后，在下午5时以前趁热入仓。入仓小麦水分必须降到12.5%以下。入仓后立即用晒热的席子、草帘等覆盖粮面密闭保温，要求有足够的温度及密闭时间。入仓麦温如在46℃左右则需密闭2～3周，才能达到杀虫的目的。然后可以揭去覆盖物降温，但要注意防潮、防虫。也可以不去掉覆盖物，到秋后再揭。热密闭最好一次入满仓，以免麦温散失，使仓虫复苏。

在进行热入仓时，应预先做好空仓清理和杀虫工作。小麦热密闭杀虫效果较好，麦温在42℃以下，不能完全杀灭害虫。麦温在44～47℃时，就具有100%的杀虫效果。害虫致死的时间，因虫种和虫期而不同。曝晒时高温持续时间长，入仓后保持高温时间也长，杀虫效果就更好。

3. 注意事项

（1）入仓前做好空仓清洁和杀虫工作。

（2）入仓后要密闭严实，并配合隔热材料保温，以提高热密闭效果。

（3）严格控制储藏时的温度和时间，以免影响粮食的品质。

（4）要保持足够的密闭温度和时间，以保证杀虫效果。

三、气密缺氧储藏

1. 粮食气密储藏原理

由于条件限制，农户采用气调储藏时，以生物降氧为主，生物降氧是自然密闭缺氧储藏，通过粮食生物体的自身呼吸，将塑料薄膜帐或气密仓粮粒孔隙中的氧气消耗殆尽，并相应积累了较高的二氧化碳，能达到抑制霉菌、害虫的目的，并能较好地保持粮食品质。

活页笔记

2. 操作方法

（1）对入仓粮食的要求　对于新收获的粮食，入仓前要晒干、扬净，尽量降低粮食水分和杂质，入仓密闭储藏。趁热入仓要求粮食水分要低，水分较高的粮食不能采用此法。

（2）装粮前气密仓的准备　除第一次装粮的新仓外，装粮前要对气密仓进行杀虫消毒处理。处理方法可采用日光曝晒或喷洒防护剂。每次装粮前还应仔细检查气密仓是否完好，发现破损处要修补后才可使用。农户气密仓适合采用PVC维纶双面涂塑革为材料的软体气密仓。

气密缺氧储藏

（3）气密仓的自然缺氧储藏对粮食的要求　自然缺氧是利用粮食、害虫及微生物的呼吸作用，消耗储粮环境中的氧气，使害虫处于缺氧状态而窒息死亡。由于新收获的粮食呼吸旺盛，而陈粮的呼吸较微弱，所以自然缺氧储藏方法只适用于新粮，陈粮不能采用自然缺氧方法储藏。最好是收获后一周内的粮食。

（4）注意事项

①新收获的粮食要尽快晒干、扬净，收获后一周内完成入仓密闭工作。

②密闭储藏要求严格的气密性，因此进粮口一定要伸平夹紧，确保仓的气密性良好。否则，将达不到预期的效果。

③自然密闭缺氧储藏期间，要随时观察仓房的气密性，经常检查进出粮口的密闭情况及整个粮仓的完好情况。如发现密闭不严或仓体破损，应及时修补。

四、低温隔热储藏

1. 粮食低温储藏原理

低温隔热储藏

低温储粮的历史非常悠久，但在历史上无论国内还是国外主要都是利用自然低温储粮，除少数国家采用地面自然低温，大多数为地下低温储粮。机械制冷空调低温储粮，有40～50年的历史。1933年，日本的河野长盛首先开始了低温储粮的基础性研究，1951年日本在城县建成了第一座低温粮库，此后低温仓在日本的发展异常迅速。日本的糙米大多数是储藏在低温仓或准低温仓中。

（1）低温储藏　低温储藏是现代储藏技术中较常采用的一种，主要是通过控制“温度”这一物理因子，使粮食处于一定的低温状态，增加了粮食的储藏稳定性。由于粮食是具有生命的有机体，所以必须在不冻坏粮食

活页笔记

的基础上，在维持其正常生命活动的前提下，将粮食置于一定范围的低温中，同时这一低温又必须能抑制虫霉生长、繁育，限制储粮品质的变化速度，从而达到安全储藏的目的。经过长期的实践和研究认为15℃是粮食低温储藏的理想温度，可以有效地抑制粮堆中生物体的生命活动，延缓储粮品质变化。低温储藏属于“绿色储藏”技术的主要方法。

（2）准低温储藏　粮食在高于15℃而不超20℃的温度下的储藏称作准低温储藏。准低温储藏能达到一定的低温储藏效果，同时还可以减少低温储藏的运行费用，特别是可以通过空调机实现，所以现在应用较广。

（3）低温储藏的原理　粮堆是一个复杂的人工生态体系，温度和水分是影响一切生物体生命活动强弱的两个重要生态因子，特别是对呼吸作用的影响更为显著。然而，温度、水分两个因子对呼吸作用的影响并非独立的，而是具有联合的相互制约的作用，因此低温对储粮的生物学效应是多因子综合效应的结果。在储粮中，也常常根据粮食的不同含水量，而采用不同的低温，达到安全储藏的目的。

低温储粮的原理正是控制粮堆生物体所处环境的温度来抑制有害生物体的生长、繁育，延缓粮食的品质陈化，达到粮食安全储藏的目的。

（4）低温储藏的特点　低温储藏具有显著的优越性，可以有效抑制粮堆生物体的生命活动，减少储粮的损失，延缓粮食的陈化，特别是能使面粉、大米、油脂、食品等安全度夏，保鲜效果显著，同时具有不用或少用化学药剂、避免或减少污染、保持储粮卫生的特点。并且低温储藏还可作为处理高水分粮的一种应急措施，但由于投资较大，运行费用较高，限制了低温储藏的推广使用。

2. 低温储粮的常用隔热材料

由于农户储粮的隔热材料有很多，这里仅介绍两种常见的隔热材料在农户储粮中的应用。

（1）塑料泡沫板　塑料泡沫板是可用于农户储粮装具外壁和顶部等的隔热材料。

（2）麦糠和稻壳　可在粮囤上下用30cm以上麦糠和稻壳进行隔热，在粮食和麦糠、稻壳之间用席子隔开。麦糠和稻壳在农村易于获取，隔热效果非常好。这种方法也可用于露天囤的密封隔热，还可用于储藏小品种粮，如高温密闭防治豌豆象等。

3. 低温储藏的方法

（1）低温隔热　低温储藏就是充分利用冬季干冷的空气使粮温降低，

活页笔记

再采用隔热保冷措施，以保持粮堆在低温状态下储藏的方法，此法若与压盖密闭保管结合使用，效果更好。在农户中进行低温储藏方法简单，费用低效果好，一般选择干燥寒冷的天气，在下午5时左右，将粮食移到室外场地，冷却过夜，次日入仓。在冷却过程中要注意夜间露湿应加苫盖。入仓后可配合隔热材料覆盖，使储粮长期保持低湿。

农户低温储粮也可在冬季严寒干燥季节，将装有粮食的粮仓门窗、粮仓的盖或进粮口打开，使空气在粮堆表面流动，逐层冷却粮食，在粮仓容量不大的情况下也可获得良好的低温冷却效果。

（2）地下储粮　地下储粮是一种较理想的储藏方式，农户地下储粮具有粮食品质稳定、防虫、防鼠的特点，且建仓的成本低，不占空间，农户易于接受。对于储量较小的地下农户粮仓，可采用包装储藏，出入仓较方便，农户的地下仓分室内和室外两种。一般的农户可在其住宅庭院内建造室外地下仓，建造方便、费用低，简单易行。室外地下仓可适当增加仓体防潮层，加高仓口的高度，再配合塑料薄膜内衬，以保证仓内的干燥和仓体周围的排水。

新建住房，可在室内选择适当的地方挖坑建造室内地下仓。室内地下仓不受雨水威胁，受外界环境条件影响很小，储粮稳定性更好。

五、防虫治虫

1. 防虫技术

防虫技术

（1）装具防虫　粮食入仓前必须做好清仓消毒工作，以防害虫尸体残躯和蛹附着仓内壁，造成害虫的大量繁殖，给粮食的安全储藏带来隐患。储粮装具也应有利于防止外来害虫的侵入。

主要措施：在做好空仓清洁卫生的基础上，使用杀虫剂杀虫。空仓及器材清扫后，难免还会有少数害虫或虫卵残存下来。这些残存的害虫具有相当的耐饥能力，在既不活动又不取食的情况下也能存活。因此，用杀虫剂再处理一次是很有必要的。

除了专门用于空仓杀虫的敌百虫烟剂外，辛硫磷、马拉硫磷及其他储粮保护剂都可用于空仓杀虫。辛硫磷、敌百虫、杀螟松、马拉硫磷等空仓杀虫剂采用稀释后喷雾的方法处理空仓。敌百虫烟剂需要点燃后利用烟雾处理空仓，处理后的仓房要经清扫后方可装粮。

（2）环境防虫　做好粮食周围的清洁工作，切断害虫传播的途径，杜绝安全隐患，同时有利于储粮环境的美化。储粮害虫的感染源包括来自田

活页笔记

间的害虫感染和栖息在储粮周围环境内害虫的感染。清除害虫感染源的根本是搞好储粮环境的清洁卫生。

①清除残存粮。

实践证明，环境中残存的粮食是滋生害虫的重要场所。在进出仓的过程中，经常会有粮食散落在环境内，这些残存的粮食如果不及时清理，将会成为害虫的滋生地。所以，在每次进出仓作业后必须及时清理散落的粮食，清理后的垃圾要妥善处理，避免成为害虫的滋生地，成为今后感染仓内储粮的害虫来源。

器材、工具及空仓内的残存粮也是感染入仓粮食的虫源。因此，用过的器材、工具及刚出完粮食的空仓，也必须及时清理其中的残存粮，避免害虫的滋生。

②净化储粮环境。

害虫除了可在残存粮内滋生、繁殖外，存放粮食房间的墙壁、地面、梁柱等处的孔洞和缝隙，也是害虫喜欢藏匿的场所。因此，储粮前务必清除房间四壁、地面、梁柱等处所有缝隙、孔洞中藏匿的害虫及残存粮、尘杂，然后用水泥或石灰等严密堵嵌缝洞。搞好粮仓周围的环境卫生，清除害虫的栖息地，是减少环境中害虫感染源的重要措施。

2. 应用防护剂防虫

（1）储粮防护剂及其种类　防护剂是专门用来拌和在粮食中防止储粮害虫感染的一类化学药剂。

我国目前允许在粮食中使用的防护剂有：防虫磷乳油（优质马拉硫磷）、杀虫松乳油（优质杀螟硫磷）、保粮安乳油、溴氰菊酯（凯安保）乳油、保粮磷和谷虫净。其他农用化学药剂不得用作防护剂拌和粮食。

（2）防护剂的使用方法　防护剂的作用主要是防虫，当粮食中害虫较多时难以奏效。因此防护剂应该在粮食还没有生虫时使用。防护剂乳油需按照说明书的比例加水稀释后喷洒在粮食上，然后拌和，这种方法称为“喷雾法”。也可以将计算好的药量喷洒在干洁的稻壳上，阴干后制成药，再将药糠与粮食拌和，这种方法称为“载体法”。药糠与粮食的质量比控制在1∶1000，即1000kg粮食拌和的药不超过1kg。

使用喷雾法和载体法拌和粮食比较麻烦，目前国内有利用保护剂制成的粉状成品保护剂，如“保粮磷”和“谷虫净”，可以买来按照说明书推荐的用药量直接拌和粮食。

活页笔记

入仓前在晒场上将防护剂与粮食按一定的比例拌和，也可以边入仓粮食边拌和。粮仓的底部、边角、粮面可以适当多拌药。平时做好防止外界害虫感染的工作，一般可以保持粮食半年或更长时间没有虫害。

（3）防护剂使用注意事项　施用防护剂，粮食质量要符合安全水分标准，害虫密度应属于基本无虫粮。防护剂只能用于原粮和种子粮，绝对不能用于成品粮。

除载体（或粉剂）施药外，直接喷雾法施药后，粮食应经一定安全间隔才能加工食用，以保证粮食的卫生安全。防虫磷的安全间隔期一般为3～4个月，杀虫松和保粮安的安全间隔期一般为3～8个月。

防护剂应由专人保管，储藏在阴凉干燥处。配好的载体不宜久储。乳油加水稀释后，应一次用完不能久储，以防药分解失效。

配药和施药人员必须穿长袖工作服和长裤，戴乳胶手套，佩戴空气呼吸器或防毒口罩和风镜，防止药液沾染皮肤或进入呼吸道。

撒拌载体时，也可戴纱布手套、风镜和纱布口罩。施药时应敞开房门，施药后必须及时更换衣服，用肥皂洗净手脸。

施药或配药一次操作时间不得超过1.5h，1天不得超过3h。施药前后不要饮酒，要注意休息。如发现人员中毒，应及时抢救并尽快送医院治疗。

3. 物理杀虫技术

（1）日光曝晒杀虫　日光曝晒杀虫适用于原粮杀虫，大米、花生仁、面粉不能用此法。日晒杀虫宜在夏季高温季节采用。选择一个晴朗、无风的天气，上午9时以后将生虫的粮食薄摊在晒场上（粮食厚度不超过10cm）曝晒，下午3时后可将粮食收拢，然后热闷1～2h，达到杀虫目的后，将高温粮适当摊凉，接近气温时入仓。

晒场最好是水泥面。如果天气允许，可连续曝晒2～3d，但晚上应将粮食盖好，以免吸潮。为防止害虫避热逃窜，可在场地四周距粮食2m外喷洒杀虫剂。

（2）仓外冷杀虫　在寒冷季节，可采用室外薄摊冷冻的方法杀虫，方法是：首先准备好一定面积的场地及能防露、霜、雪等的覆盖物，然后选择晴朗、干燥且寒冷的夜晚，于下午6时左右，将储粮摊在场地上冷冻。粮层厚度以7～10cm为宜。场地如为泥土地面，应铺一层席子。冷冻期间应勤扒、勤翻，使粮温均匀一致。

水分17%以上的种子和花生不能用此法。

活页笔记

冷冻杀虫的效果与温度有关，8～15℃时，害虫停止活动；-4～8℃时，害虫处于冷麻痹状态；-4℃以下时，害虫致死。

（3）压盖粮面防虫　该法主要用来防治蛾类（主要是麦蛾）成虫。采用此法的粮食，水分要符合安全保管标准，粮温正常，没有其他甲虫，具体方法：压盖时间选择在新粮收获后储藏时，将仓（囤）顶的两面摊平，盖上无孔洞的塑料薄膜，粮面和薄膜之间要紧紧贴实，把无虫的异种粮（如以豆类压盖小麦）装入干净的麻袋，将麻袋压盖在薄膜上。压盖要平紧密实，袋与袋之间没有空隙。

（4）开水浸烫杀虫　此法最适用于消灭蚕豆象、豌豆象、绿豆象等豆类害虫，要求豆类水分在13%以下。豆类量大时，开水要多，每次只能烫10～15kg。此法不影响豆类的发芽率，相反，育芽时它可缩短发芽时间，最佳处理时间在收获后10～15d。

此法具体方法如下：烧一锅开水，豆子用纱布包好或装入篮子内，在开水中浸泡30s，取出立即摊开晒干。

六、防霉防鼠

1. 储粮霉变的防治

储粮霉变的防治

储粮霉变的发生是粮堆内因和外因共同作用的结果。当环境条件适合霉菌活动时，粮食的霉变可能在短时间内就会发生，可导致储粮的严重经济损失；但霉菌在粮食上少量的活动一般不为人们所觉察，如果长期积累，其结果会从量变到质变，降低粮食的使用价值。

粮食在常规储藏条件下，霉菌的数量呈下降的趋势，但这并不意味着粮食没有发生霉变的可能性。粮食储藏受气候变化、仓房条件、人为活动等外界因素的影响，如果管理不善，霉菌仍可在粮食中生长，并引起储粮的霉变现象的发生。

常规储藏条件下粮食霉变发生的关键因素是粮食水分的变化。除了水的直接渗、漏导致粮食水分增加的因素外，还有很多状况可导致粮堆局部水分的升高。粮堆局部温差导致粮食水分转移也是局部粮食水分升高的重要因素，粮食水分增高后，一旦温度达到霉菌生长的要求，霉变的发生就难以避免了。

当粮食局部水分有少量的升高，并达到灰绿曲霉、局限曲霉等干生性霉菌孢子可以萌发的水分条件时，这类霉菌就会缓慢生长。开始时干生性霉菌的生长可能不会被人们所觉察，但它们的呼吸、代谢可产生水分和热

活页笔记

量，由于粮食是热的不良导体，如果加上粮食的泥杂含量高，透气性差，这些水分和热量就会被积累，这将加速干生性霉菌的生长，并对其他霉菌的生长起促进作用，随着霉菌生长部位温度和水分含量的改变，适合相应条件生长的霉菌会占优势，可导致露菌区系的演替，并最终使粮食大面积发热和霉变。

粮食自然吸湿并使粮食水分增高的速度虽然较为缓慢，但对微生物的生长而言，自然吸湿引起的水分增高与粮食本身水分含量高产生的效应是有差异的。粮食本身水分含量高或低在粮粒上具有均一性，而自然吸湿使粮粒水分增高是自外向内递减的，即粮食的自然吸湿使粮粒外部的水分活度增高更显著，这就为微生物在粮食表面生长提供了必要的条件。因此，当粮食自然吸湿后，虽然有时粮食的含水量仍在安全水分的范围内，但有些微生物已经可以在粮食上生长繁殖了。

粮食储藏的稳定性与粮食自身品质密切相关，简单地说，粮食品质应当达到“干、饱、净”的要求。干燥的粮食水分活度低，是抑制微生物生长的重要因素；饱满的粮食质地坚实，组织完整，微生物可以直接利用的小分子物质较少，对微生物的生长具有明显的抑制作用；“净”是指粮食中的泥杂含量少，对粮食的储藏稳定性有重要的影响。

粮食中存在的杂质对储粮稳定性的影响是多方面的。首先，泥杂含量多，在粮食入仓等搬运操作时容易自动分级而在某些部位积聚，而且它们的颗粒小，表面积大，容易吸湿，往往容易使这些部位的水分活度增加，给微生物的生长创造有利条件；其次，杂质中可供微生物利用的营养物质丰富，其自然带菌量也远高于粮食本身，微生物适宜在这些环境中生长繁殖，另外，杂质积聚的部位透气性和导热性差，微生物生长后自身代谢产生的温湿效应在局部积聚又可能加快微生物发展的速度，并会向其他部位扩展。

有时粮堆中混入少量的高水分粮或因粮仓的渗、漏等因素造成局部粮食水分含量增高，对整个粮堆的储藏稳定性都会有严重的影响。因为微生物在水分含量高的局部生长后，可以产生水分和热量并向四周扩散，使周边部分粮食的水分、温度逐渐升高，微生物开始生长，这样，微生物生长的范围将不断扩大，如不及时采取措施，整个粮仓储藏的粮食品质都有可能受到影响。当发现储粮水分增高，有霉变迹象时，应立即出仓晾晒，当粮食水分降至安全水分后再入仓继续储藏。

保证入仓粮食的质优、饱满，控制粮食含水量、杂质的含量对预防粮

活页笔记

食的霉变是至关重要的。另外，气调储藏、低温储藏、臭氧处理对储粮均有防护作用。

2. 鼠害防治

粮食在播种、生长、收获、储藏和运输等的各个过程中，均受到鼠类的危害。防治鼠类要因地制宜地采取综合防治的方法，主要有物理灭鼠、化学灭鼠、生物灭鼠、电子灭鼠等。

鼠害防治

灭鼠是积极的措施，防鼠也是积极的且是更主动的措施。防鼠虽然不能直接减少老鼠的数量，但长期坚持可最终使老鼠减少。农户储粮的防鼠主要包括以下几个方面。

（1）建筑防鼠　房屋的墙基、地面、壁、门窗、房顶和管道等都应做防鼠处理。

墙基要深入地下1m，最好用水泥填缝，缝隙不能超过1m。地面如果用水泥而且无裂缝，一般可以防鼠，否则必须砸实，不留缝隙。发现鼠洞时要立即用碎玻璃和石灰等堵紧。

墙壁要尽量光滑。门与框的缝隙不要超过1cm，在门窗的下端最好钉上20cm高的铁皮。

平的房顶一般可以防鼠，瓦顶房屋必须抹严瓦缝，最重要的是管道、电线进房处要套铁圈，使管线从圈中通过。此外，房屋附近种的树木和爬藤植物，甚至晒衣杆、晾衣绳等都能被老鼠利用，应当注意。

（2）断绝鼠粮　老鼠的食物不仅包括人的各种食物，也包括饲料、垃圾乃至粪便等。所以断绝鼠粮，并不仅仅限于收藏好食物，还有最好要选择能防鼠的储粮装具，若用水缸等装粮，粮缸的盖子要略大于缸口。

储粮装具周围散落的粮食要清理干净。零星食物若不能存放在能防鼠的容器内，可放在篮子里，用装有挡鼠板的绳子吊起来。

袋装粮食要离墙堆放在架子上，离地面20cm以上禽畜饲料要保存好。每次添加的量不要过多，残料及时清理。

（3）搞好环境卫生　凡住宅四周杂草丛生，屋内黑暗无光，家具物品摆放杂乱无序，都给老鼠的繁殖、活动提供了条件。因此，要经常清扫室内外，及时地起畜圈、换禽窝，各种用具杂物要收拾整齐。

衣柜、衣箱，以及书籍、鞋帽等经常检查，不使老鼠营巢。暂时不用的物品要排列齐，架高至离地面33cm左右。

各种燃料（柴草、麦秸、稻草等）尽可能堆离住宅。由野外向住宅区装运麦秸、禾草等物，在堆垛之前亦应过目，注意检查有无老鼠。

活页笔记

3. 储粮鼠害的防治措施

（1）装具防鼠　鼠害是造成农户粮食储藏损耗的主要原因，选用的储粮装具必须有较好的防鼠性能。如钢板仓和地下仓等装具都具有较好的防鼠害效果。

（2）环境防鼠　要求保持储粮周围环境干净、整齐，是避免老鼠滋生的有效措施，在粮囤周围和顶部不要乱堆杂物。

（3）化学防鼠　采用国家允许使用的杀鼠药剂治鼠，但要注意其他牲畜及人员的安全。

（4）器械防鼠　采用市场上出售的鼠夹、鼠笼、鼠胶、驱鼠设备等器械防治鼠害。

4. 使用灭鼠剂时应注意的问题

选用灭鼠剂一定要购买国家规定可以使用的鼠药，一定不要从小商贩那里购买国家禁用的剧毒鼠药。

鼠药不能同食物、饲料混放，以防人畜误食中毒。

要按规定用量投放毒饵，且要投到安全隐蔽的地方。灭鼠期间要照顾好幼儿，管好禽畜，数天后将鼠药全部收回，集中处理，并组织人员收集和掩埋鼠尸。

发现有人中毒应立即送往医院救治。

◆ 任务实施

合理分析农户家庭情况，选择适合的储粮技术帮助农户以最经济的方法储藏粮食。将选择的储粮技术汇总于表6-3中，并解释选择原因。

表6-3　农户储粮技术选择

技术	方法	原因
干燥方式		
储粮装具		
储粮位置		
储粮技术		
粮情检查方法		

◆ 任务评价

班级：　　　　　　姓名：　　　　　　学号：　　　　　　成绩：

评价任务		农户储粮技术			考核时间：120min			
序号	评价内容	评价要点	配分	评分标准	检测结果	扣分	得分	备注
1	准备工作	熟知现代储粮技术	10分	回答错误扣10分				
2	操作前提	查找与任务相应的国家标准	10分	未查找扣10分				
3	操作过程	粮食干燥	10分	操作错误扣5分，扣完为止				
		高温密闭储藏	15分	操作错误扣5分，扣完为止				
		气密缺氧储藏	15分	操作错误扣5分，扣完为止				
		低温隔热储藏	15分	操作错误扣5分，扣完为止				
		防虫治虫、防霉防鼠	20分	操作错误扣5分，扣完为止				
4	操作结果	记录方案	5分	每项错误扣1分，扣完为止				
5	安全及其他	在规定时间内完成操作	—	每超时1min总分扣5分，超时3min停止操作			—	
合计			100分					
说明：学生违章操作或发生事故须停止操作								

任务四
农户储粮中的安全

活页笔记

知识目标

了解农户储粮中的安全问题。

能力目标

能够安全使用化学药剂。

素质目标

1．通过了解农民的粮食储藏问题，结合实际改善储粮条件，减少农户粮食储藏损失，在实践中练本领、增见识、长才干、出真知。

活页笔记

2. 粮食安全是国家安全的基础，做好每一粒粮食的安全储备，树牢粮食安全意识，做节约粮食的践行者。

学习情境描述

农户粮食储藏过程中存在诸多安全问题，储藏粮食不仅要保证粮食安全，还要保证人的安全。

◆ 任务目标

熟知农户储粮中的安全问题。

农户储粮中的安全

任务资讯

一、粮食处理中的安全

1. 农户储粮禁止使用磷化铝片剂熏蒸杀虫

磷化铝是一种剧毒熏蒸剂，磷化铝吸收空气中的水分（湿气）后产生有毒的磷化氢（PH_3）气体，磷化氢的穿透力较强，因农户储粮设施密封性能较差，熏蒸作业时距人、畜达不到安全熏蒸距离，因此在农户储粮中禁止使用磷化铝片剂熏蒸杀虫，以免发生人畜中毒。

2. 农户储粮堆垛中的安全问题

在粮食的堆垛过程中，要注意粮垛的稳定性，切忌过高，以致粮堆倒塌，造成人员伤亡事故。

软体仓应选择在靠近某一墙边或墙角处安放，在装粮时一定要边装边向上提起仓体，仓要装满、装均匀，保持仓体垂直，这样不仅可以防止老鼠啃咬，还可避免在储粮过程中，仓体倾斜甚至倒塌，造成人员伤害。

二、化学药剂使用安全

1. 储粮化学药剂的安全管理

储粮化学药剂的批准使用程序：用于储粮害虫防治的化学药剂直接关系着人民的身体健康和生命安全。国家对此类药剂的选择、控制是十分严格的。

储粮化学药剂必须在国家农药主管部门登记注册；由国家卫生部门组织毒理、毒性的试验和鉴定，并制订国家卫生标准和残留量的检测分析方

活页笔记

法，再由国家粮食行政管理部门组织对药剂的毒力、药的残效期、粮食发芽率的影响、施药方法、防护措施等进行试验研究，并制订出安全用药操作规程，经鉴定、考核认定可行，正式批准后，方可使用。

2. 储粮化学药剂的使用规定

根据《储粮化学药剂管理和使用规范》（LS 1212—2008），除国家规定可用于储粮害虫防治的化学药剂外，其他药剂一律不准用于储粮的害虫防治。凡是用未经批准的药剂处理过的粮食，不得收购，如发现已入仓的要立即封存，不准销售、食用和外调。

采购的储粮化学药剂应具有农药登记证号或农药临时登记证号、农药生产许可证号或农药生产批准文件号、农产品质量检验合格证，有完整包装、标志和使用说明书，应符合GB 3796–2018和 GB 4838–2018要求；不应采购国家明令淘汰、禁止使用和经检验不合格的储粮化学药剂。

使用者要购买符合国家有关标准、合格的化学药剂。使用前要查看药剂的存放期限，不得使用过期或已变质的药剂。

农户要采取储粮化学药剂“买多少用多少”“现用现买”的原则，实现化学药剂零库存。

3. 储粮化学药剂的收发、运输储藏管理

施药人员应经过专业技术培训，了解药剂性能，掌握施药技术。施药后应保证粮食装具密封防止药物扩散降低药效、危害身体健康，在粮食装具周围放置明显标识，防止人员靠近。每次施药后应立即用肥皂洗手、脸，并用清水漱口。

应用储粮化学防护剂时应按照《农药贮运、销售和使用的防毒规程》（GB 12475—2006）执行。杀螟硫磷、马拉硫磷、辛硫磷、敌百虫遇水能缓慢分解，药液应随用随配，一次性用完；粮面上悬挂浸药布条杀虫时，施药前应在粮面上铺麻袋、草帘等防止药液滴入粮堆；布防虫线、施用储粮防护剂和空仓、器械、工具杀虫时，施药人员要做好防护，戴好防风镜、口罩（浸以5%~10%小苏打溶液）、手套，严禁用手直接接触药剂。

LS 1212—2008《储粮化学药剂管理和使用规范》

GB 3796—2018《农药包装通则》

GB 4838—2018《农药乳油包装》

GB 12475—2006《农药贮运、销售和使用的防毒规程》

三、药剂中毒与急救

1. 中毒诊断

农户在施药作业时，应保证有其他人员观察施药人员情况。施药人员在作业中出现不良反应，应立即停止作业；作业结束后应适当休息。施药或配药人员如出现头昏、惊厥、哮喘、呕吐、休克等症状时应考虑药剂中

活页笔记

毒，必须立即采取抢救措施。

2. 现场抢救措施

（1）立即使中毒者脱离现场，转移至空气新鲜处，松开衣领，使呼吸畅通，必要时吸氧或进行人工呼吸。

（2）尽快脱下污染的衣服和鞋袜。

（3）皮肤和眼睛污染后，要用大量清水冲洗。

（4）误服药剂必须及时催吐。

（5）不要让中毒者抽烟、饮酒。

（6）中毒严重者，及时送医院救治。

四、粮食的污染与安全

1. 严禁沥青马路晒粮

有时为了方便，靠近柏油马路的农户，往往在柏油马路上晒粮。其实在柏油马路上晒粮有很多不安全性：粮食直接与柏油接触，最容易受到柏油中的苯并［a］芘的污染。人畜吃了这种粮食容易致癌。柏油路面吸热快，温度上升快，夏季气温又高，路面温度常能达到60～70℃，粮食在这样的高温晾晒，胚芽容易烫伤。经试验测定证明，在柏油马路上晒过的粮食的发芽率只有70%。若在柏油马路上碾压庄稼翻晒粮食，沥青在阳光下晒到熔化，熔化的沥青和马路上的灰尘就粘附在粮食上。而这些粮食加工后，就会含有较多的苯并［a］芘。再者，在柏油马路上晒粮，对交通安全也会造成很大的影响，给道路通行带来安全隐患。

2. 化学药剂的安全使用

（1）选择使用化学药剂的种类　化学药剂一般都有剧毒，在使用过程中，要根据粮种、害虫的不同，有选择地使用。严格按照国家有关规定，使用国家允许在粮食中使用的药剂，不得将农用药剂用于储粮杀虫。

（2）化学药剂的放置　各种化学药剂不光对储粮害虫有杀伤作用，还对人、畜有很强的杀伤力。因此，化学药剂要严格管理，不用的要尽量放在高处，以防误食，造成严重的后果。

（3）严格控制用量　化学药剂的使用一定要严格按照使用标准进行操作，用量过低达不到杀虫效果，用量过高既损伤粮食，又浪费药剂，造成不必要的经济损失。

（4）残渣的处理　化学药剂的残渣也具有很强的毒性，故其残渣必须妥善深埋处理，以免人畜误食中毒。

活页笔记

3. 霉变的粮食的处理

因储藏不当造成霉变的粮食要视其霉变程度加以合理利用，轻微霉变的粮食可以进行酿酒，因发霉而产生的毒素将残留在酒糟内，而酒中没有毒素存在。同样，有大量霉变的粮食可以进行榨油，而在榨油时，毒素将留在饼粕内，再把油加碱进行精炼，油中的毒素将降低到国家卫生标准以内。再者，有霉变的粮食还可以喂猪，猪对霉变的粮食反应不敏感。染毒不严重的饲料，可按80%的比例掺入无毒的饲料中，严重染毒的加碱煮后再饲喂。这样就可以避免由于粮食霉变带来的更大的经济损失。

◆ 任务实施

（1）分析农户储粮中的安全问题。

（2）思考如何解决存在的安全问题。

（3）将分析结果填入表6-4。

表6-4　农户储粮中的安全问题分析

分析人：　　　　分析时间：

存在的问题	解决方法

◆ 任务评价

班级：　　　　姓名：　　　　学号：　　　　成绩：

评价任务		农户储粮中的安全			考核时间：120min			
序号	评价内容	评价要点	配分	评分标准	检测结果	扣分	得分	备注
1	准备工作	储粮过程中的安全事项	10分	回答错误扣10分				
2	操作前提	查找相关国家标准	10分	未查找扣10分				
3	操作过程	化学药剂的使用安全	25分	操作错误扣5分，扣完为止				
		药剂中毒与急救	25分	操作错误扣5分，扣完为止				
		粮食的污染与安全	25分	操作错误扣5分，扣完为止				
4	操作结果	记录方案	5分	每项错误扣1分，扣完为止				

续表

评价任务		农户储粮中的安全			考核时间：120min			
序号	评价内容	评价要点	配分	评分标准	检测结果	扣分	得分	备注
5	安全及其他	在规定时间内完成操作	—	每超时1min总分扣5分，超时3min停止操作			—	
合计			100分					
说明：学生违章操作或发生事故须停止操作								

活页笔记

粮食仓储作业“十个严禁”

农户储粮习题

思考题

1. 储粮装具的选择具体有哪些要求？
2. 储粮过程中需要在哪些步骤检查粮食外观？
3. 如何计算害虫的虫口密度？
4. 晒干燥粮食后，趁热入仓的目的是什么？
5. 高温密闭储粮入仓前为什么要做好空仓清洁和杀虫工作？
6. 为什么陈粮不适宜采用气密缺氧储藏？
7. 生活中有哪些利用低温保存食品的方法？
8. 农户储粮入仓前应做哪些准备？
9. 粮食入仓前如何处理可以预防粮食霉变？
10. 使用灭鼠剂时应注意哪些问题？
11. 试述霉变的粮食的合理利用方法。

参考文献

[1] 中国粮食研究培训中心，国家粮食和物资储备局职业技能鉴定指导中心．（粮油）仓储管理员（技师　高级技师）[M]．北京：中国轻工业出版社，2022．

[2] 许方浩，周凤英．粮油储藏技术[M]．北京：科学出版社，2012．

[3] 国家粮食局人事司．粮油保管员[M]．2版．北京：中国轻工业出版社，2008．

[4] 国家粮食局人事司．粮油质量检验员（初级　中级　高级）[M]．2版．北京：中国轻工业出版社，2009．

[5] 国家粮食局人事司．粮油保管员职业操作技能考试手册[M]．北京：中国轻工业出版社，2009．

[6] 国家粮食局职业技能鉴定指导中心．粮油保管员（初级　中级　高级）[M]．3版．北京：中国轻工业出版社，2016．

[7] 王若兰．粮食储藏学[M]．北京：中国轻工业出版社，2009．

[8] 张敏，周凤英．粮食储藏学[M]．北京：科学出版社，2010．

[9] 孙勤，曹川．粮油质量检验[M]．北京：中国轻工业出版社，2023．

[10] 国家粮食局人事司．粮油质量检验员（初级　中级　高级）[M]．4版．北京：中国轻工业出版社，2017．

[11] 罗红霞，邓毛程．粮农食品安全评价职业技能等级证书培训考评手册（高级）[M]．北京：中国轻工业出版社，2021．

[12] 杨玉红，贾彦杰．食品感官检验技术[M]．3版．大连：大连理工大学出版社，2002．

[13] 王若兰，白旭光．农户安全储粮技术手册[M]．北京：化学工业出版社，2006．